# 钳 工 工 艺 学

主　编　周宇明　陈运胜

副主编　张　双

重庆大学出版社

## 内容提要

本书共4个模块,主要内容包括钳工基础知识、钳工常用加工方法、装配基础知识及模具装配工艺。本书参照国家钳工职业标准,并根据职业特点和钳工知识点设置了相关实训课题,以切实培养学生钳工技能。

本书内容实用,通俗易懂,图文并茂,知识面较宽,起点较低,可作为全国高等职业技术学院五年制、三年制机械、模具类相关专业教材,供各类高职院校、高级技校相关专业使用,也可作为相关技术人员的参考资料。

**图书在版编目(CIP)数据**

钳工工艺学/周宇明,陈运胜主编. —重庆:重庆大学出版社,2016.8(2024.1重印)
高职高专机械系列教材
ISBN 978-7-5624-9801-8

Ⅰ.①钳… Ⅱ.①周…②陈… Ⅲ.①钳工—高等职业教育—教材 Ⅳ.①TG9

中国版本图书馆 CIP 数据核字(2016)第 115107 号

**钳工工艺学**

主　编　周宇明　陈运胜
副主编　张　双

策划编辑:周　立

责任编辑:李定群　　　版式设计:周　立
责任校对:秦巴达　　　责任印制:张　策

\*

重庆大学出版社出版发行
出版人:陈晓阳
社址:重庆市沙坪坝区大学城西路 21 号
邮编:401331
电话:(023) 88617190　88617185(中小学)
传真:(023) 88617186　88617166
网址:http://www.cqup.com.cn
邮箱:fxk@ cqup.com.cn(营销中心)
全国新华书店经销
POD:重庆新生代彩印技术有限公司

\*

开本:787mm×1092mm　1/16　印张:16.25　字数:375千
2016 年 8 月第 1 版　　2024 年 1 月第 4 次印刷
ISBN 978-7-5624-9801-8　定价:49.00 元

# 前 言

为了贯彻落实"国务院关于大力推进职业教育改革与发展的决定",大力推进高等职业技术教育经济结构调整,实现专业与产业对接、课程内容与职业标准对接、教学过程与生产过程对接、学历证书与职业资格证书对接、职业教育与终身学习对接。在充分调研和企业实践的基础上,编写了本教材。

本书参照国家钳工职业标准,以理论够用为原则,突出专业知识的实用性、实践性、综合性和先进性。全书按照模块设计,共分 4 个模块,包括钳工基础知识、钳工常用加工方法、装配基础知识及模具装配工艺。其中,模块 2 钳工常用加工方法为本书重点内容,包括划线、锯削、锉削、錾削、孔加工、螺纹加工、矫正与弯曲、刮削以及研磨共 9 个项目。本书还根据职业特点和钳工知识点设置了相关实训课题,以切实培养学生钳工技能。

本书可作为高等职业院校、高等工程专科学校和成人教育学院装备制造类相关专业的教科书或参考书,也可作为相关制造业企业职工的参考资料和培训教材。

本书由辽宁机电职业技术学院周宇明编写模块 1 和模块 2 的项目 2.1—项目 2.6,广州华立科技职业学院陈运胜编写模块 2 的项目 2.7—项目 2.9 以及模块 3,辽宁机电职业技术学院张双编写模块 4。全书由周宇明、陈运胜任主编,张双任副主编,沈阳职业技术学院赵世友教授主审。

本书在编写过程中得到了编者所在院校和各兄弟院校的大力支持和帮助,辽宁曙光汽车集团、丹东黄海模具制造有限责任公司等企业有关技术人员参与编写并提出了许多宝贵意见,在此一并致以衷心感谢。

由于编者水平有限,疏漏和不妥之处在所难免,敬请各位读者批评指正。

编　者

2016 年 3 月

# 目录

# 模块 **1**
# 钳工基础知识

## 项目 1.1　钳工入门

### 1.1.1　钳工职业能力的培养

钳工是切削加工、机械装配和修理作业中的手工作业,是机械制造业中的重要工种。钳工作业主要包括划线、锉削、錾削、钻孔、扩孔、锪孔、铰孔、攻螺纹、套螺纹、刮削、研磨、矫正、弯曲及铆接等。

钳工操作是机械制造业中最古老的加工技术。各种金屑切削机床的发展和普及,虽然逐步使大部分钳工作业实现了机械化和自动化,但在机械制造过程中钳工操作仍是广泛应用的基本技术。其原因:一是划线、刮削、研磨机械装配等钳工作业,至今尚无适当的机械化设备可以全部代替;二是某些精密的样板、模具、量具及配合表面(如特殊导轨面和特殊轴瓦等),仍需要依靠工人的手艺做精密加工;三是在单件、小批量生产、修配工作或缺乏设备的条件下,采用钳工制造某些零件仍是一种经济适用的方法。

钳工技能不是简单的经验积累,钳工的工作对象不限于一般的重复性工作。钳工技能的本质在于人体器官能力的适当延伸,包括体力的直接延伸和脑力的恰当延伸。钳工能力体现在能够合理地运用现有的工具完成某一项作业,能够为某一项作业制造适用的手动工具,能够实施新的手工作业或对现行手工作业进行优化,以提高工效和作业质量。因此,钳工的劳动不是简单的手工劳动,钳工的能力不乏创造意义。对于从事或准备从事钳工职业的人员,应具备最基本的职业能力,并经过培训学习和职业技能鉴定考核获得职业资格。

### 1.1.2　钳工的分类和操作内容

#### (1)钳工工种分类

随着机械工业的发展,钳工的工作范围越来越广泛,需要的技术理论知识和操作技能也越来越复杂,专业分工也越来越细,总体上分为钳工(普通钳工)、装配钳工、安装钳工、修理钳工、工具钳工,同时还衍生出专业性较强的划线工、钻工、模具工等工种。如按工作内容性质,可分为以下4种:

①钳工(也称普通钳工)。使用钳工手工工具和设备(钻床)对零件进行加工、修整、装配等,工作范围较广。

②装配钳工。主要从事机器部件装配或将各个部件总装配,并进行试车、调整、检验等工作。

③修理钳工。主要从事保证生产设备的正常运行工作,其中包括对设备的安装、排故、维修以及恢复生产设备各项功能和精度等工作。

④工具钳工。使用钳工工具及设备,制造刀具、量具、辅具、验具、模具等专用工艺装备。

**(2)钳工操作的主要内容**

钳工经常在钳台或一些大型平台上来完成零件加工和装配任务。其基本工作内容如下:

①零件加工。对毛坯或精密零件的划线加工、钻孔、攻螺纹或不能在机械上完成的加工,如特种样板制作及零件配作、刮削、研磨等。

②装配工作。根据技术要求将机器中的零件进行联接、配作、装配成部件,以及通过安装、调整、检验和试车等工作使其成为合格的产品。

③设备的维护保养和修理。机械设备在使用过程中经常需要进行维修保养工作,对经常处于磨损的机件进行恢复精度的修理,或在生产中出现的设备故障进行排故修理,保证设备的正常运行等工作。

④工具、工艺装备的制造和修理。机器制造过程需要的专用工具、夹具、模具及生产过程所需要的专用设备制造等。

⑤生产设备的安装、调试、验收等工作。

### 1.1.3 钳工安全操作要求

钳工从业人员对安全操作要求的领会与掌握是其职业素质评价的重要方面。

**(1)钳工安全操作要求**

①工作场地要保持整齐清洁,搞好环境卫生。使用的工具,加工的零件、毛坯和原材料的放置要整齐稳当、有顺序,不准堆放在作业车间的通行道上。要及时清除过道上和操作点的油污、积水和其他液体,以防滑倒伤人。

②钳工在操作时,若从后面靠近操作者,要注意操作者的动作,必要时要打招呼。钳台对面同时有人操作时,中间虽有安全网,也要随时注意互相照应,以防止意外。

③不准私自使用不熟悉的机器和工具。对于已经很熟悉的机器和工具,也要经设备专职负责人同意才能使用。使用机器和工具前要检查,发现损坏或有其他故障时,要停止使用。

④工作前,必须按规定穿戴好防护用具,如防护眼镜等。发现防护用具失效,应立即补修或更换。

⑤钳工工作中会产生很多切屑,清除切屑时要用刷子,不可用手直接清除,更不准用嘴吹,以免割伤手指或损伤眼睛。

⑥使用电器设备时,必须严格遵守操作规程,防止触电。如果发现有人触电,不要慌乱,应及时切断电源,进行抢救。

⑦使用钻床及砂轮机时,不允许戴手套,也不许用棉纱包工件,否则容易发生事故。

**(2)电动工具安全操作要求**

①使用手提电动工具时,必须握住工具的手柄,不能拉着软线拖动工具,以防因软线擦破而漏电或扎伤皮肤,造成事故。

②电源电压不得超出电动工具铭牌上所规定电压的±10%,否则会损坏电动工具或影响使用效果。

③新式电动工具采用双重绝缘结构,带有塑料手柄和外壳,因此使用较为安全。但在使用一般电动工具时,应戴绝缘手套,穿胶鞋或站在绝缘板上,以防万一漏电而造成事故。

④电动工具不用时应存放在干燥、清洁和没有腐蚀性气体的环境中。长期搁置不用的电动工具,在使用前必须用 500 V 兆欧表测定绝缘电阻。如绕组与铁芯间绝缘电阻小于 0.5 MΩ 时,则必须进行干燥处理,直至绝缘电阻大于 5 MΩ 为止。

**(3)设备安全操作要求**

钳工作业用到的设备种类繁多,各种设备均有其安全操作要求。钳工在使用自己不熟悉的设备时,应遵循以下安全行为准则:

①不能盲目操作设备,特别是不能盲目启动电源。

②首先注意设备上或设备附近的各类安全警示标志和安全提示说明、操作说明。

③咨询设备安全管理人员,查阅设备操作手册,尤其应注意有关安全的内容。

# 项目 1.2　钳工常用设备

## 1.2.1　钳台

钳工工作位置除了机器装配外,大多在钳工工作台上进行零件加工和零部件装配工作,工作台是钳工主要工作位置。

钳工工作台(也称钳台)如图 1.1 所示,由木质材料制成或钢质材料焊接而成。如图 1.1(a)所示为钳台外形。钳台由台虎钳、防护网(防止錾削飞屑)、测量用小平板及工作灯组成。

按文明生产和操作效能的要求,操作时工量具的安放位置有一定的要求。按使用方便定位,即右手使用的工具放置在台虎钳的右侧,左手使用的工具放置在台虎钳的左侧,放置在搁板或远离手工具,工具间应安放整齐,相互间不能叠放,以免碰损工具或量具。根据安全生产要求,手工具放置在钳台上时不允许露出工作台,以免台虎钳手柄转动、损害工件或造成工伤事故。暂时不用的工具应按如图 1.1(b)所示的方式安放在抽屉内,以防止工具之间互相碰撞磨损,影响使用效能。

钳台的高度一般为 800~900 mm,为了提高锉削效能、减少体力消耗和疲劳,应根据本人身高选择适合本人高度的钳台。钳台应放置在便于工作和光线适宜的地方,钳台间的间距不

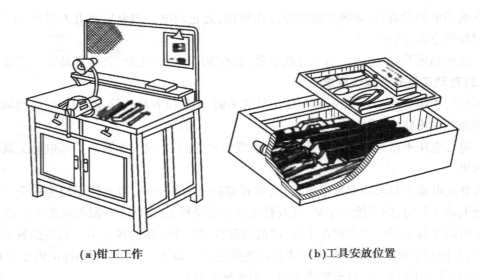

(a)钳工工作　　　　　　　　　　(b)工具安放位置

图 1.1　钳工操作工作台

应少于 800 mm,工作场地应经常保持整洁,养成文明生产和安全生产的习惯。

### 1.2.2　台虎钳

台虎钳是用来夹持工件的通用夹具,其规格以钳口的宽度来表示,常用的有 100 mm(4 in),125 mm(5 in),150 mm(6 in)等。台虎钳有固定式和回转式两种,其结构基本相同,如图 1.2 所示。如图 1.2(a)所示为固定式台虎钳,固定式台虎钳刚性好,能承受较大的冲击载荷;如图 1.2(b)所示为回转式台虎钳,虎钳钳座可沿底座轴线任意回转,便于零件任意角度的加工。

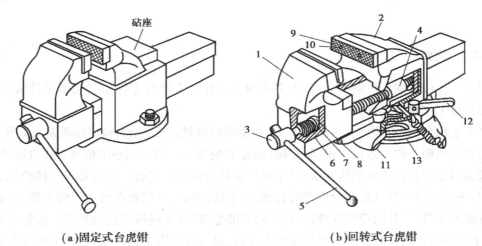

(a)固定式台虎钳　　　　　　　　　　(b)回转式台虎钳

图 1.2　台虎钳

1—活动钳;2—钳座;3—螺杆;4—螺母;5—手柄;6—压簧;7—垫圈;
8—开口销;9—淬硬钳口;10—螺钉;11—底座;12—固定螺栓;13—压盘

台虎钳的正确使用与维护方法如下：

①台虎钳安装在钳台上时，必须使固定钳身的钳口工作面处于钳台边缘之外，以便在夹紧长条工件时，工件的下端不受钳台边缘的阻碍。台虎钳安装在钳台上的高度应恰好与人的手肘相齐，如图1.3所示。

②台虎钳必须牢固地固定在钳台上，夹紧螺钉要扳紧，使工作时钳身不致有所松动现象，否则会影响工作。

③夹紧工件时，必须靠手的力量来搬动手柄，不可锤击或随意加套管来搬动手柄，以免对丝杠、螺母或钳身造成破坏。

④强力作业时，应尽量使力量朝向固定钳身，否则将额外增大丝杠和螺母的受力。不要在活动钳身的光滑平面上进行敲击作业，以免降低其与固定钳身的配合性能。

**图1.3 选择钳台高度的方法**

⑤台虎钳各滑动配合表面上要经常加润滑油并保持清洁，以防止生锈。

### 1.2.3 钻床及钻床附件

**（1）钻床**

钻床是一种常用的孔加工机床。在钻床上可装夹钻头、扩孔钻、锪钻、铰刀、丝锥等刀具，用来进行钻孔、扩孔、锪孔、铰孔、镗孔以及攻螺纹等工作。因此，钻床是钳工所需要的主要设备。常用的钻床有台钻、立钻和摇臂钻床3种。

**1）台钻**

台式钻床简称台钻，如图1.4所示。它是一种体积小巧，操作简便，通常安装在专用工作台上使用的小型孔加工机床。台式钻床的结构由机头、立柱、电动机、底座及电气部分组成，钻孔直径一般在13 mm以下，最小可加工0.1 mm的孔，最大不超过16 mm，其主轴变速一般通过改变三角带在塔形带轮上的位置来实现，有些台式钻床也采用机械式无级变速机构，小型高速台式钻床的电动机转子直接安装在主轴上。台式钻床主轴一般只有手动进给，而且一般都有控制钻孔深度的装置，如刻度尺、刻度盘、定程装置等。

台式钻床由于其结构简单，操作方便、灵活，是生产中使用较多的设备，适用于小型零件的钻削加工。

**2）立钻**

立式钻床一般用来钻削中小型工件上的较大孔，钻孔直径大于或等于13 mm。由于立钻的结构较台钻完善，功率较大，又可实现机动进给，因此获得较高的生产效率和较高的加工精度。同时，它的主轴转速和机动进给量都有较大的调节范围，可适用于不同材料的加工，以及进行钻、扩、铰孔及攻螺纹等多种方式的孔加工。

**图1.4 台式钻床**

如图1.5所示为立式钻床。它主要由主轴、变速箱、进给箱、工作台、立柱及底座等组成。

加工时,工件通过夹具安装在工作台上或直接放在工作台上,刀具安装在主轴上,由电动机带动主轴旋转又做轴向进给运动。利用操纵手柄可方便地控制钻头进给,快速退回,以及主轴正、反转等操作。进给操纵机构具有定程切削装置。当接通机动进给,钻至预定深度时,进给运动会自动断开。当攻螺纹至预定深度时,控制主轴可反转,使刀具自动退出,工作台、变速箱和进给箱都安装在方形立柱的垂直导轨上,可上下调整位置,以适合加工不同高度的工件。

**图 1.5 立式钻床**

3)摇臂钻床

摇臂钻床适用于对单件、小批、中批量生产的中等件和大件进行各种孔加工。由于它是靠移动主轴来对准工件上孔的中心,因此,使用时比立式钻床方便。摇臂钻床的主轴变速箱能在摇臂上作较大范围的移动,而摇臂又能绕立柱回转360°,并可沿立柱上下移动,因此,摇臂钻床能在很大范围内工作。加工时将工件压紧在工作台上,也可直接放在底座上。摇臂钻床的主轴转速范围和走刀量范围都很广,因此可获得较高的生产效率及加工精度。下面介绍 Z3040 摇臂钻床,如图 1.6 所示。

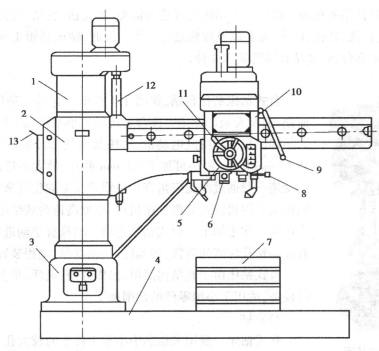

**图 1.6 Z3040 摇臂钻床**

1—立柱;2—摇臂;3—立柱底座;4—底工作台;5—转速表;6—主轴;7—活动工作台;
8—自动进给手柄;9—锁紧手柄;10—主轴箱;11—变速手柄;12—升降丝杠;13—锁紧手柄

①Z3040 摇臂钻床规格

Z3040 摇臂钻床的规格如下：

| | |
|---|---|
| 最大钻孔直径 | $\phi$40 mm |
| 主轴锥孔锥度 | 莫氏 4 号锥度 |
| 主轴最大行程 | 315 mm |
| 主轴中心线至立柱母线最大距离 | 1 250 mm |
| 主轴箱水平移动距离 | 900 mm |
| 主轴端面至底座工作面距离 | 350~1 250 mm |
| 摇臂升降距离 | 600 mm |
| 摇臂升降速度 | 1.2 m/min |
| 摇臂回转角度 | 360° |
| 主轴转速 | 25~2 000 r/min |
| 主轴进给量 | 0.04~3.2 mm/r |
| 刻度盘每转钻孔深度 | 122.5 mm |
| 主轴最大扭矩 | 400 N·m |
| 主轴最大进给力 | 16 000 N |
| 主电动机功率 | 3 kW |
| 机床轮廓尺寸(长×宽×高) | 2 170 mm×1 035 mm×2 625 mm |
| 机床质量 | 3 200 kg |

②Z3040 摇臂钻床结构特点

摇臂钻床如图 1.6 所示为摇臂钻床的外形构造。它由立柱、摇臂、主轴箱、立柱座及底工作台组成。由于摇臂可沿中心回转，以及主轴箱可在摇臂导轨上移动，摇臂钻床的加工范围大，适用于较大工件的钻孔、扩孔、锪孔及攻丝等加工。

摇臂钻床的结构特点是：立柱 1 安装在底工作台 4 立柱座 3 内，并由立柱顶部内的锁紧机构将立柱自动放松或锁紧。立柱 1 能沿立柱座 3 中心回转，并带动安装在立柱上的摇臂 2 作水平回转，摇臂可沿立柱作 360° 回转。因此，摇臂钻床安装后应用底脚螺栓固定，以免使用时机床有倾倒危险。

摇臂由立柱上的升降丝杠 12 传动可作上下运动，由摇臂上锁紧手柄 13 固定在立柱上。主轴箱 10 安装在摇臂 2 导轨上，可作手动水平移动，当其位置确定后由操纵手柄 9 将主轴箱固定在所需位置。

主轴 6 锥孔可安装莫氏 4 号锥度钻头或铰刀，最大钻孔直径为 $\phi$40 mm，可进行钻孔、扩孔、锪孔及铰孔，锥孔内安装攻丝夹头还可进行机动攻螺纹等作业。

主轴通过手柄 11 可作上下移动和变速，并通过手柄 11 可控制作手动和自动进给运动。

**(2)钻床附件**

1)钻夹头

钻夹头可用来装夹 $\phi$13 mm 以下的直柄钻头或铰刀的通用夹具。它可直接装在台钻的主轴上，也可安装在莫氏锥柄在立钻或摇臂钻床上使用。

钻夹头的结构如图 1.7 所示。它由铣有 3 等分槽的夹头体 1 上，分别装有内螺纹圈 5 和 3 个夹爪 4，由夹头套 2 固定，夹头套 2 一端铣有端齿，与钥匙 3 上的锥齿啮合，转动钥匙 3 带动夹头套 2 转动带动内螺纹圈 5 使夹爪 4 对钻头作夹紧和放松。

2）钻头套

钻头套（见图 1.8）用来装夹锥柄钻头，应根据钻头锥柄莫氏锥度的号数选用相应的钻头套。

一般立式钻床主轴的锥孔为 3 号或 4 号莫氏锥度，摇臂钻床主轴的锥孔为 5 号或 6 号莫氏锥度。

当用较小直径的钻头钻孔时，用一个钻头套有时不能直接与钻床主轴锥孔相配，此时就要把几个钻头套配接起来应用。

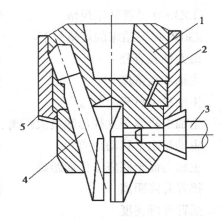

图 1.7　钻夹头
1—夹头体；2—夹头套；3—钥匙；
4—夹爪；5—内螺纹圈

钻头套共有以下 5 号：

1 号钻头套：内锥孔为 1 号莫氏锥度，外圆锥为 2 号莫氏锥度。

2 号钻头套：内锥孔为 2 号莫氏锥度，外圆锥为 3 号莫氏锥度。

3 号钻头套：内锥孔为 3 号莫氏锥度，外圆锥为 4 号莫氏锥度。

4 号钻头套：内锥孔为 4 号莫氏锥度，外圆锥为 5 号莫氏锥度

5 号钻头套：内锥孔为 5 号莫氏锥度，外圆锥为 6 号莫氏锥度。

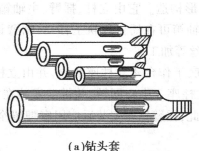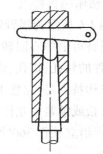

（a）钻头套　　　　　　　　　（b）钻头或钻头套拆卸方法

图 1.8　钻头套

把几个钻头套配接起来应用时，要增加装拆的麻烦，同时也要增加钻床主轴与钻头的同轴度误差。为此，有时可采用特制的钻头套，如锥孔为 1 号莫氏锥度，而外圆锥为 3 号莫氏锥度或更大的号数。

如图 1.8（b）所示为用斜铁将钻头从钻床主轴锥孔中拆下的方法。拆卸时，斜铁带圆弧的一边要放在上面，否则要把钻床主轴（或钻头套）上的长圆孔敲坏。同时，要用手握住钻头或在钻头与钻床工作台之间垫上木板，以防钻头跌落而损坏钻头或工作台。

3）快换钻夹头

在钻床上加工同一工件时，往往需要调换直径不同的钻头（或铰刀等）。这时，如用普通

8

的钻夹头或钻头套来装夹工具,就显得很不方便,而且多次借助于敲打来装卸刀具,不仅容易损坏刀具和钻头套,甚至影响到钻床的精度。

使用快换钻夹头能避免上述缺点,并可做到不停车换装刀具,大大提高了生产效率。快换钻夹头的结构如图 1.9 所示。

图 1.9 中,5 是夹头体,它的莫氏锥柄装在钻床主轴锥孔内。3 是可换套,根据孔加工的需要备有很多个,并预先装好所需的刀具。可换套的外圆表面有两个凹坑,钢球 2 嵌入时便可传递动力。1 是滑套,其内孔与夹头体为间隙配合。当需要换刀具时,不必停机,只要用手把滑套向上推,夹头体上对称的两粒钢球受离心力作用使两钢球贴于滑套端部的大孔表面。此时,就可把装有刀具的可换套取出,把另一个可换套插入,并放下滑套,使两粒钢球重新嵌入可换套的两个凹坑内,可换套就装好了。弹簧环 4 可限制滑套上下时的位置。

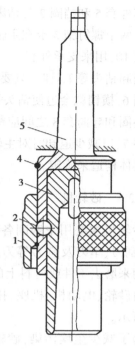

**图 1.9 快换钻夹头**

1—滑套;2—钢球;3—可换套;
4—弹簧环;5—夹头体

无论采用快换钻夹头或普通钻夹头和钻头套,加工完毕后从钻床主轴锥孔中退卸这些工具,都免不了一般用斜铁敲打的方法。为了避免这种缺点,可采用自动退卸装置。只要在钻床主轴上装上这个装置,就可方便地退卸钻头或钻头套等工具。其结构如图 1.10 所示。

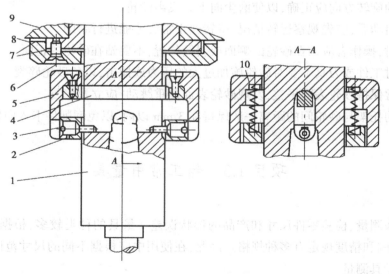

**图 1.10 自动退卸钻头装置**

1—钻床主轴;2—挡圈;3—螺钉销;4—横销;5—外套;6—垫圈;
7—橡胶垫;8—导向套;9—钻床主轴箱;10—弹簧

其外套 5 和挡圈 2 与钻床主轴 1 空套在一起,横销 4 穿过主轴的长圆孔并和外套固定在一起。两个螺钉销 3 卡在主轴长圆孔的下圆弧面上,将挡圈托住,在外套和挡圈之间装有两个弹簧 10,用来支承外套。

退卸钻头等工具时,只要将钻床主轴向上提起,使外套上端面碰到装在钻床主轴箱 9 上的垫圈 6,横销就会迫使钻头等工具退出。

垫圈和导向套 8 之间应留有一定的间隙。垫圈与主轴箱、导向套的接触部分要垫一个硬橡胶垫 7,以减少退卸时对主轴箱和导向套的振动,保护钻床的精度。垫圈的结构还可根据钻床的具体构造来确定。

### 1.2.4 砂轮机

砂轮机主要用来磨削各种刀具和工具,如錾子、钻头、刮刀、车刀及铣刀等刀具或样冲、划针等工具,还可用来磨去工件或材料上的毛刺、锐边等。砂轮机主要由砂轮、电动机、机座、托架及防护罩组成,如图 1.11 所示。

为了减少尘埃污染,砂轮机最好带有吸尘装置。砂轮质地较脆,工作时转速很高,使用时用力不当会发生砂轮碎裂造成人身事故。因此,安装砂轮时,一定要使砂轮平衡,装好后必须先试转,检查砂轮转动

**图 1.11 砂轮机**

是否平稳,有无振动或其他不良现象。使用时,要严格遵守以下安全操作规程:

①砂轮的旋转方向应正确,以使磨尘向下方飞离砂轮。

②砂轮启动后,应先观察运转情况,待转速正常后才能进行磨削。

③磨削时,操作者应站在砂轮的侧面或斜侧位置,不要站在砂轮的正面。

④磨削时工件或刀具不要对砂轮施加过大的压力或撞击,以免砂轮碎裂。

⑤要经常保持砂轮表面平整,发现砂轮表面严重跳动,应立及修复。

⑥砂轮的托架与砂轮间的距离一般保持在 3 mm 以内,以免磨削件卡入向使砂轮破裂。

# 项目 1.3 钳工常用量具

量具用来测量、检验零件尺寸和产品的形状误差。量具的种类较多,根据不同的工作要求,其测量范围和精度规定有多种规格。因此,在使用中应根据不同的尺寸范围和精度要求,选择合适的量具测量。

### 1.3.1 游标卡尺

游标卡尺是一种比较精密的量具,可直接测量工具的长度、宽度、深度以及圆形工件的内、外径尺寸等。游标卡尺根据分度值显示的方式和精度等级不同,可分为游标卡尺、带表卡

尺、数显卡尺。游标卡尺按测量范围可分为 0 ~ 100 mm,0 ~ 125 mm,0 ~ 150 mm,0 ~ 200 mm,0 ~ 300 mm,0 ~ 400 mm,0 ~ 500 mm,0 ~ 600 mm,0 ~ 800 mm,0 ~ 1 000 mm,0 ~ 1 200 mm 共 11 种规格。其测量精度有 0.10 mm,0.05 mm,0.02 mm,0.01 mm,精度为 0.02 mm 的游标卡尺较为常用。

如图 1.12 所示为精度 0.02 mm 的游标卡尺的结构。它由尺身、游标、深度测量杆、锁紧螺钉尺身及游标上有测量外径用的量爪和测量内径用的量爪组成。

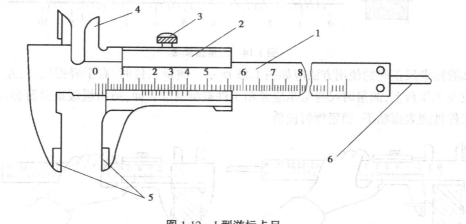

**图 1.12　I 型游标卡尺**
1—尺身;2—游标;3—螺钉;4—内径量爪;5—外径;6—深度测量杆

其读数原理如图 1.13 所示。在尺身上取分度值 49 mm,游标上分度值以零线至 49 mm 长度作 50 等分的分度刻线值。将游标上的零位线与尺身上零位线对齐,则相对于尺身 50 mm 处线相差 1 mm,也就是游标上分度值为 1/50 mm。

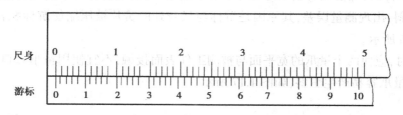

**图 1.13　0.02 mm 游标卡尺分度值原理**

游标卡尺读值方法,应以游标上的零线在尺身分度线位置上的整数值和游标上分度线与尺身分度线对齐的分值之和。如图 1.14 所示,游标卡尺两量爪与工件被测表面接触。此时,游标卡尺游标上零线在尺身分度值 18 mm 与 19 mm 之间位置,而游标分度值上 86 处刻线与尺身上 62 处刻线对齐,正确的读值应将尺身上的分度值加上游标上分度值,故实际尺寸为 18.86 mm。

游标卡尺属于精密量具,使用时不能用游标卡尺测量铸件或锻件粗糙毛坯表面。以免量具磨损失去精度。同时,游标卡尺使用应注意以下 7 点:

①测量前,应对被测工件和游标卡尺量爪做必要的清洁工作,以免切屑或毛刺影响测量的正确精度值。

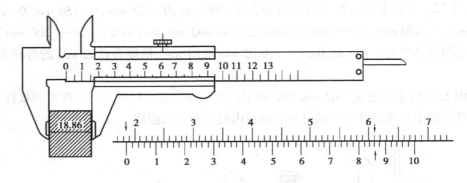

图 1.14 测量值读法

②游标卡尺正确的使用方法应如图 1.15 所示。测量工件时,右手轻握尺身,左手拿着工件或放在工作台上,测量时尺身量爪应紧贴工件被测基准表面,拇指缓缓推动游标,使游标量爪与工件被测表面贴平,锁紧螺钉读值。

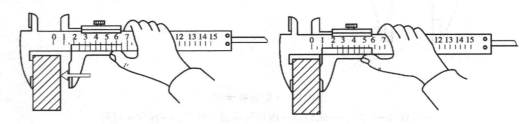

图 1.15 游标卡尺正确使用方法

③测量结果与实际尺寸不符,产生测量误差的原因有以下两种:

a.测量工件时,应使尺身量爪与工件基准平面贴平,推动游标时不要用力过猛,否则会使游标量爪倾斜,出现测量误差,其原因是游标与尺身处的簧片被压缩使游标配合间隙增大所致,如图 1.16 所示。

b.测量时,应使两个量爪的宽平面与被测工件表面接触,不宜使用量爪刀口狭窄面测量,这样测量时量爪容易产生歪斜,如图 1.17 所示。

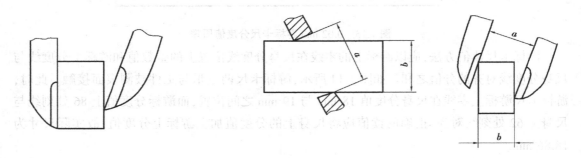

图 1.16 量爪歪斜      图 1.17 错误使用游标卡尺

如果被测工件是一狭窄面或圆柱表面,需要用量爪刀口测量时,游标卡尺应使尺身量爪与工件基准平面平行并推动游标作小范围的上下、左右摆动至游标尺显示尺寸最小的位置,固定后读数。

④测量圆柱件直径时,量爪长度应过半径,如图 1.18(a) 所示;测量较大工件时,应用双手握住游标卡尺,如图 1.18(b) 所示。测量时,应以尺身量爪为基准使游标至爪微微摆动至游棒卡尺显示最小尺寸,固定游标读值。

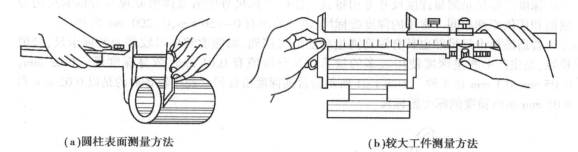

（a）圆柱表面测量方法　　　　　　　　　（b）较大工件测量方法

**图 1.18　圆柱工件和较大工件测量方法**

⑤测量工件内径时,应使用量爪刀口狭窄测量面测量,如图 1.19(a) 所示。测量时应以尺身固定量爪贴平内孔表面,右手拇指带动游标向外拉,并以固定量爪为基准,游标量爪作上下缓慢摆动(见图 1.19(b)),游标卡尺上所显示的最大读值为实际尺寸。

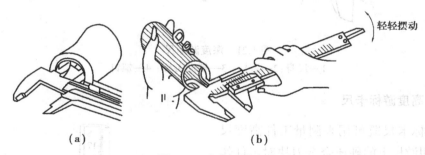

（a）　　　　　　　　　（b）

**图 1.19　内径测量方法**

⑥当用游标卡尺测量工件沟槽宽度尺寸时,可用游标卡尺内径量爪测量,如图 1.20(a) 所示。

⑦当游标卡尺测量沟槽深度时(见图 1.20(b)),测量时用游标卡尺端部与被测工件沟槽基准平面贴平,然后用右手拇指轻轻向下拉动游标,测量杆端面与槽底接触,锁紧游标处螺钉读值。

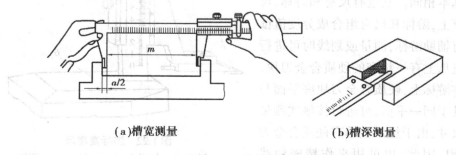

（a）槽宽测量　　　　　　　　　（b）槽深测量

**图 1.20　沟槽测量方法**

由于游标端部接触面较小,测量时尺身容易产生歪斜。因此,测量时应将尺身作小范围摆动,游标卡尺上显示的最大读数,为槽深的实际尺寸。

### 1.3.2　深度游标卡尺

深度游标尺是测量深度尺寸专用量具。深度游标尺分度值及读值原理与游标卡尺的分度值和读值原理相同。常用的深度游标尺,测量范围有 0~150 mm,0~200 mm 两种。

普通游标卡尺虽然也具有深度测量功能但欠精确,而深度游标尺较普通游标卡尺,量值稳定,是生产中测量深度使用较多的量具。其分度值有 0.01 mm(数显深度尺),0.02 mm,0.05 mm,0.1 mm 这 4 种。如图 1.21 所示为普通深度游标尺。使用较普遍的是以 0.02 mm 和 0.05 mm 示值精度的深度游标尺。

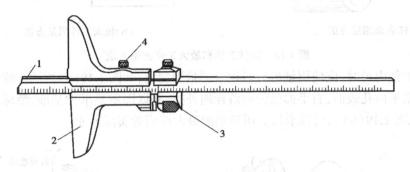

**图 1.21　深度游标尺**
1—尺身;2—游标;3—辅助游标;4—螺钉

### 1.3.3　高度游标卡尺

高度游标卡尺既可用来测量工件高度尺寸,也可利用游标上的硬质合金刀块对工件作精密划线。高度游标卡尺构造如图 1.22 所示。分度值有 0.02 mm,0.05 mm,0.1 mm 3 种,生产中,使用较多的游标高度尺精度是 0.02 mm 和 0.05 mm 分度值。

高度游标卡尺结构和分度值原理与游标卡尺的原理基本相同。它也有尺身和游标,尺身安装在尺座上,游标和尺身组合成分度值读数。游标上有辅助游标,测量或划线时可进行微量调整。量爪上有一精密的硬质合金刀块,由螺钉固定在游标上,硬质合金刀块底平面与尺座底平面处于同一平面,可进行接触式测量工件的高度尺寸,由于量爪上镶有硬质合金刀块并带有刀刃,因此,也可用来作精密划线工具。

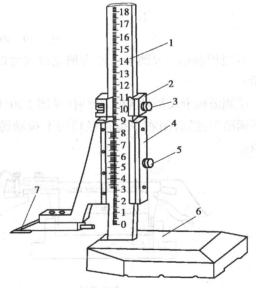

**图 1.22　游标高度尺**
1—尺身;2—辅助游标;3—螺钉;4—游标;
5—螺钉;6—底座;7—量爪

### 1.3.4　万能角度尺

万能角度尺是测量角度的精密量具。通过角度尺上的元件不同组合,能测量工件内外误差角度。常用游标万能角度尺示值精度有 2′,5′两种。万能角度尺外形构造,如图 1.23 所示。尺身安装在扇形板上,扇形板上装有游标尺与尺身标尺组成读数系统。形板内装有小齿轮与尺身啮合,能自由调整尺身位置,由螺母夹持或放松尺身。支架分别装在扇形板和 90°角尺上,用于固定或组合 90°角尺和直尺。

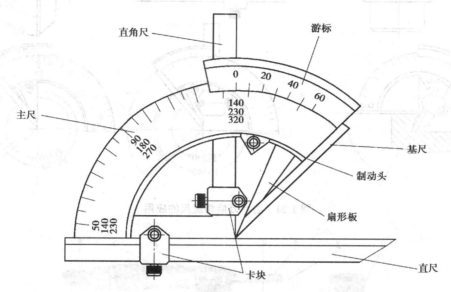

**图 1.23　游标万能角度尺**

1—游标;2—尺身;3—紧固螺母;4—扇形板;5—90°角尺;6—直尺;7—支架

万能角度尺分度值原理:尺身上标尺间距每格为 1°,游标上标尺间距是将 29°弧长分为 30 等分,即其每一分度值为 58′,因此游标上分度值与尺身上分度值相差 2′,其测量精度误差不超过±2′。

游标万能角度尺使用时可通过 90°角尺和直尺不同的安装位置和组合可分别测量 0°~50°,50°~140°,140°~230°,230°~320°的任意角度误差,如图 1.24 所示。

### 1.3.5　外径千分尺

外径千分尺是生产中常用的测量工具。外径千分尺的构造如图 1.25 所示。外径千分尺可根据被测对象不同的要求,只要更换测微螺杆和测砧端部形状,可测量齿轮公法线变动量和普通螺纹的中径尺寸。典型的结构有公法线千分尺、尖头千分尺和螺纹千分尺等。

千分尺规格较多,测微螺杆的螺纹有效长度基本上都是 25 mm,规格大小只是尺架宽度尺寸变化不同而已。选用时,可根据工件实际尺寸选一相应尺寸的规格。千分尺的规格以测量范围分有 0~25 mm, 25~50 mm,50~75 mm,75~100 mm, 100~125 mm, 125~150 mm, 150~175 mm 等多种常用规格。

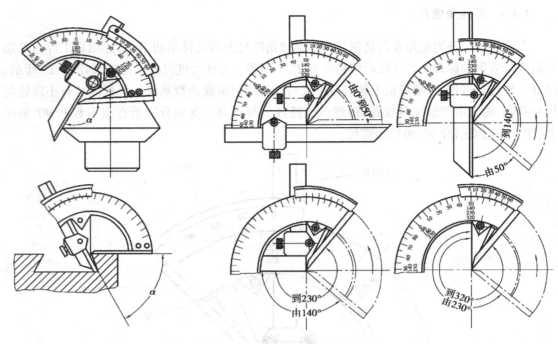

图 1.24　游标万能角度尺的应用

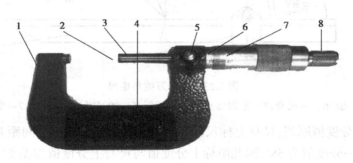

图 1.25　千分尺外形图

1—尺架;2—测砧;3—测微螺杆;4—隔热装置;5—锁紧装置;

6—固定套管;7—微分筒;8—测力装置

　　千分尺读数原理及结构基本相同。固定套管外径上有基准零线,基准零线两侧刻有分度值刻线,每格分度值为 0.5 mm,固定套管内径有一精密的内螺纹与测微螺杆上螺纹配合,螺距为 0.5 mm,微分筒与测微螺杆为微量过盈配合,因此微分筒转一周测微螺杆则移动 0.5 mm 距离。由于微分筒圆锥表面上刻有 50 等分度值刻线,每挡分度值为 0.5÷50 = 0.01 mm,因此,微分筒每转一小格表示分度值为 0.01 mm。

　　对千分尺读数时,先从固定套管分度线中读出 mm 数值,再从微分筒圆锥表面读出小数值。如图 1.26(a)所示,在微分筒左侧端面所能看到的固定套管上的刻线分度值是 10 mm,而10 mm 以上分度线未能看到,微分筒上与固定套管基准线对齐的刻线分度值是 25,正确的读值应为 10.25 mm;如图 1.26(b)所示,在微分筒左侧端面所能看到的固定套管上的刻线分度值是 10.5 mm,而 10.5 mm 以上分度线未能看到,微分筒上与固定套管基准线对齐的刻线分度值是 26,正确的读值应为 10.76 mm。

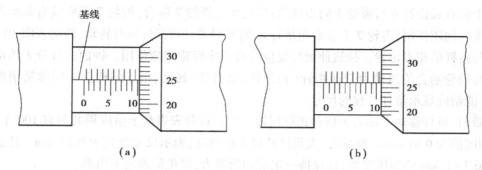

图 1.26　千分尺读值方法

### 1.3.6　百分表

百分表是比较量表,常用于测量工件的尺寸、形状和位置误差。百分表的测量结果直观、方便、灵敏度较高、应用较广的量具。百分表根据使用功能(安装在特殊的框架上)可组成专用量具,如深度百分表、测厚百分表和内径百分表等多种。按照其结构特点,可分为钟面式百分表和杠杆式百分表等。

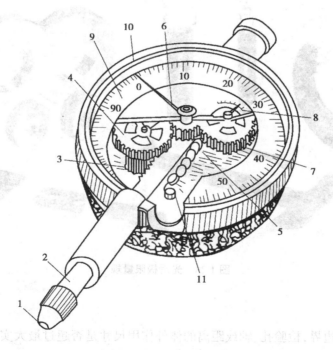

图 1.27　钟面式百分表结构图

1—可换触头;2—量杆;3—齿轮;4—齿轮 2;
5—齿轮 3;6—长指针;7—齿轮;8—短指针;
9—表盘;10—转动表圈;11—拉簧

钟面式百分表结构原理,如图 1.27 所示。它由可更换淬硬触头 1 与量杆 2 螺纹联接,量杆上铣有齿条与小齿轮 3 啮合;齿轮 4 与本齿轮 3 同轴组成双联齿轮;齿轮 4 与齿轮 5 啮合,齿轮 5 上装有长指针 6 与齿轮 5 同步转动;齿轮 5 与齿轮 7 啮合,齿轮 7 下面装有盘形弹簧,起消除齿轮间隙作用,齿轮 7 上装有短指针 8,转动时带动短指针同时转动;转动表圈 10 可调整表盘与指针的相对位置。拉簧使量杆复位并有消除齿轮间隙作用。钟面式百分表传动,通过齿条与齿轮啮合传递动力带动指针(长指针、短指针)转动,由于结构上采用弹簧消隙,因此,指针能精确显示量杆量程的尺寸。

测量时,量杆移动 1 mm,大指针正好回转一周。百分表表盘上沿圆周共刻有 100 个等分格,其刻度值为 0.01 mm。测量时,大指针转过 1 格刻度,表示尺寸变化为 0.01 mm。注意,量杆要有 0.3~1 mm 的预压缩量,以保持一定的初始测力,以免偏差测不出来。

### 1.3.7　光滑极限量规

光滑极限量规(见图 1.28)具有孔或轴的最大极限尺寸和最小极限尺寸为公称尺寸的标准测量面(测头),能反映控制被检孔或轴边界条件的无刻线长度测量器具。使用量规可检验被检尺寸不超过最大极限尺寸,以及不小于最小极限尺寸。其结构简单,通常是一些具有准确尺寸和形状的实体。它可分通规和止规,如圆柱体、圆锥体、块体平板等。

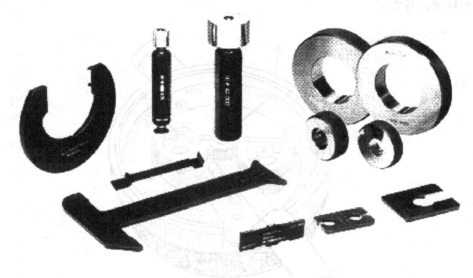

图 1.28　光滑极限量规

(1)通规

模拟最大实体边界,检验孔、轴或距离的体外作用尺寸是否超过最大实体边界,测头在允许公差内通过被检要素。

(2)止规

检验孔、轴或距离的实际尺寸是否超过最小实体尺寸,测头在允许公差内不能通过被检要素。

### 1.3.8　水平仪

水平仪(见图 1.29)是一种测量小角度的常用量具。它主要应用于检验各种机床及其他类型设备导轨的直线度和设备安装的水平位置和垂直位置。它也能应用于小角度的测量和带有 V 形槽的工作面,还可测量圆柱工件的安装平行度,以及安装的水平位置和垂直位置。按水平仪的外形不同,可分为万向水平仪、圆柱水平仪、一体化水平仪、迷你水平仪、相机水平仪、框式水平仪、尺式水平仪;按水准器的固定方式,可分为可调式水平仪和不可调式水平仪。

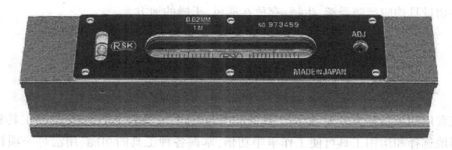

图 1.29　水平仪

水平仪是以水准器作为测量和读数元件的一种量具。水准器是一个密封的玻璃管,内表面的纵断面为具有一定曲率半径的圆弧面。水准器的玻璃管内装有黏滞系数较小的液体,如酒精、乙醚及其混合体等。没有液体的部分通常称为水准气泡。玻璃管内表面纵断面的曲率半径与分度值之间存在着一定的关系,根据这一关系即可测出被测平面的倾斜度。特别是在测垂直度时,磁性水平仪可以吸附在垂直工作面上,不用人工扶持,减轻了劳动强度,避免了人体热量辐射带给水平仪的测量误差。

### 1.3.9　量具的使用与保养

量具是技术工人在工作中不可缺少的。在使用量具时,应根据被测零件的尺寸、形状和位置精度要求合理地选择量具,以保证量具的测量范围、精度能满足被测零件的要求。使用前,必须检查量具本身精度,如发现零位不准,应交计量人员校正。在使用过程中,应轻拿轻放,严格按照各种量具的使用方法进行操作和测量,并按照计量规定按期进行量具的周检。当使用外径千分尺进行测量时,应辅以游标卡尺测量,以保证"大数"不错、"小数"精确,避免出现"0.5 mm"的误差,使工件报废或返工。

在实际检验过程中,还需根据生产性质来选择量具。在大批量及成批生产中,应尽量选用专用工具,以提高检测速度,降低劳动强度和生产成本;在单件和小批量生产中,则应选用合适的万能工具。

量具的使用和保养要注意以下事项:

①不要用油石、砂纸等硬物刮擦量具的测量面和刻度部分,若使用过程中发生故障,应及时送交修理人员进行检修。操作者严禁随意拆卸、改装和修理量具。

②不要用手抓摸量具的测量面和刻度线部分,以免量具生锈,影响测量精度。

③不可将量具放在磁场附近,以免量具被磁化。

④严禁将量具当作其他工具使用。

⑤量具用完后立即仔细擦净上油,有工具盒的要放进原工具盒中。

⑥精密量具暂时不用时,应及时交回工具室保管。

⑦精密量具不可测量温度过高的工件。

⑧量具在使用过程中,不要与工具、刀具混放在一起,以免破坏。

⑨粗糙毛坯和生锈工件不可用精密量具进行测量,如非测量不可,可将被测部位清理干净并去除锈蚀后再进行测量。

⑩一切量具均应严防受潮、生锈,存放在通风、干燥的地方。

# 项目 1.4　钳工常用工具

钳工常用的工具种类较多,依据工具的动力源不同,可分为手工工具、电动工具和气动工具。恰当地选择和运用工具可使工作事半功倍,掌握各种工具的功能、用法是一项持久的学习与实践内容。

## 1.4.1　手工工具

常用手工工具有划线工具,如平台、方箱、直尺、划规、划针及划线盘等;切削工具,如锉刀、手锯、錾子、钻头、刮刀、丝锥及板牙等;装卸、夹持、打击工具,如扳手、螺钉旋具、手钳、手锤及拉马等。

## 1.4.2　电动、气动工具

钳工常用的电动、气动工具有电钻、电磨头、磨光机、切割机、电剪刀、电动曲线剪、风动砂轮、电动扳手及气动扳手等。电动或气动工具有外部动力源,因此,较手工工具有更高的工作效率,可减轻劳动强度,在批量生产的钳工操作中广泛应用。电动、气动工具一般不受作业场所和工件形状的限制,因此,还适用于不便采用大、中型机械的作业。

### (1)手电钻

手电钻(见图 1.30)是一种手提式电动工具。在装配工作中,当受工件形状或加工部位的限制,不能用钻床进行钻孔时,则可使用电钻进行钻孔。如图 1.30(a)、(b)所示分别为手提式电钻和手枪式电钻。

1)电钻的规格

电钻的电源电压分单相(220 V,36 V)和三相(380 V)两种。采用单相电压的电钻规格有6,10,13,19,23 mm 这 5 种;采用三相电压的电钻规格有 13,19,23 mm 这 3 种。在使用时,可根据不同情况进行选择。

2)电钻使用的安全规则

使用电钻时,必须遵守以下 7 项安全规则:

①手电钻使用前,须开空转 1 min,检查传动部分是否正常。如有异常,则不能使用。

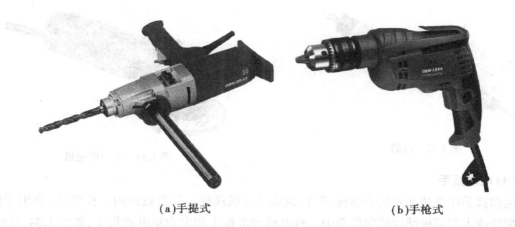

（a）手提式　　　　　　　　　　（b）手枪式

图 1.30　电钻

②钻头必须锋利，钻孔时不要用力过猛。当孔将钻穿时，应适当减轻压力，以防卡钻。

③长期搁置不用的电钻，在使用前，必须用 500 V 兆欧表测定绝缘电阻。如绕组与铁芯间绝缘电阻小于 0.5 MΩ 时，则必须进行干燥处理，直至绝缘电阻超过 0.5 MΩ 为止。

④使用电钻时，必须握电钻手柄，不能拉着软线拖动电钻，以防因软线擦破、轧坏等现象而造成事故。

⑤电源电压不得超过电钻铭牌上所规定电压的±10%，否则会损坏电钻或影响使用效果。

⑥电钻使用时，应戴橡胶手套，穿胶鞋或站在绝缘板上，以防万一漏电而造成事故。

⑦电钻不用时，应存放于干燥、清洁和没有腐蚀性气体的环境中。

**（2）电磨头、风磨、角向磨光机**

电磨头如图 1.31 所示。它属于高速磨削工具。适用于大型工、夹、模具的装配调整，对各种形状复杂的工件表面进行修磨或抛光。调换不同形状的小砂轮，还可修磨各种凸模、凹模的曲面。当用抛光轮代替砂轮使用时，则可进行抛光作业。

电磨头使用必须注意以下 3 点：

①使用前，应开机空转 2～3 min，观察旋转是否正常。若有异常，应排除故障后再使用。

图 1.31　电磨头

②新装砂轮应修整后使用，否则所产生的不平衡力会造成严重振动，影响加工。

③砂轮外径不得超过规定尺寸，工作时砂轮和工件接触力不宜过大，更不能用砂轮冲击工件，以防砂轮爆裂造成事故。

风磨如图 1.32 所示。它与电磨头有同样的用途和用法，主要区别在于其动力为压缩空气，适用于装备有压缩空气源的作业场所。

角向磨光机如图 1.33 所示。它是一种砂轮类电动工具。一般以单相交流串联式电动机为动力，通过传动机构驱动碟形砂轮片，对金属材料进行磨削。这种工具以增强纤维砂轮片的端面边缘为主要工作面，具有较高的切削效率，适用于对工件表面、棱边的打磨作业。

图 1.32 风磨

图 1.33 角向磨光机

**（3）电动扳手**

电动扳手用于装卸六角头螺栓、螺钉和螺母等联接件。具有较高的工作效率，常用于机械装配线或大型机械结构装配作业中。有电动冲击扳手和定力矩电动扳手，如图 1.34 所示。机械装配中要求以恒定的夹紧力拧紧联接件时，要采用定力矩电动扳手。

此外，还有电动螺钉旋具，适用于一字或十字螺钉的快速装卸。

**（4）电动曲线锯**

电动曲线锯如图 1.35 所示，可用来锯切各种不同厚度的金属薄板和塑料板。它具有体积小、质量轻、携带方便及操作灵巧等特点，适用于对各种形状复杂的大型样板进行落料加工。使用电动曲线锯时，必须注意以下 3 点：

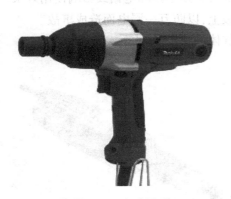

图 1.34 电动扳手

图 1.35 电动曲线锯

①使用前，应先开机空转 2～3 min，检查电动部分是否正常。在使用过程中，若出现不正常响声或温升过高时，应立即停止工作，检修后再继续使用。

②锯割时，向前推力不能过猛，转角半径不宜过小。

③锯条一定要夹紧在夹头上，不得有松动现象，否则锯条易折断而造成事故。卡锯时，应立即切断电源，退出后再进行锯割。

应根据工件材料选用锯条的齿距，以提高锯割效率。当锯割塑料或有色金属等软材料时，应选用齿距较大的锯条；当锯切钢板时，应使用齿距较小的锯条。

**（5）电剪刀**

电剪刀如图 1.36 所示。它的特点是使用灵活、操作方便。它能用来剪切各种几何形状的金属板材，用电剪刀剪切后的板材，具有板面平整、变形小、质量好的优点。因此，它也是对各种复杂的大型样板进行落料加工的主要工具之一。

**图 1.36　电剪刀**

操作电剪刀时,必须注意以下两个问题:

①开机前,应检查整机各部分螺钉是否牢固,然后开机空转,观察运转正常后再使用。

②两刀刃的间距需根据材料厚度进行调整。当剪切厚材料时,两刃口的间隙为 0.2～0.3 mm;当作小半径剪切时,间隙更要大一些,刃口间隙常调至 0.3～0.4 mm;剪切薄材料时,间隙可计算为

$$S = 0.2 \times 厚度$$

式中　$S$——两刃口的间隙,mm。

# 模块 2
## 钳工常用加工方法

## 项目 2.1 划 线

### 2.1.1 划线概述

根据图样的尺寸要求,用划线工具在毛坯或半成品工件上划出待加工部位的轮廓线或作出基准的点、线的操作,称为划线。单件和中、小批量生产中的铸锻件毛坯和形状比较复杂的零件,在切削加工前通常需要划线。

划线一般分为平面划线和立体划线两种。平面划线是在工件或毛坯的一个平面上划线(见图2.1(a))。例如,在板料上划线,在盘状工件的端面上划钻孔加工线等都属于平面划线。立体划线是平面划线的复合,是在工件或毛坯的几个表面上划线,即在工件的长、宽、高3个方向划线(见图2.2(b))。例如,划出支架、箱体等工件的加工界限,就属于立体划线。

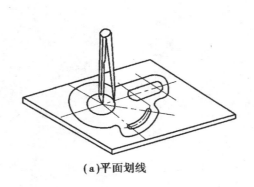
(a)平面划线

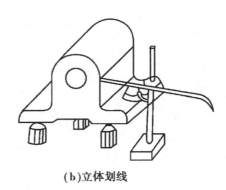
(b)立体划线

图 2.1 划线

通过划线,可确定加工面的加工位置和加工余量,也可发现不合格的毛坯从而及时处理,

24

还可通过借料划线使误差较大的毛坯得到补救。

划线除了要求划出的线条清晰均匀外,最重要的是要保证尺寸准确。划线发生错误或精度太低时,都可能造成加工错误而使工件报废。由于划出的线条有一定的粗细,而且在使用工具和量取尺寸时难免会存在一定的误差,故不能达到绝对的准确,一般划线精度要求为0.25~0.5 mm。因此,不能单靠划线直接来确定加工时的最后尺寸,而在加工时仍要通过测量才能确定工件的尺寸是否达到了图样的要求。

### 2.1.2 划线工具

划线的工具很多,按用途分为基准工具、量具、直接划线工具以及夹持工具等。

#### (1)基准工具

划线平台如图2.2所示,它用铸铁制成,是划线的主要基准工具。用来安放工件和划线工具,并在它上面进行划线工作。平台表面的平整性直接影响划线的质量,因此,它的工作表面经过精刨或刮削等精加工。为了长期保持平台表面的平整性,应注意以下一些使用和保养规则:

①安装划线平台,要使上平面保持水平,以免倾斜后在长期的重力作用下发生变形。

图2.2 划线平台

②划线平台应按有关规定进行定期检查、调整、研修(局部),使其经常保持水平状态。

③使用时,要随时保持划线平板表面清洁,避免铁屑、灰砂等污物在划线工具或工件拖动时刮伤平台表面,同时也可能影响划线精度。

④工件和工具在划线平台上都要轻放,尤其要防止重物撞击平台和在平台上进行较重的敲击工作而损伤表面。大平台不应经常划小工件,避免局部表面磨损。

⑤划线结束后要把平台表面擦拭干净,并涂上机油,以防锈蚀。

#### (2)直接划线工具

直接划线工具有划针、划规、划卡、划针盘及样冲。

1)划针

划针(见图2.3)是在工件表面划线的工具,常与钢直尺、90°角尺或划线样板等导向工具一起使用。对已加工面划线时,应使用弹簧钢丝或高速钢划针,直径为3~6 mm,尖端磨成15°~20°的尖角,并经淬硬,这样就不易磨损变钝。划线的线条宽度应为0.05~0.1 mm。对铸件、锻件等毛坯划线时,应使用焊有硬质合金的划针尖,以便保持长期锋利,划线的线条宽度应为0.1~0.15 mm。钢丝制成的划针用钝后重磨时,要经常浸入水中冷却,以防针尖过热而退火变软。

用划针划线时,划针要依靠钢尺或直尺等导线工具而移动。左手要压紧导向工具,防止其滑动而影响划线的准确性,划针尖要紧靠导向工具的边缘,上部向外侧倾斜15°~20°,沿划线前进方向倾斜45°~75°,要尽量做到一次划成,以使线条清晰、准确(见图2.4)。

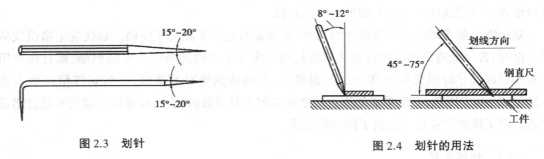

图 2.3　划针

图 2.4　划针的用法

2)划规

划规是划圆或划弧线、等分线段及量取尺寸等操作所使用的工具。它用中碳钢或工具钢制成,两脚尖端部位经过淬硬并刃磨,有的在两脚端部焊上一段硬质合金,以减小在毛坯表面划圆时尖端磨钝。

钳工用的划规有普通划规(见图 2.5(a))、扇形划规(见图 2.5(b))、弹簧划规(见图 2.5(c))和长划规(见图 2.6)等。最常用的是普通划规。它结构简单,制造方便,适用性较广,但其两脚铆合处的松紧要恰当,太紧,调节尺寸费劲,太松,则尺寸容易变动。扇形划规上带有锁紧装置,当调节好尺寸后拧紧螺钉,尺寸就不易变动,最适用在粗糙的毛坯表面上划线。弹簧划规的优点是调节尺寸很方便,但划线时作圆弧的一只脚容易弹动而影响尺寸的准确性,因此仅适用在较光滑的表面上划线,而不适宜在粗糙表面上划线。长划规是专门用来划大尺寸圆或圆弧的,在滑杆上移动两个划规脚,就可得到一定的尺寸。

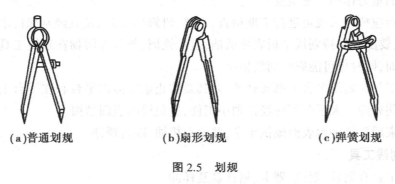

(a)普通划规　　　　　(b)扇形划规　　　　　(c)弹簧划规

图 2.5　划规

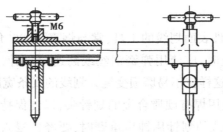

图 2.6　长划规

划规用法与制图中的圆规类似,不同的是在工件上划线或作图等。用划规划圆时,作为旋转中心的一脚应施以较大的压力,对另一脚则施以较小的压力,这样可使中心不致滑移。划规两脚长度要一致,针尖要靠紧,以利于划小圆。两脚开合松紧要适当,以免划线时发生开合,从而影响划线质量。

3)划卡

划卡又称单脚划规,用来找圆形工件的中心或划平行线(见图2.7)。划卡两脚要等长,针尖要经过淬火提高硬度,两脚开合松紧要适当,防止松动影响划线质量。操作时,要注意划卡的弯脚离工件端面的距离应保持每次基本相同,否则求出的中心要产生较大误差。

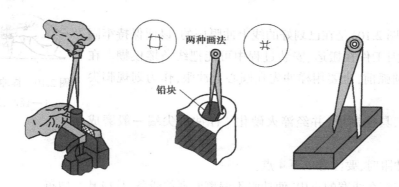

图2.7 划卡

4)划线盘

划线盘分为普通划线盘(见图2.8)和精密划线盘(见图2.9)。它用来立体划线或工件位置的校正。

如图2.8所示,划针的直头端焊有硬质合金针尖,用来划线,而弯头端常用来找正工件的位置,如找正工件表面与划线平行等。

如图2.9所示,支杆装在跷动杠杆上,调整跷动杠杆的调整螺钉,可使支杆带着划针上下移动到需要的位置。这种划线盘多用在刨床、车床上校正工件位置。

图2.8 普通划线盘

图2.9 精密划线盘

1—支杆;2—划针夹头;3—锁紧装置;
4—跷动杠杆;5—调整螺钉;6—底座

用划线盘划线时,划针基本上处于水平位置,不要倾斜太多;划针伸出的部分应尽量短,这样划针的刚度较大,不易产生抖动;划针的装夹也要牢固,避免在划线过程中尺寸变动;在拖动底座划线时,应使它与平板表面紧贴,而无摇晃或跳动现象;划针与工件划线表面之间沿划线方向要倾斜一定角度,这也可减小划针在划线时的阻力和防止扎入粗糙表面;为了使底座在划线时拖动方便,还要求底座与平板酚接触面都保持十分干净,以减少阻力。毛坯划线和半成品划线所用的划针、划线盘和划规不应混用;划线盘用完后,必须将针尖朝下;在成批划线时,为了减少反复调整划针的高度的时间,一般每一划线盘只划一个位置的尺寸线,所以需要多个划线盘。

5)样冲

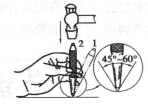

**图 2.10 样冲及使用方法**
1—轻冲;2—重冲

样冲(见图 2.10)是在已划好的线上冲眼用的,以便保持牢固的划线标记,因工件在搬运、安装过程中可能把线条擦模糊。在使用划规划圆弧前,也要用样冲先在圆心上冲眼,作为划规脚尖的立脚点。

样冲用工具钢制成,并经淬火硬化。样冲的尖端一般磨成 $45° \sim 60°$。

用样冲冲眼时,要注意以下 4 点:

①冲眼应打在线宽的正中,使冲眼不偏离所划的线条,且应基本均布。

②冲眼间距可视线段长短决定。一般在直线段上冲眼的间距可大些;在曲线段上间距要小些;而在线条的交叉转折处,则必须要冲眼。

③冲眼的深浅要掌握适当。薄壁零件冲眼要浅些,以防损伤和变形;较光滑的表面冲眼也要浅,甚至不冲眼;而粗糙的表面要冲得深些。

④中心线、找正线、检查线、装配对位标记线等辅助线,一般应打双样冲眼。

**(3)量具**

1)高度游标卡尺

高度游标卡尺是精密量具之一。它既可用来测量高度,又可用来划线。划线精度可达 0.1 mm 左右。用高度游标卡尺划线时,划线量爪要垂直于划线表面一次划出,不得用量爪的两侧尖来划线,以免侧尖磨损,增大划线误差。游标卡尺是精密量具,不准用它划毛坯,只可用于工件已加工表面上划线。不用时,应清洁防锈,装在木盒中保管。

2)90°角尺

90°角尺是钳工常用的测量工具。它主要有圆柱角尺、刀口角尺、矩形角尺、铸铁角尺及宽座角尺。

常用的是宽座角尺(见图 2.11),用中碳钢制成,经过热处理和精密加工后,使两个工作面之间具有较精确的 90°角。它用来检验两个表面之间的垂直度误差。在划线时,常用作划垂直线或平行线时的导向工具,或用来找正工件在划线平板上的垂直位置。

3)划线尺架

划线尺架又称量高尺,用来夹持钢直尺的划线工具(见图 2.12)。在划线时,它配合划线盘一起使用,以确定划针在平板上的高度尺寸。

**(4)夹持工具**

1)V 形架

V 形架(见图 2.13)用于支承圆柱形工件,使工件轴心线与平台平面平行。V 形架用铸铁

图 2.11　宽座角尺

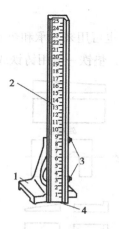

图 2.12　划线尺架

1—底座;2—钢板尺;3—锁紧螺钉;4—零点

或碳钢制成,相邻各面互相垂直,V 形槽一般成 90°或 120°夹角。

在安放较长的圆柱工件时,需要选择两个等高的 V 形架(它们是在一次装夹中同时加工完成的),这样才能使工件安放平稳,保证划线的准确性。这种成对 V 形架不许单个使用。

2)划线方箱

划线方箱(见图 2.14)是一个空心的立方体或长方体,由铸铁制成。相邻平面互相垂直,相对平面互相平行。它用来支承划线的工件(通常是较小的或较薄的工件)。它还可依靠夹紧装置把工件固定在方箱上,划线时只要把方箱翻转 90°,就可把工件上互相垂直的线在一次装夹中全部划好。

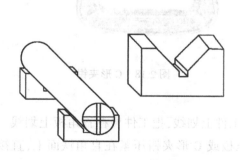

图 2.13　V 形架

图 2.14　划线方箱

3)千斤顶

千斤顶(见图 2.15)用来支承毛坯或形状不规勇的对线工件,并可调整高度,使工件各处的高低位置调整到符合划线的要求。

用千斤顶支承工件时,要保证工件稳定可靠。为此,要求 3 个千斤顶的支承位置离工件的重心应尽量远;在工件较重的部位放两个千斤顶,较轻的部位放一个千斤顶;工件上的支承点尽量不要选择在容易发生滑动的地方。

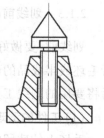

图 2.15　千斤顶

29

4)垫铁

垫铁(见图2.16)也可用来支承和垫平工件,以便划线时找正。它使用时比千斤顶方便,但只能作少量的调节。垫铁一般用铸铁或碳钢制成。

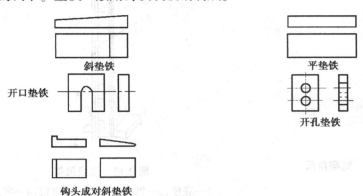

斜垫铁　　　　　　　　平垫铁

开口垫铁　　　　　　　　开孔垫铁

钩头成对斜垫铁

图 2.16　垫铁

5)角铁

角铁(见图2.17)由铸铁制成,通常要与压板配合使用,用来夹持需要划线的工件。它有两个互相垂直的平面。通过90°角尺对工件的垂直位置找正后,再用划线盘划线,可使所划线条与原来找正的直线或平面保持垂直。角铁上的孔或槽是搭压板时穿螺钉用的。

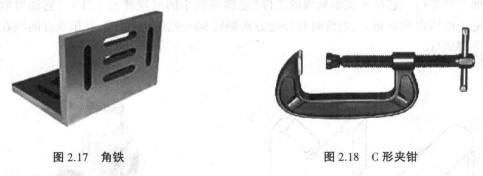

图 2.17　角铁　　　　　　　　　　　图 2.18　C 形夹钳

6)C 形夹钳

C 形夹钳(见图2.18)用于在薄且面积大的工件上划线,把工件夹在直角板上划线。在工件上划与其底面垂直的线时,可将工件底面用压板或 C 形夹钳压紧在直角铁面上,直接用划线盘划出垂直线。

### 2.1.3　划线前的准备工作

划线前,要做好各种准备工作。首先要看懂图样和工艺文件,明确划线工作内容;其次要看毛坯或半成品的形状、尺寸是否与图样和工艺文件要求相符,是否存在明显的外观缺陷;最后将要用的划线工具擦拭干净,摆放整齐,并做好划线部位的清理和涂色等工作。

(1)工件的清理

毛坯上的残留的污垢、氧化皮、毛边、泥沙以及已加工工件上的切屑、毛刺等都必须清除干净,以保证涂色和划线的质量。

（2）工件的检查

划线工件清理后,要进行详细的检查,目的是认定零件上的气泡、缩孔、砂眼、裂纹、歪斜,以及形状和尺寸等方面的缺陷是否能够通过加工消除,确认不致造成废品后,再进行下一步工作,以免造成工时的浪费。

（3）划线部位的涂色

为了使划出的线条清晰,一般都要在划线部位涂上一层涂料。涂料应涂得薄而均匀,才能保证划线清晰,涂得太厚容易脱落。涂色所用的材料种类很多,常用的有以下4种:

1）白灰水

白灰加水混合而成是最简单的方法。

2）粉浆

用大白、桃胶加水煮沸而成,具有较好的附着力。

3）酒精色溶液

在酒精中加入适量的蓝基绿、青莲等色块和适量的漆片,合成酒精色溶液,具有很强的附着力,干得快,并可用酒精擦除。

4）硫酸铜溶液

每杯水中,加入2~3匙硫酸铜,再加入微量的硫酸,即可使用。硫酸铜溶液刷在工件表面上形成一层很薄的铜膜,划出来的线条十分鲜明、清晰。

（4）在工件孔中装中心塞块

在有孔的工件上划圆或等分圆周时,必须先求出孔的中心。为此,一般要在孔中装中心塞块。对于不大的孔,通常可用铅条敲入;较大的孔,则可用木料或可调节的塞块（见图2.19）。

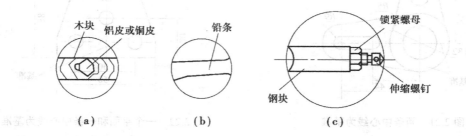

图2.19 划中心孔用的塞块

### 2.1.4 划线基准的确定

基准是用来确定工件上几何要素间的几何关系所依据的那些点、线、面。设计图样上所采用的基准称为设计基准。划线时,也要选择工件上某个点、线或面作为依据,用它来确定工件其他的点、线、面尺寸和位置,这个依据称为划线基准。划线基准应包括划线时确定尺寸的基准（它应尽可能与设计基准一致）、划线工件在平板上放置或找正的基准,前者是主要的,后者是辅助的。

平面划线时一般要划两个互相垂直方向的线条。立体划线时一般要划 3 个互相垂直方向的线条。因为每划一个方向的线条,就必须确定一个基准。因此,平面划线时要确定两个基准,而立体划线时则要确定 3 个基准。

确定平面划线时的两个基准,一般可参照以下 3 种类型来选择:

**(1)以两条互相垂直的边线作为基准**

如图 2.20 所示,该零件上有垂直两个方向的尺寸。可知,每一方向的许多尺寸大多是依照它们的外缘线确定的(个别的尺寸除外)。此时,就可把这两条边线分别确定为这两个方向的划线基准。

**(2)以两条互相垂直的中心线作为基准**

如图 2.21 所示,该零件上两个方向的许多尺寸分别与其中心线具有对称性,其他尺寸也从中心线起始标注。此时,就可把这两条中心线分别确定为这两个方向的划线基准。

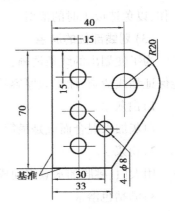

图 2.20　以两个互相垂直的平面为基准

**(3)以互相垂直的一条直线和一条中心线作为基准**

如图 2.22 所示,该零件上高度方向的尺寸是以底线为依据而确定的,此底线就可作为高度方向的划线基准;而宽度方向的尺寸对称于中心线,故中心线就可确定为宽度方向的划线基准。

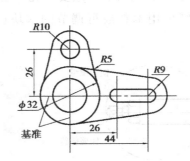

图 2.21　两条中心线为基准

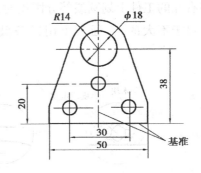

图 2.22　一个平面和一条中心线为基准

一个工件有很多线条要划,究竟从哪一根线开始呢?通常都要遵守从基准开始的原则,否则将会使划线误差增大,尺寸换算麻烦,有时甚至使划线产生困难和工作效率降低。正确地选择划线基难,可提高划线的质量和效率,并相应地提高毛坯合格率。当工件上有已加工面(平面或孔)时,应以已加工面作为划线基准,因为先加工表面的选择也是考虑了基准确定原则的。若毛坯上没有已加工面时,首次划线应选择最主要的(或大的)不加工面为划线基准,但该基准只能使用一次,在下一次划线时必须用已加工面作划线基准。

无论立体划线还是平面划线,它们的基准选择原则是一致的,一般首先应考虑与设计基准保持一致。所不同的只是把平面划线的基准线变为立体划线的基准平面或基准中心平面。

### 2.1.5　划线时的找正和借料

由于铸、锻件毛坯形状不太规则,往往存在形状歪斜、偏心、壁厚不均等缺陷,当形位误差不大时,可通过划线找正或借料的方法进行补救。

**(1)找正**

找正就是利用工具(如90°角尺或划线盘等)使工件上有关的表面处于合适的位置。其目的如下:

①当毛坯工件上有不加工表面时,应按不加工面找正后再划线,可使待加工表面与不加工表面之间的尺寸均匀。如图 2.23 所示的轴承架毛坯,由于内孔与外圆不同心,在划内孔加工线之前,应首先以外圆为找正依据,用单脚划规求出其中心,然后按求出的中心划出内孔的加工线。这样,内孔与外圆就可基本达到同心。

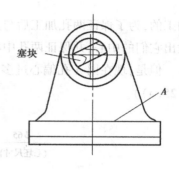

**图 2.23　轴承架毛坯**

同样,在划底面加工线之前,应首先以上平面 A(不加工面)为找正依据,用划线盘找正成水平位置,然后划出底面加工线。这样,底座各处的厚度就比较均匀。

②当毛坯上没有不加工表面时,通过对各待加工表面自身位置的找正后再划线,可使各待加工表面的加工余量得到合理和较均匀的分布,而不致出现过多或过少的现象。当工件上有两个以上的不加工面时,应选择其中面积较大的、较重要的或外观质量要求较高的面为主要找正依据,兼顾其他较次要的不加工表面。使划线后各主要不加工表面与待加工表面之间的尺寸(如壳体的壁厚、凸台的高低等)都尽量达到均匀和符合要求,而把难以弥补的误差反映到较次要或不显目的部位上去。

**(2)借料**

当毛坯工件存在的误差和缺陷不太大或有局部缺陷时,通过调整和试划,使各待加工表面都有足够的加工余量,加工后误差和缺陷便可排除,或使其影响减小到最低程度。这种划线时的补救方法,则称为借料。

借料的具体方法可通过下面两例来说明。

①如图 2.24 所示的圆环,是一个锻造毛坯,内孔和外圆都需要加工。如果毛坯比较精确,划线工作比较简单。但如果毛坯由于锻造误差使外圆与内孔产生了较大的偏心,则划线就不是那样简单了。如图 2.24(a)所示,不顾及内孔去划外圆,内孔的加工余量就不够;反之,如果不顾及外圆去划内孔,则外圆的加工余量也要不够(见图 2.24(b))。因此,只有在内孔和外圆都兼顾的情况下,恰当地选好圆心位置,划出的线才能保证内孔和外圆都具有足够的加工余量(见图 2.24(c))。这就说明通过借料以后,使有误差的毛坯仍能很好地加以利用。当然,误差太大时也无法补救,只能报废。

②如图 2.25 所示的齿轮箱体是一个铸件。由于铸造误差,使 A,B 两孔的中心距由 150 mm 缩小为 144 mm (A 孔偏移 6 mm)。按照简单的划法,因为凸台的外圆 φ125 mm 是不

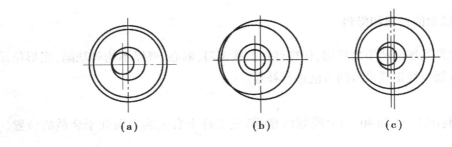

图 2.24　圆环划线的借料

加工的,为了保证两孔加工后与其外圆同心,首先就应以此两孔的凸台外圆为找正依据,分别找出它们的中心,并保证两孔中心距为 150 mm,然后划出两孔的圆周尺寸线 $\phi$75H7。

　　但是,现在因 A 孔偏心过多,按上述简单方法划出的 4 孔便没有足够的加工余量(见图2.25(a))。

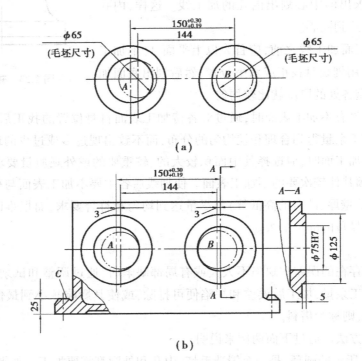

图 2.25　齿轮箱体的划线

　　如果通过借料的方法来划线,即将 A 孔向左借过 3 mm,B 孔向右借过 3 mm,通过试划 A,B 两孔的中心线和内孔圆周尺寸线,就可发现两孔都有了适当的加工余量(最少处约有2 mm,见图 2.25(b)),从而使毛坯仍可利用。当然,由于把 A 孔的误差平均反映到了 A,B 两孔的凸台外圆上,因此,划线结果要使凸台外圆与内孔产生一定偏心。但这样的偏心程度仅对外观质量有些影响,一般还是符合要求的。

　　划线时的找正和借料这两项工作是有机地结合进行的。如上例的箱体除了 A,B 两孔的加工线外,毛坯其他部位实际上还有许多线需要划(图中未把全部尺寸都注出)。在划底面加工线时,因为平面 $C$ 面是不加工面,为了保证此不加工面与底面之间的厚度 25 mm 在各处均匀,划线时要首先以 $C$ 面为依据进行找正,而且在对 $C$ 面进行找正时,由于必然会影响 $A,B$ 两孔中心的高低,就可能又要作适当的借料。因此,一定要在互相兼顾的基础上,把找正和借料结合起来进行,才能同时使有关的各方面都满足要求,只考虑某一方面,而把其他有关方面疏忽掉,是不可能做好划线工作的。

### 2.1.6　划线的步骤和实例

#### (1) 划线的步骤

①看清楚图样,详细了解工件上需要划线的部位;明确工件及其划线有关部分在产品上的作用和要求;了解有关的后续加工工艺。

②确定划线基准。

③初步检查毛坯的误差情况。

④正确安放工件和选用工具。

⑤划线。

⑥仔细检查划线的准确性以及是否有线条漏划。

⑦在线条上冲眼。

划线工作不仅要求要认真细致(尤其是立体划线),同时还要求具备一定的加工工艺和结构知识,才能胜任,所以要通过实践锻炼和学习,逐步提高。

#### (2) 平面划线实例

如图 2.26 所示为一种划线样板,要求在板料上把全部线条划出。具体划线过程如下:

①沿板料边缘用直尺划水平线,几何作图划另一边缘垂直线,完成基准线。

②划尺寸 42 和 75 的两条水平线;划尺寸 34 垂直线交 75 水平线于 $O_1$ 点。

③以 $O_1$ 为圆心、$R78$ 为半径作弧并截 42 水平线得 $O_2$ 点,通过 $O_2$ 点作垂直线。

④分别以 $O_1$、$O_2$ 点为圆心、$R78$ 为半径作弧相交得 $O_3$ 点,通过 $O_3$ 点作水平线和垂直线。

⑤划 $\phi 32$、$\phi 80$、$\phi 52$、$\phi 38$ 圆。

⑥把 $\phi 80$ 圆周作 3 等分,定 $O_{11}$,$O_{12}$,$O_{13}$ 3 个圆心,划出 3 个 $\phi 12$ 圆。

⑦以 $O_1$ 为圆心、$R52$ 为半径划弧,以 $O_{11}$ 为圆心、$R12$ 为半径作 $R52$ 内切圆弧。

⑧以 $O_3$ 为圆心、点 $R47$ 为半径划弧,与 $R20$ 圆弧外切。

⑨以 $R42$ 为半径,作圆弧,与水平、竖直基准线分别外切。

⑩在水平基准线截点 95,过点作直线与 $R47$ 圆弧相切。

⑪划线过程中找出圆心后,随即打样冲眼,以备划弧时圆规定心。

至此全部线条划完。

#### (3) 立体划线实例

现以如图 2.27 所示的轴承座为例来说明其立体划线的方法。

此轴承座需要加工的部位有底面、轴承座内孔、两个螺钉孔及其上平面、两个大端面。需要划线的尺寸共有 3 个方向,工件要安放 3 次才能划完所有线条。

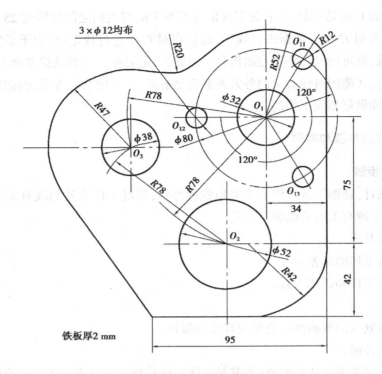

**图 2.26 划线样板**

划线的基准确定为轴承座内孔的两个中心平面 I—I 和 II—II,以及两个螺钉孔的中心平面 III—III（见图 2.28—图 2.30）。值得注意的是,这里所确定的基准都是对称中心假想平面,而不像平面划线时的基准都是一些直线或中心线。这是因为立体划线时每划一个尺寸的线,一般要在工件的四周都划到,才能明确表示工件的加工界线,而不是只划在一个面上,因此,就需要选择能反映工件四周位置的平面来作为基准了。

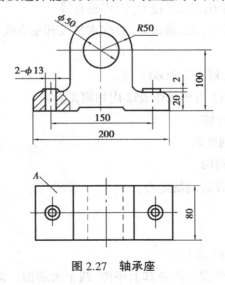

**图 2.27 轴承座**

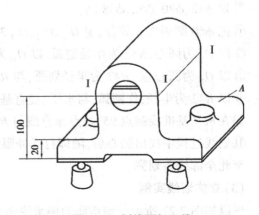

**图 2.28 划线面加工线**

1)应划底面加工线(见图 2.28)

因为这一方向的划线工作将牵涉主要部位的找正和借料。先划这一方向的尺寸线可正确地找正好工件的位置和尽快了解毛坯的误差情况,以便进行必要的借料,防止产生返工现象。

先确定 $\phi50$ 轴承座内孔和 $R50$ 外轮廓的中心,由于外轮廓是不加工的,并直接影响外观质量,因此应以 $R50$ 外轮廓为找正依据而求出中心,即先在装好中心塞块的孔的两端,用单脚划规或划规分别求出中心,然后用划规试划 $\phi50$ 圆周线,看内孔四周是否有足够的加工余量。如果内孔与外轮廓偏心过多,就要适当地借料,即移动所求的中心位置。此时,内孔与外轮廓的壁厚如果稍为不均匀,只要在允许该范围内就可以了。

用 3 只千斤顶支承轴承座底面,调整千斤顶高度并用划线盘找正,使两端孔的中心初步调整到同一高度。与此同时,由于平面 $A$ 也是不加工面,为了保证在底面加工后厚度尺寸 20 在各处都比较均匀,还要用划线盘的弯脚找正 $A$ 面,使 $A$ 面尽量处于水平位置。但这与上述两端孔的中心要保持同一高度往往会有矛盾,而这两者又都比较重要,所以不应任意偏废某一方面,而是要两者兼顾,把毛坯误差恰当地分配于这两个方面。必要时,要对已找出的轴承座内孔的中心重新调整(即借料),直至这两个方面都达到满意的结果。此时,工件的第一划线位置便安放正确。

接着,用划线盘试划底面加工线,如果四周加工余量不够,还要把孔的中心抬高(即重新借料)。到确实不需再变动时,就可在孔的中心点上冲眼,并划出基准线 I—I 和底面加工线。两个螺钉孔上平面的加工线可以不划,加工时控制尺寸不难,只要使凸台有一定的加工余量就行。

在划 I—I 基准线和底面加工线时,工件的四周都要划到,这除了明确表示加工界线外,也为下一步划其他方向的线条以及在机床上加工时找正位置提供方便。

2)应划两螺钉孔中心线(见图 2.29)

因为这个方向的位置已由轴承座内孔的两端中心和已划的底面加工线确定,只需按下述方法校准就可:将工件翻转到图示位置,用千斤顶支承,通过千斤顶的调整和划线盘的找正,使轴承座内孔两端中心处于同一高度,即 I—I 基准平面与平板平行,并用 90°角尺按已划出的底面加工线找正到垂直位置。这样,工件的第二划线位置已安放正确。

接着,就可划 II—II 基准线。然后再按尺寸划出两个螺钉孔的中心线。两个螺钉孔中心线不必在工件四周都划出,因为加工此螺钉孔时只需确定中心位置(可用单脚划规按两凸台外圆初定两螺钉孔的中心)。

3)划出两个大端面的加工线(见图 2.30)

将工件再翻转到图示位置,用千斤顶支承并通过调整和 90°角尺的找正,分别使底面加工线和 II—II 基准平面处于垂直位置,这样,工件的第三划线位置的安放已正确。

接着,以两个螺钉孔的初定中心为依据,试划两大端面加工线。如果加工余量一面不够,则可适当调整螺钉孔中心(借料),当中心确定后,即可划出 III—III 基准线和两个大端面加工线。

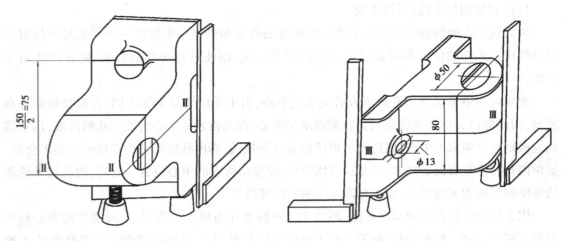

图 2.29　划螺钉孔中心线　　　　　　图 2.30　划大端面加工线

用划规划出轴承座内孔和两个螺钉孔的圆周尺寸线。

划线后应作检查,确认无错误也无遗漏。最后在所划线条上冲眼,划线便告完成。

### 2.1.7　分度头在划线工作中的应用

分度头是一种较准确的等分角度的工具。在钳工划线中常用它对工件进行分度划线。它的主要规格是以顶尖中心到底面的高度表示的。例如,FW125 即表示一种万能分度头,其中心高度为 125 mm。一般常见的型号有 FW100,FW125,FW160 等。

**(1)FW125 型万能分度头的结构**

如图 2.31 所示为这种分度头的外形。它主要由主轴、底座、鼓形壳体、分度盘及分度叉等组成。

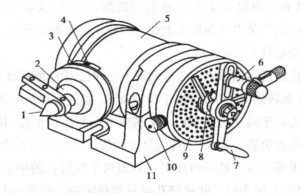

图 2.31　分度头外形图

1—顶尖;2—主轴;3—刻度盘;4—游标;5—鼓形壳体;6—插销;
7—手柄;8—分度叉;9—分度盘;10—缩紧螺钉;11—底座

分度头主轴 2 安装在鼓形壳体 5 内,主轴前端可装入顶尖 1 或安装三爪自走心卡盘(图中未画出)以装夹划线工件。鼓形壳体以两侧轴颈支承在底座 11 上,可绕其轴线回转,使主轴在水平线以下 6°至水平线以上 95°范围内调整一定角度。主轴倾斜的角度可从鼓形壳体侧壁上的刻度看出。若需要分度时,拔出插销 6 并转动手柄 7,就可带动主轴回转至所需的分度位置。手柄转过的转数,由插销 6 所对分度盘 9 上孔圈的小孔数目来确定。这些小孔在分度盘端面上,以不同孔数等分地分布在各同心圆上。FW125 型备有 3 块分度盘,供分度时选用,每块分度盘有 8 圈孔,孔数分别为:

第一块:16,24,30,36,41,47,57,59。

第二块:23,25,28,33,39,43,51,61。

第三块:22,27,29,31,37,49,53,63。

插销 6 可在手柄 7 的长槽中沿分度盘半径方向调整位置,以便插入不同孔数的孔圈内。

**(2)简单分度法**

钳工在划线工作中,主要是采用简单分度法。分度前,先用锁紧螺钉 10 将分度盘 9 固定使之不能转动,再调整插销 6 使它对准所选分度盘的孔圈。分度时,首先拔出插销,转动手柄 7,带动分度头主轴转至所需分度位置,然后将插销重新插入分度盘孔中。

简单分度的原理是:当手柄转过 1 周,分度头主轴便转动 1/40 周。如果要求主轴上装夹的工件作 $z$ 等分,即每次分度时主轴应转过 1/$z$ 周,则手柄每次分度时应转的转数为

$$n = \frac{40}{z}$$

**例 2.1**　要在一圆柱面上划出 4 条等分的平行于轴线的直线,求每划一条线后,分度头手柄应转几周后再划第二条线?

**解**　已知 $z=4$,代入上式得

$$n = \frac{40}{z} = \frac{40}{4} = 10$$

即每划一条线后,手柄应转过 10 周再划第二条线。

**例 2.2**　要在一圆盘端面上划出六边形,求每划一条线后,手柄应转几周后再划第二条线?

**解**　已知 $z=6$,则

$$n = \frac{40}{z} = \frac{40}{6} = 6\frac{2}{3}\left(= 6 + \frac{2}{3}\right)$$

即手柄应转过 $6\frac{2}{3}$ 周,圆盘(工件)才转过 $\frac{1}{6}$ 周。

由上例可知,经常会遇到 $z<40$ 的情况,这时可计算为

$$\frac{40}{z} = a + \frac{P}{Q}$$

式中　$a$——分度手柄的整转数;

　　　$P$——分度盘某一孔圈的孔数;

　　　$Q$——手柄在孔数为 $Q$ 的孔圈上应转过的孔距数。

即手柄在转过整周后,还应在 $Q$ 孔圈上再转过 $P$ 个孔距数。具体方法如下所述:

上述例 2.2 中,手柄转过 6 周后,还要转 2/3 周。为了准确转过 2/3 周,此时可把分母扩大到分度盘上有合适孔数的倍数值。于是,2/3 便扩大为 16/24,即在 24 孔的孔圈上转过 16 个孔距数。当然,2/3 也可扩大为 42/63(21 倍),即在 63 孔的孔圈上转过 42 个孔距数是同样准确的。还可扩大为其余多种倍数值,究竟选用哪一种较好?一般来说,孔数较多的孔圈,由于离轴心较远,摇动手柄比较方便,故应尽量选用它为好。

**(3) 分度叉的调整方法**

分度叉 8(见图 2.31)是分度盘上的附件。它的作用能使分度准确而迅速。

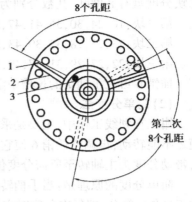

图 2.32 分度叉

分度叉的形状如图 2.32 所示。它由两个叉脚 1 和 2 组成。两叉脚间的夹角可根据孔距数进行调整。在调整时,夹角间的孔数应比需转过的孔距数多一个,因为第一个孔是作零来计数的,要到第二个孔才算作一个孔距数。例如,要在 24 孔的孔圈上转 8 个孔距数,调整方法是先使定位销插入紧靠叉脚 1 一侧的孔中,松开螺钉 3,将叉脚 2 调节到第 9 个孔,待定位销插入后,叉脚 2 的一侧也能紧靠定位销时,再拧紧螺钉把两叉脚之间的角度固定下来。当划好一条线后要把分度叉调整到下一个分度位置时,可将分度叉的叉脚 1 转到叉脚 2 旁紧靠定位销的位置即可。此时,叉脚 2 也同时转到了后面 8 个孔距数的位置上(如图 2.32 中双点画线所示),并保持原来的夹角不变。

**(4) 分度时的注意事项**

①为了保证分度准确,分度手柄每次转动必须按同一方向。

②当分度手柄将转到预定孔位时,注意不要让它转过了头,定位销要刚好插入孔内。如发现已转过了头,则必须反向转过半圈左右后再重新细心转到预定的孔位。

③在使用分度头时,每次分度前必须先松开分度头侧面的主轴紧固手柄,分度头主轴才能自由转动。分度完毕后仍要紧固主轴,以防主轴在划线过程中松动。

# 复习题

1.零件加工以前为什么常常要先划线?

2.划线的准确程度对零件的加工精度有何影响?

3.什么叫平面划线? 平面划线是否只是指在板料上的划线?

4.什么叫立体划线? 立体划线时为什么只在一个表面上划线是不行的?

5.使用划线平板要注意哪些维护保养规则?

6.对划针的主要要求是什么? 用划针划线时的要点是什么?

7.对划规的要求有哪些? 用划规划圆时的要点是什么?

8.用划线盘划线时要掌握哪些要点?

9.用千斤顶支承工件时应注意哪些问题?

10.用样冲冲眼要注意哪些要点?

11.什么叫划线基准? 平面划线和立体划线时各要确定几个基准? 为什么?

12.为什么要确定划线基准? 怎样确定平面划线时的两个基准?

13.划线时找正和借料的作用是什么? 试结合实例说明。

14.划线工作的全过程包括哪些步骤?

15.立体划线时的 3 个基准为什么都是平面(或中心平面)而不是直线(或中心线)?

16.立体划线时 3 个划线位置是按什么原则决定其先后顺序的?

17.试述分度头的简单分度原理。

18.用简单分度法,分别求出 $z=8$,$z=9$ 的手柄转数和孔距数。

19.用分度头划线时,要注意哪些问题?

# 项目 2.2 锯 削

用手锯对材料(或工件)进行锯断或锯槽等加工方法,称为锯削。如图 2.33(a)所示为把材料(或工件)锯断,如图 2.33(b)所示为锯掉工件上的多余部分,如图 2.33(c)所示为在工件上锯槽。

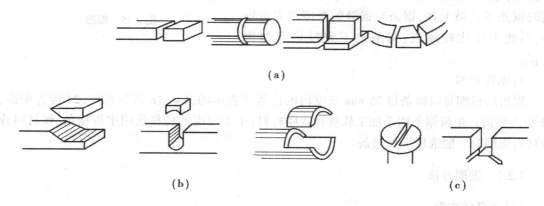

(a)

(b)                                                    (c)

图 2.33 锯削的应用

## 2.2.1 手锯

锯子是由锯弓和锯条组成的锯削工具。

### (1)锯弓

锯弓是用来张紧锯条的。它有固定式和可调节式两种(见图 2.34)。

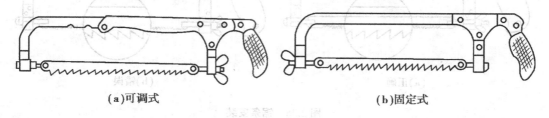

(a)可调式                                    (b)固定式

图 2.34 锯弓

固定式锯弓只能安装一种长度的锯条。可调节式锯弓则可通过调整可以安装几种长度的锯条。锯弓两端各有一个夹头,锯条孔被夹头上的销子插入后,旋紧翼形螺母就可把锯条拉紧。

### (2)锯条

锯条一般用渗碳钢冷轧而成,也有用碳素工具钢或合金钢制成,并经热处理淬硬。

1)锯条长度

锯条长度是以两端安装孔的中心距来表示的,钳工常用的手工锯条长 300 mm,宽12 mm,厚0.8 mm。

2)锯路

锯条的切削部分是由许多锯齿组成的,像是一排同样形状的錾子。为了减少切割时的摩擦并避免锯割时将锯条卡在锯缝内,在制造锯条时,全部锯齿是按一定的规则左右错开,排列成一定的形状称为锯路。锯路分为交叉形和波浪形。较大齿距的锯条排列成一齿向左,一齿向右,称为交叉形锯路(见图2.35(a));如齿距较小,以 2~3 齿偏左,2~3 齿偏右的排列,称为波浪形锯路(见图 2.35(b))。这样,锯削时锯条不会被卡住,锯条与锯缝的摩擦阻力也较小,因此工作比较顺利,锯条也不致过热而加快磨损。

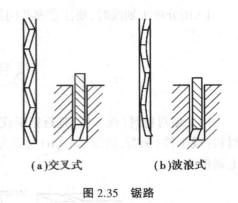

(a)交叉式　　　(b)波浪式

图 2.35　锯路

3)锯齿粗细

锯齿的粗细是以锯条每 25 mm 长度内的齿数来表示的,14~18 齿为粗齿,24 齿为中齿,32 齿为细齿。粗齿锯条用于加工软材料或厚材料;中等硬度的材料选用中齿锯条;硬材料或薄材料锯削时一般选用细齿锯条。

### 2.2.2　锯削方法

**(1)锯条的安装**

手锯是在向前推进时进行切削的,而在向后返回时不起切削作用。因此,安装锯条时一定要保证齿尖的方向朝前。如图2.36(a)所示为锯条正确的安装方向,齿尖向前安装;如图2.36(b)所示为锯条错误安装方向。

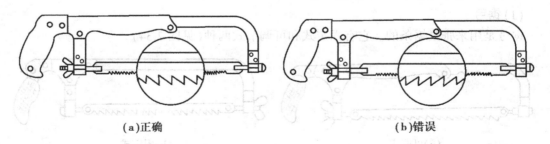

(a)正确　　　　　　　　　　　(b)错误

图 2.36　锯条安装

安装锯条时,松紧要适当。太紧使锯条受力太大,在锯削中稍有卡阻而受到弯折时,就很易崩断;太松则锯削时锯条容易扭曲,也很可能折断,而且锯缝容易发生歪斜。装好的锯条应使它与锯弓保持在同一中心平面内,这对保证锯缝正直和防止锯条折断都比较有利。

锯条调整紧松程度检查:用以手指轻轻扳动锯条面,如果轻轻扳动锯条面,锯条与销钉有明显的松动即显得太松;如果手指板动锯条感觉涨度太硬,则锯条安装显得太紧。锯条合理的安装涨度用翼形螺母调紧后再逆时针倒回半周,合适的涨度是用手扳动锯条时有一定弹性。

锯条安装涨度适中不仅能减少锯条折断的机会,而且对锯削质量有关,锯条涨度过松,锯削时锯弓摇摆不易掌握,会使锯缝歪斜;锯条涨度过硬,则锯削时不易纠偏,同样会使锯削时锯缝引起歪斜。

**(2)锯削基本方法**

1)锯弓的握法及运动方式

锯弓的握法正确与否,对锯削质量、安全生产和锯削效率有较大的影响。握锯弓时,右手紧握锯弓手把,掌心对准手把宽度方向,虎口对准手把凹陷处,当推锯弓锯削时使锯弓与手臂成一直线。左手食指、中指、无名指和小指勾住锯弓的弓架前端,拇指顶住弓背,左手稳住锯弓并控制锯条垂直锯削方向的调整。锯削时,右手推锯左手把握锯削方向,两手密切配合,如图 2.37 所示。

锯削时,锯弓前进的运动方式有两种:一种是直线运动,两手均匀用力,向前推动锯弓;另一种是弧线运动,在前进时右手下压而左手上提,操作自然,可减轻疲劳。一般锯缝底面要求平直的槽子和薄壁工件适用前一种运动方式,而锯断材料时大都采用后一种运动方式。两种方式在回程中都不应对手锯施以压力,否则会加快锯齿的磨损。

2)锯削姿势

锯削时,人体质量均分在两腿上,右手握稳锯柄,左手扶在锯弓前端,锯削时推力和压力主要由右手控制。左手所加压力不要太大,其主要任务是扶正锯弓的作用。锯弓推至终点回程中,不应施加压力,以免锯齿加速磨损。当右手推锯时身体也随之前倾,如图 2.38 所示。这样,可以身体摆动增加右手的推力,以减缓右手的疲劳,提高工作效率。

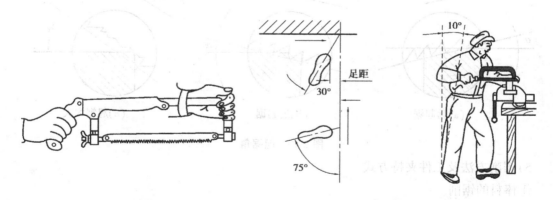

图 2.37　锯弓的握法　　　　　图 2.38　锯削姿势

3)锯削速度

锯削速度以 30~40 次/min 为宜。锯削速度可根据材料的软硬程度可作相应的调整。锯削软材料时,可适当快些;锯削硬材料时,应慢些。锯削速度过快,锯条容易发热会加速磨损,使锯条移动行程距离缩短,由于锯条长度上磨损不一致,锯缝变狭会卡住锯条,引起锯条折断。因此锯削时不要集中在某一程度范围内使用,要求推锯时尽可能使 300 mm 锯条长度能有效地锯削(锯削往复长度不应少于锯条全长的 2/3)。

当锯削钢质件时,可使用乳化液或煤油冷却,以减缓锯条的磨损。

4)起锯方法

起锯是锯削的开始。起锯质量好坏影响锯削质量。起锯不当还会划伤工件表面或使锯条崩齿。起锯时,以拇指作为定位点,锯条紧贴拇指导向。起锯有两种方法:如图2.39(a)所示为远起锯,以锯条的中部或前端起锯;如图2.39(b)所示为近起锯,上锯时使用锯条后端起锯。一般情况下,建议采用远起锯,因为此时锯齿是逐步切入材料,锯齿不易被卡住,起锯比较方便。若采用近起锯,掌握不好时,锯齿由于突然切入较深的材料,锯齿容易被工件棱边卡住,甚至崩齿。起锯时,施加的压力要小,往复行程要短,速度要慢些。

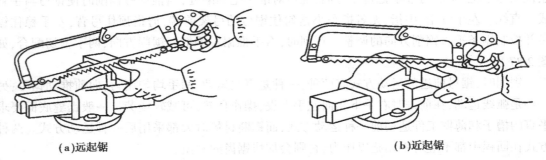

(a)远起锯  (b)近起锯

图 2.39  起锯方法

起锯时锯条与工件表面的 $\alpha$ 角,称为起锯角。如图2.40(a)所示为远起锯起锯角,不会卡齿,起锯比较方便;如图2.40(b)所示为近起锯起锯角;如图2.40(c)所示,起锯角太大,起锯不易平稳,但起锯角也不宜太小。

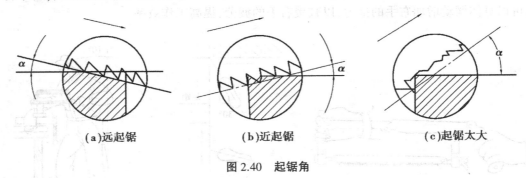

(a)远起锯  (b)近起锯  (c)起锯太大

图 2.40  起锯角

5)锯削方法及工件夹持方式

①棒料的锯削。

棒料的锯削断面如果要求比较平整,应从起锯开始连续锯到结束。若锯出的断面要求不高,可改变几次锯削的方向,使棒料转过一个角度再锯。这样,由于锯削面变小而容易锯入,可提高工作效率。

锯毛坯材料时,断面质量要求一般不高,为了节省时间,可分几个方向锯削,每个方向不锯到中心,然后把它折断(见图2.41)。

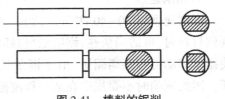

图 2.41  棒料的锯削

②管子的锯削(见图2.42)。

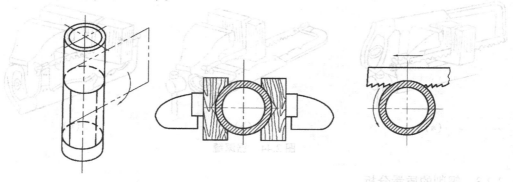

**图2.42　管子的装夹及锯削**

锯削管子时,首先要把管子正确地装夹好。对于薄壁管子和加工过的管件,应夹在有V形或弧形槽的木块之间,以防夹扁和夹坏表面。锯削时必须选用细齿锯条,一般不要在一个方向从开始连续锯到结束,因为锯齿容易被管壁钩住而崩断,尤其是薄壁管子更应注意这点。正确的方法是锯到管子内壁处,然后把管子转过一个角度,仍旧锯到管子的内壁处,如此逐渐改变方向,直至锯断为止。薄壁管子改变方向时,应使已锯的部分向锯条推进方向转动,否则锯齿仍有可能被管壁钩住。

③薄板料的锯削。

锯薄板料除选用细齿锯条外,要尽可能从宽的面上锯下去,锯条相对工件的倾斜角应不超过45°,这样锯齿不易被钩住。如果一定要从板料的狭面锯下去时,应把它夹在两木块之间,连木块一起锯下,也可避免锯齿钩住,同时也增加了板料的刚度,锯削时不会弹动(见图2.43(a));或者,把薄板料夹在台虎钳上,用手锯作横向斜推锯,使锯齿与薄板接触齿数增加,避免锯齿崩裂(见图2.43(b))。

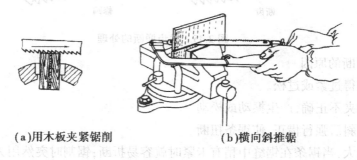

**(a)用木板夹紧锯削**　　　　**(b)横向斜推锯**

**图2.43　薄板的锯削**

④锯深缝。

当工件的锯缝深度超过锯弓高度时,属于深缝(见图2.44(a))。这时,工件应夹在台虎钳的左面,以便操作。为了控制锯缝不偏离划线,锯缝线需要与钳口侧面保持平行,距离约20 mm。工件夹装要牢靠,要防止工件变形或被夹坏,又要防止工件在锯削时弹动,从而损坏锯条或影响锯缝质量。当锯弓碰到工件前,应将锯条转过90°重新安装,使锯弓转过工件的左侧(见图2.44(b)),也可把锯条安装成使锯齿朝锯内进行锯削(见图2.44(c))。

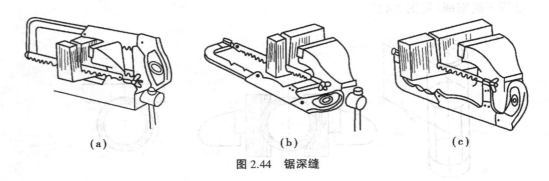

图 2.44　锯深缝

### 2.2.3　锯削的质量分析

#### (1)锯条损坏的原因分析

锯条损坏的现象有崩齿、折断和过早磨损 3 种。

1)锯齿崩齿的原因

①锯薄板料和薄壁管子时没有选用细齿锯条。

②起锯角太大或采用近起锯时用力过大。

③锯割时突然加大压力,有时也要被工件棱边勾住锯齿而崩裂。

当锯齿局部几个崩裂后,应及时把断裂处在砂轮机上磨光,并把后面二三齿磨斜,如图 2.45 所示。再用来锯割时,后面的齿就不会继续崩裂。如果不这样的处理,继续使用时将导致后面锯齿连续崩裂,造成无法使用。

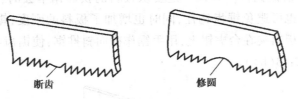

图 2.45　锯齿崩断的处理

2)锯条折断的原因

①锯条装得过紧或过松。

②工件装夹不正确,产生振动或松动。

③锯缝歪斜后强行借正,使锯条扭断。

④压力太大,当锯条在锯缝中稍有卡紧时就容易折断;锯割时突然用力也会引起折断。

⑤新换锯条在旧锯缝中被卡住而折断口一般应改换方向再锯割。如在旧锯缝中锯割时,应减慢速度和特别细心。

⑥工件锯断时没有掌握好,致使手锯碰撞台虎钳等物,而锯条被折断。

⑦锯条长时间在短程范围内工作,齿部磨损不均匀。

3)锯齿过早磨损的原因

①锯割速度太快,使锯条发热过度而锯齿磨损加剧。

②锯割较硬材料时没有加冷却液。

③锯削时向下压力过大,也会过早地磨损材料。

**(2)锯割时的废品分析**

①起锯时未定位好尺寸锯线。

②锯弓未掌握好,锯缝歪斜过多,超出要求范围。

③起锯时把工件表面锯坏。

**(3)锯割的安全技术**

①要防止锯条折断时从锯弓上弹出伤人。因此,要特别注意工件将要锯断时压力应减小,以免因用力过大工件或锯条断裂,造成手撞击台虎钳受伤。

②工件被锯下的部分要防止跌落砸在脚上。

③起锯时施力过大,工件或手容易划伤。

# 复习题

1.什么叫锯条的锯路?它有何作用?

2.为什么锯条装得太紧和太松都不好?

3.锯削速度为什么不宜太快或太慢?

4.为什么远起锯一般都比近起锯要好?

5.怎样按加工对象正确选择锯条的粗细?

6.锯管子和薄板料为什么容易断齿?怎样防止?

7.分析锯条折断的原因。

# 项目2.3 锉 削

用锉刀对工件表面进行切削加工,使工件表面达到所要求的尺寸,形状和表面粗糙度的要求的工作,称为锉削。

锉削的加工范围较广,可加工平面、内孔、沟槽、弯形面及各种复杂的表面。在现代生产条件下,仍有些不便于机械加工的场合需要用锉削来完成。例如,装配过程中对个别零件的最后修整;维修工作中或在单件、小批生产条件下,对某些形状较复杂的相配零件的加工,以及手工去毛刺、倒圆和倒钝锐边(除去工件上尖锐棱角)等。锉削技能的高低,往往是衡量一个钳工技能水平高低的一个重要标志。

## 2.3.1 锉刀

### (1)锉刀的结构

锉刀由锉身和舌(锉柄)两部分组成。它由碳素工具钢T13或T12经热处理淬硬制成。锉刀工作面有刀齿是主要切削部分,硬度可达62~67HRC,目前已标准化(GB 5803—5815—86)。

锉刀的规格用长度来表示,常用的有 100,150,200,300,400 mm 等多种规格。

平锉的构造如图 2.46 所示。平锉有两个主要工作面,工作面上有齿纹,两工作面前端面做成凸弧形,便于锉削时修正平面局部隆起部分(锉削平面凸起处)。锉刀齿纹有:

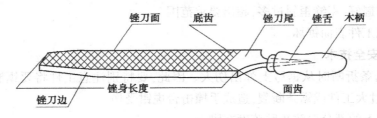

图 2.46 锉刀结构

1)单齿纹锉刀

锉刀工作面上只有一个方向的齿纹称为单齿纹锉刀,如图 2.47(a)所示。单齿纹锉刀由于全齿宽参与切削,需要较大的切削力,适用于锉削如铝合金等软材料。由于单齿纹锉刀齿纹制成弧状,锉削软材料时齿榍不会粘屑,锉削效率较高。

2)双齿纹锉刀

双齿纹锉刀是钳工使用最多的一种锉刀。如图 2.47(b)所示为双齿纹锉刀。锉刀工作面上有两个交错排列的浅齿纹和深齿纹组成,浅齿纹和深齿纹的方向和角度不同,沿锉刀中心线方向成倾斜和规律的排列,如图 2.47(b)所示。

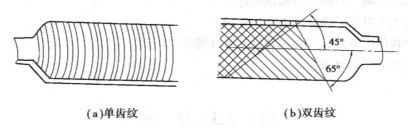

(a)单齿纹  (b)双齿纹

图 2.47 锉刀齿纹

浅齿纹是底齿纹与锉刀中心线制成 45°齿角;深齿纹为面齿纹与锉刀中心线制成 65°齿角。由于面齿角与底齿角不同,使锉齿沿锉刀中心线方向形成倾斜和有规律的排列。这样,使锉出的齿痕交错而不重叠,锉削表面比较细。

双齿纹锉刀由于锉削切屑是碎断的,故锉削较硬材料时比较省力。

3)锉刀边

锉刀边是指锉刀的两个侧面,锉刀一侧单边有直齿纹,可用来锉削沟槽;另一侧为光边(有的锉刀两边都是光边),在锉削 90°直角的一边时不会碰损另一相邻的面。

4)锉刀舌

锉刀舌制成楔形状,没有硬度,用以装入锉刀木柄。锉刀木柄装入方法如图 2.48 所示。如图 2.48(a)所示,将锉刀柄装入锉舌后,左手拿着锉刀、右手握着锉身,提起锉刀随着锉刀的自重撞击木柄,使木柄紧固于锉舌中;如图 2.48(b)所示,将锉舌向上锉刀柄装入后,用锤子轻轻敲击木柄紧固。

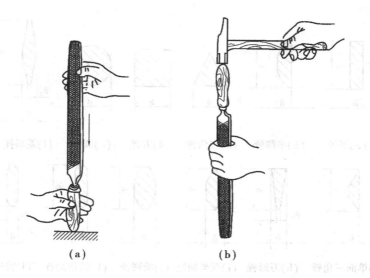

（a）　　　　　　　　　（b）

**图 2.48　锉刀柄的安装方法**

当需要拆卸时,可按如图 2.49 所示的方法拆卸,右手拿着锉刀、左手握着锉刀柄,并沿着台虎钳的钳口侧面,双手同时向右方向拖动,将木柄撞下。

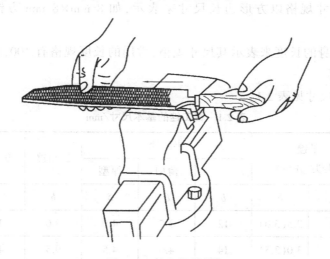

**图 2.49　锉刀柄的拆卸**

**（2）锉刀的种类**

锉刀种类很多,每种锉刀都有一定的用途。如果选择不当,就不能充分发挥它的效能,甚至会过早地丧失锉削能力。因此,应根据加工的对象和部位正确地选择锉刀的规格和形状。

**1）锉刀的规格**

钳工锉的规格是指锉身长度。异形锉和整形锉则以锉刀全长作为规格标准。锉刀的规格分尺寸规格和齿纹的粗细规格。锉刀形状不同尺寸规格用不同的参数表示。

①锉刀的基本尺寸（见图 2.50）。

平锉的尺寸规格用长度表示,如 200,250,300 mm。

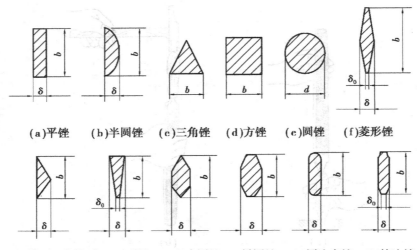

(a)平锉　(b)半圆锉　(c)三角锉　(d)方锉　(e)圆锉　(f)菱形锉

(g)单面三角锉　(h)刀形锉　(i)双半圆锉　(j)椭圆锉　(k)圆边扁锉　(l)棱边锉

**图 2.50　锉刀的横截面形状**

圆形锉刀的尺寸规格,用直径大小表示其尺寸规格,如 $\phi 8$ mm 圆锉、$\phi 10$ mm 圆锉等。

方形锉刀的尺寸规格以方形边长尺寸来表示,如 8 mm×8 mm 方锉、10 mm×10 mm 方锉。

其他锉刀以锉身的长度来表示其尺寸规格,常用的长度规格有 100,125,150,200,250,300,350,400 mm 等。

钳工锉的基本尺寸见表2.1。

**表 2.1　钳工锉的基本尺寸/mm**

| 规　格 | 平锉<br>(尖头、齐头) | | 半圆锉 | | | 三角锉 | 方　锉 | 圆　锉 |
| --- | --- | --- | --- | --- | --- | --- | --- | --- |
| | | | | 薄型 | 厚型 | | | |
| $L$ | $b$ | $\delta$ | $b$ | $\delta$ | $\delta$ | $b$ | $b$ | $d$ |
| 100 | 12 | 2.5(3.0) | 12 | 3.5 | 4.0 | 8.0 | 3.5 | 3.5 |
| 125 | 14 | 3.0(3.5) | 14 | 4.0 | 4.5 | 9.5 | 4.5 | 4.5 |
| 150 | 16 | 3.5(4.0) | 16 | 4.5 | 5.0 | 11.0 | 5.5 | 5.5 |
| 200 | 20 | 4.5(5.0) | 20 | 5.5 | 6.5 | 13.0 | 7.0 | 7.0 |
| 250 | 24 | 5.5 | 24 | 7.0 | 8.0 | 16.0 | 9.0 | 9.0 |
| 300 | 28 | 6.5 | 28 | 8.0 | 9.0 | 19.0 | 11.0 | 11.0 |
| 350 | 32 | 7.5 | 32 | 9.0 | 10.0 | 22.0 | 14.0 | 14.0 |
| 400 | 36 | 8.5 | 36 | 10.0 | 11.5 | 26.0 | 18.0 | 18.0 |
| 450 | 40 | 9.5 | | | | | 22.0 | |

异形锉的基本尺寸见表 2.2。

**表 2.2 异型锉的基本尺寸/mm**

| 规格 | 齐头平锉 | | 尖头平锉 | | 半圆锉 | | 三角锉 | 方锉 | 圆锉 | 单面三角锉 | | 刀形锉 | | | 双半圆锉 | | 椭圆锉 | |
|---|---|---|---|---|---|---|---|---|---|---|---|---|---|---|---|---|---|---|
| $L$ | $b$ | $\delta$ | $b$ | $\delta$ | $b$ | $\delta$ | $b$ | $b$ | $d$ | $b$ | $\delta$ | $b$ | $\delta$ | $\delta_0$ | $b$ | $\delta$ | $b$ | $\delta$ |
| 170 | 5.4 | 1.2 | 5.2 | 1.1 | 4.9 | 1.6 | 3.3 | 2.4 | 3.0 | 5.2 | 1.9 | 5.0 | 1.6 | 0.6 | 4.7 | 1.6 | 3.3 | 2.3 |

整形锉的基本尺寸见表 2.3。

**表 2.3 整形锉的基本尺寸/mm**

| 规格 | 平锉（尖头、齐头） | | 半圆锉 | | 三角锉 | 方锉 | 圆锉 | 单面三角锉 | | 刀形锉 | | | 双半圆锉 | | 椭圆锉 | | 圆边平锉 | | 菱形锉 | |
|---|---|---|---|---|---|---|---|---|---|---|---|---|---|---|---|---|---|---|---|---|
| $L$ | $b$ | $\delta$ | $b$ | $\delta$ | $b$ | $b$ | $d$ | $b$ | $\delta$ | $b$ | $\delta$ | $\delta_0$ | $b$ | $\delta$ | $b$ | $\delta$ | $b$ | $\delta$ | $b$ | $\delta$ |
| 100 | 2.8 | 0.6 | 2.9 | 0.9 | 1.9 | 1.2 | 1.4 | 3.4 | 1.0 | 3.0 | 0.9 | 0.3 | 2.6 | 1.0 | 1.8 | 1.2 | 2.8 | 0.6 | 3.0 | 1.0 |
| 120 | 3.4 | 0.8 | 3.3 | 1.2 | 2.4 | 1.6 | 1.9 | 3.8 | 1.4 | 3.4 | 1.1 | 0.4 | 3.2 | 1.2 | 2.2 | 1.5 | 3.4 | 0.8 | 4.0 | 1.3 |
| 140 | 5.4 | 1.2 | 5.2 | 1.7 | 3.6 | 2.6 | 2.9 | 5.5 | 1.7 | 5.4 | 1.7 | 0.6 | 5.0 | 1.8 | 3.4 | 2.4 | 5.4 | 1.2 | 5.2 | 2.1 |
| 160 | 7.3 | 1.6 | 6.9 | 2.2 | 4.8 | 3.4 | 3.9 | 7.1 | 2.7 | 7.0 | 2.3 | 0.8 | 6.3 | 2.5 | 4.4 | 3.4 | 7.3 | 1.6 | 6.8 | 2.7 |
| 180 | 9.2 | 2.0 | 8.5 | 2.9 | 6.0 | 4.2 | 4.9 | 8.7 | 3.4 | 8.7 | 3.4 | 1.0 | 7.8 | 3.4 | 5.4 | 4.3 | 9.2 | 2.1 | 8.6 | 3.5 |

②锉齿的粗细规格。

按国家标准 GB 5805—1986 规定，以锉刀每 10 mm 轴向长度内的主要锉纹条数来表示，见表 2.4。表中主锉纹系指锉刀上两个方向排列的深浅不同的齿纹中，起主要锉削作用的那条齿纹（深齿纹）。起分屑作用的另一个方向的齿纹，称为辅助齿纹（浅齿纹）。

**表 2.4 锉刀齿纹粗细的规定**

| 规格/mm | 主锉纹条数（10 mm 内） | | | | |
|---|---|---|---|---|---|
| | 锉纹号 | | | | |
| | 1 | 2 | 3 | 4 | 5 |
| 100 | 14 | 20 | 28 | 40 | 56 |
| 125 | 12 | 18 | 25 | 36 | 50 |
| 150 | 11 | 16 | 22 | 32 | 45 |
| 200 | 10 | 14 | 20 | 28 | 40 |
| 250 | 9 | 12 | 18 | 25 | 36 |
| 300 | 8 | 11 | 16 | 22 | 32 |
| 350 | 7 | 10 | 14 | 20 | |
| 400 | 6 | 9 | 12 | — | — |
| 450 | 5.5 | 8 | 11 | | |

表中锉纹号的选择，应根据加工对象要求选用。

1 号齿纹表示粗齿纹锉刀，切削量大，锉削表面可见锉削痕迹，表面粗糙度 $R_a$ 值可达

$6.3\sim12.5~\mu m$。1号齿纹锉刀适用于粗锉削时选用。

2号齿纹表示中齿纹锉刀,切削量中等,锉削表面微见锉削痕迹,表面粗糙度 $R_a$ 值可达到 $3.2\sim6.3~\mu m$,适用于半精加工锉削。

3号齿纹表示双细齿纹锉刀,切削量较小,锉削表面可辨锉削痕迹,表面粗糙度 $R_a$ 值可达到 $1.6\sim3.2~\mu m$,适用于精加工锉削。

5号齿纹表示油光锉刀,切削量微小,锉削表面微辨锉削痕迹方向,表面粗糙度 $R_a$ 值可达到 $0.8~\mu m$,适用于精密加工或表面粗糙度要求较低的平面。

2)钳工锉的锉刀手柄

为了握住锉刀和用力方便,钳工锉刀必须装上手柄。锉刀手柄如图2.51所示。它用硬木或塑料制成,圆柱部分应镶铁箍,其安装孔的深度和直径以能使锉柄长的3/4插入柄孔为宜。手柄表面不得有毛刺、裂纹,涂漆均匀,手感舒适。其尺寸见表2.5。

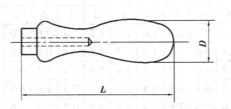

图 2.51　锉刀手柄

表 2.5　锉刀手柄尺寸/mm

| 编号 | 柄长 $L$ | 最大直径 $D$ |
| --- | --- | --- |
| 1 | 80 | 18 |
| 2 | 90 | 20 |
| 3 | 100 | 22 |
| 4 | 110 | 25 |
| 5 | 120 | 32 |

3)锉刀的种类

锉刀按其用途不同,可分为普通锉刀、异形锉刀和整形锉刀3类。

①普通锉刀。

普通锉刀按其形状,可分为平锉、方锉、三角锉、半圆锉及圆锉5种。

如图2.52所示为不同形状的普通锉刀,适用锉削不同形状的工件。

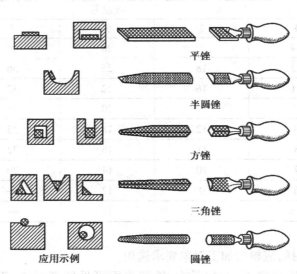

平锉

半圆锉

方锉

三角锉

应用示例　　　　　圆锉

图 2.52　不同形状使用的锉刀

②异形锉刀。

异形锉刀是根据锉削不同形状特殊需要制造的通用锉刀,是模具制造工使用较多的特殊用途的锉刀。如图 2.53 所示为异形锉刀截面形状。常用的有刀口锉、菱形锉、扁形三角锉、椭圆锉及圆肚锉等多种形状锉刀。如图 2.55 所示为锉削特殊形状使用的异形锉刀。

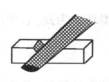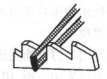

图 2.53　特殊形状使用的锉刀

③整形锉。

用于修正工件细小部位的小型锉刀。整形锉有多种形状,如图 2.54 所示。使用较多的有100 mm 和 150 mm 两种规格。分别按用途需要将多把组合成组,常用的以 5 把、8 把、10 把或12 把组合为一组。

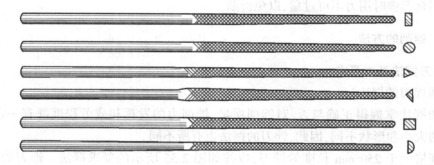

图 2.54　整形锉

**(3)锉刀的选择**

①锉齿粗细的选择。锉齿粗细的选择决定于工件加工余量的大小、尺寸精度的高低和表面粗糙度的高低。表 2.6 列出了粗、中、细 3 种锉刀的适用场合。

表 2.6　锉齿粗细的选择

| 锉　刀 | 适用场合 | | |
|---|---|---|---|
| | 加工余量/mm | 尺寸精度/mm | 表面粗糙度 $R_a$/μm |
| 粗齿锉 | 0.5~2 | 0.2~0.5 | 10.0~25 |
| 中齿锉 | 0.2~0.5 | 0.05~0.2 | 6.3~12.5 |
| 细齿锉 | 0.05~0.2 | 0.01~0.05 | 3.2~6.3 |

②按工件材质选用锉刀。锉削有色金属等软材料工件时,应选用单纹锉刀,否则只能选用粗锉刀。因为用细锉刀去锉软材料,易被切屑堵塞。锉削钢铁等硬材料工件时,应选用双

齿纹锉刀。

③按工件表面形状选择锉刀断面形状。

④按工件加工面的大小和加工余量多少来选择锉刀规格。加工面尺寸和加工余量较大时,宜选用较长的锉刀;反之,则选用较短的锉刀。

**(4)锉刀的保养**

合理使用和保养锉刀可延长锉刀的使用期限,否则将过早地损坏。为此,必须注意以下使用和保养规则:

①不可用锉刀来锉毛坯的硬皮及工件上经过淬硬的表面。

②锉刀应先用一面,用钝后再用另一面。因为用过的锉齿比较容易锈蚀,两面同时都用则总的使用期缩短。

③锉刀每次使用完毕后,应用锉刷刷去锉纹中的残留铁屑,以免加快锉刀锈蚀。

④锉刀放置时不能与其他金属硬物相碰,锉刀与锉刀不能互相重叠堆放,以免锉齿损坏。

⑤防止锉刀沾水、沾油。

⑥不能把锉刀当作装拆、敲击或撬动的工具。

⑦使用整形锉时用力不可过猛,以免折断。

### 2.3.2 锉削的方法

**(1)锉刀握法基本要求**

1)普通锉刀的握法

锉刀的握法掌握得正确与否,对锉削质量、锉削力的发挥和疲劳程度都有一定的影响。由于锉刀的大小和形状不同,因此,锉刀的握法也有所不同。

尺寸规格大于 250 mm 长度的锉刀,应按如图 2.55 所示的要求握法。锉刀的规范握法是:用右手握住锉刀柄,柄端顶住掌心,大拇指放在木柄的上部,对准锉刀宽度方向的中心线,其余手指满握锉刀柄,如图 2.55(a)所示。

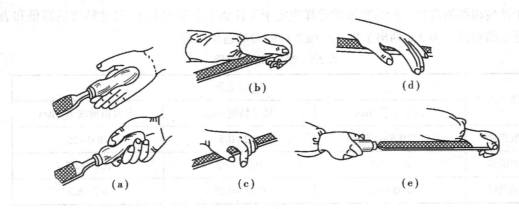

**图 2.55 锉刀的握法**

2)大于 300 mm 长度的锉刀的握法

左手的姿势有以下 3 种握法:

①左手拇指掌部紧贴锉刀前端平面，小指、无名指勾住锉刀底面，中指和食指自然弯曲，见图 2.55（b），用锉刀全长进行粗锉削。

②如图 2.55（c）所示，左手拇指和小指掌部压住锉刀 3/4 处前端平面上，小指和无名指自然勾住锉刀底平面，中指和食指自然下垂。左手这种握法，锉刀只能使用中后部分锉齿工作，多用于修正锉削平面的操作。

③如图 2.55（d）所示，左手锉刀握法，以手掌后部压住锉刀前端平面，小指和无名指自然贴在锉刀前端平面上，中指和食指自然弯曲。左手这种握法，向下压的力较大切削量较大，且可使锉刀锉齿全程工作。

以上 3 种左手握法，可根据实际操作中灵活应用。

如图 2.55（e）所示，锉削推止终点时两手配合操作的姿势，锉削时始终保持锉刀的平稳和施力的平衡。

3）中、小型锉刀的握法

中、小型锉刀（指 200 mm 以下）的锉刀握法。右手锉刀的握法与上述握法一样，左手握法如图 5-11 所示。如图 2.56（a）所示，用拇指和平食指、中指捏住锉刀前端，与右手保持平稳，不必像大锉刀那样施加很大的力，多作为精锉使用的方法。

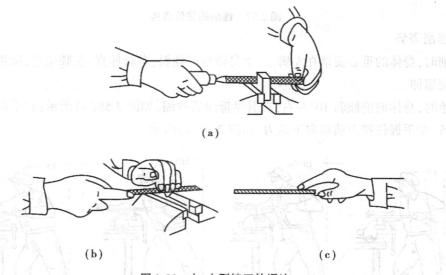

图 2.56　中、小型锉刀的握法

如图 2.56（b）所示，较小尺寸的锉刀可用左手食指、中指和无名指端轻轻按住锉刀上部工作面的中间，由右手推动或拉回锉刀，左手仅起稳定锉刀和轻轻施力作用。这种姿势锉刀移动范围较短，一般在修正时使用。

如图 2.56（c）所示，右手单独握住锉刀，也可左右手同时握住锉刀柄锉削。切削量较小，一般在较深的内平面修正时使用。

**（2）锉削姿势**

1）锉削的站位姿势

正确的锉削的姿势不仅能减轻操作疲劳，并且对于锉削质量有密切的关系。合理的站位姿势如图 2.57 所示。左脚与台虎钳的中心角度为 30°左右,右脚与中心成 75°(见图 2.57(a)),站立自然并便于施力,以能适应不同的锉削要求为准。上身与钳口中心线成 45°角。锉刀握法如上述方法,右手臂与锉刀中心保持一直线,左手的肘部要适当抬起,不要有下垂的姿势,否则不能发挥力量,如图 2.57(b)所示。

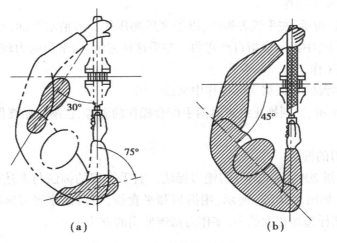

图 2.57  锉削的站位姿势

2)锉削姿势

锉削时,身体的重心要落在左脚上,上身微向前倾斜,右脚伸直,左膝微弯,随锉削时的往复运动而屈伸。

开始时,身体向前倾斜 10°左右,右肘尽量向后收缩,如图 2.58(a)所示;右手握稳锉刀作推进准备、左手握住锉刀前端向下施力,如图 2.59(a)所示。

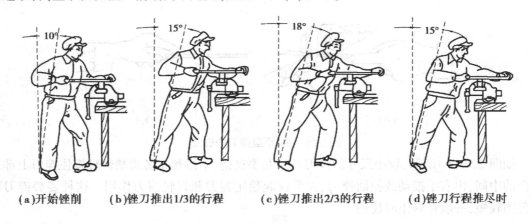

(a)开始锉削　　(b)锉刀推出1/3的行程　　(c)锉刀推出2/3的行程　　(d)锉刀行程推尽时

图 2.58  锉削姿势

随着锉刀向推进身体同时向前倾斜,当锉刀的推进行程至 1/3 时,身体逐步也向前倾斜至 15°左右,左膝稍有弯曲,如图 2.58(b)所示;随着锉刀向前推进时,右手握锉刀向下施力逐步增加,而此时左手向下施力将逐步减少,以保持两手向下压的力平衡。当锉刀推进至 1/2 行程时,左右手向下压的力应相等,如图 2.59(b)所示;否则,锉削平面将向施力大的方向倾

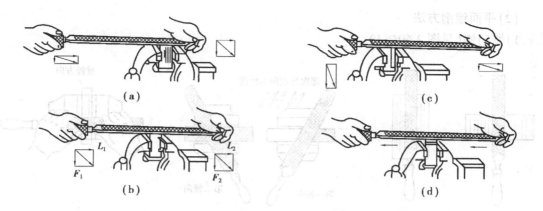

图2.59　锉刀左右手施力的方法

斜,会使锉削平面不平整。

锉削左右手力平衡式为

$$F \cdot L_1 = F \cdot L_2$$

式中　$L_1$——锉刀刀齿未切削长度;

　　　$F_1$——右手向下压力;

　　　$L_2$——刀刀齿已切削长度;

　　　$F_2$——左手向下压力。

当锉刀继续推进时,身体上部随着向前摆动。右手握锉刀向下压的力随之增强,左手向下压的力逐渐减弱,使两手的压力随着锉刀前进,左右手始终保持压力的平衡。当锉刀推进至终点时,身体倾斜姿势将达到18°左右。

锉削时,身体向前摆动,使手臂的位置向下调整,随着锉刀向前推进时,右手臂与锉刀中心始终保持一直线多同时身体向摆动时腰部的作用力,可减轻右手臂的压力。

当锉刀推进至终点回程时,身体首先向后移动,然后带动锉刀向后拉,为了减少锉刀的磨损,锉刀应稍离开工作面回撤,如图2.58(d)和图2.59(d)所示。

### 2.3.3　锉削

#### (1)工件的装夹

工件装夹得正确与否直接影响锉削质量,因此,装夹工件要符合下列要求:

①工件尽量夹在台虎钳钳口宽度的中间。

②装夹要稳固,但不能使工件变形。

③工件锉削面离钳口不要太远,以免锉削时工件产生振动。

④工件形状不规则时,需加适宜的衬垫后夹紧。例如,夹圆形工件要衬以V形架或弧形木块。

⑤装夹已加工面时,台虎钳口应衬以软钳口(铜或其他较软材料),以防表面夹坏。

57

**（2）平面锉削方法**

1）顺向锉（见图2.60（a））

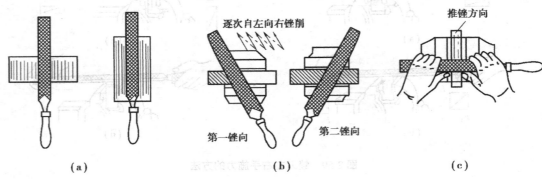

图2.60　平面锉削方法

顺向锉是最普通的锉削方法。不大的平面和最后锉光都用这种方法，它可得到正直的刀痕。

2）交叉锉（见图2.60（b））

交叉锉时锉刀与工件的接触面较大，锉刀容易掌握平稳。同时从刀痕上可判断出锉削面的高低情况，故容易把平面锉平。为了使刀痕变为正直，当平面将锉削完成前，应改用顺向锉。

3）推锉（见图2.60（c））

推锉法一般用来锉削狭长平面。若用顺向锉法而锉刀运动有阻碍时也可采用。推锉法不能充分发挥手的力量，锉齿切削效率也不高，故只适用于加工余量较小的场合。

平面锉削时，通常要检验平面度误差和垂直度误差。

平面度误差一般可用钢直尺或刀口形直尺以透光法来检验。如图2.61所示，刀口形直尺沿加工面的纵向、横向和对角线方向多处进行检验，以判定整个加工面的平面度误差。如果检验处透光微弱而均匀，表示此处较平直；如果透光强弱不一，则表示此处高低不平，其中光线强处比较低，光线弱处比较高。当每次改变刀口形直尺的检验位置时，刀口形直尺应先提起，然后再轻放到另一位置，而不应在平面上拖动；否则，直尺的边缘容易磨损而降低测量精度。

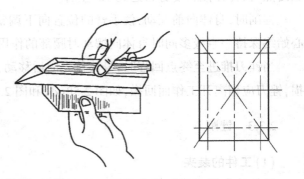

图2.61　平面度误差检查

垂直度的检查如下：

①90°角尺检查法。锉削有垂直度要求表面时，可用90°角尺进行测量。测量时，将90°角尺的尺座测量面与工件基准平面贴平，然后缓慢地将90°角尺向下移动至尺身测量面与被测表面接触（见图2.62），从透过的光隙中比较、了解工件垂直度的误差大小和方向。使用90°

角尺测量时应注意:90°角尺不能在被测工件表面上拖动测量,拖动测量容易引起测量误差,同时会加剧测量面磨损。90°角尺测量时,尺身测量面应垂直于被测工件,角度尺倾斜测量同样会引起测量误差。

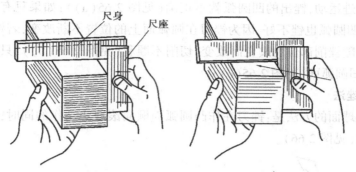

图 2.62　用 90°角尺测量垂直表面

②塞尺检查法。如图 2.63 所示,将精密圆柱端面(或用90°角尺)置于测量平板上,以圆柱母线为基准,将工件被测平面与圆柱母线接触(精密圆柱外径及端面经磨削加工,垂直度比较精确),用塞尺插入检验工件的垂直度误差。使用圆柱(或90°角尺)测量工件垂直度误差比较快捷,且测量效果较好,在锉削时能及时掌握工件的误差方向和误差值,减少测量的辅助时间。

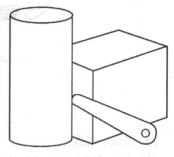

图 2.63　使用精密圆柱垂直度
测量法

**(3)曲面的锉法**

1)凸圆弧面的锉法

锉凸圆弧面一般采用顺向滚锉法(见图 2.64(a))。在锉刀作前进运动的同时,还绕工件圆弧的中心作摆动,摆动时右手把锉刀柄部往下压,而左手把锉刀前端向上提,这样锉出的圆弧面不会出现带棱边的现象。但这种方法不易发挥力量,锉削效率不高,故适用于加工余量较小的场合。

当加工余量较大时,可采用横向滚锉法(见图 2.64(b))。由于锉刀作直线推进,力量便于发挥,故效率较高。当粗锉成多棱形后,再用顺向滚锉法精锉成圆弧。

2)凹圆弧面的锉法

锉凹圆弧面时锉刀要同时完成以下 3 个运动(见图 2.65):

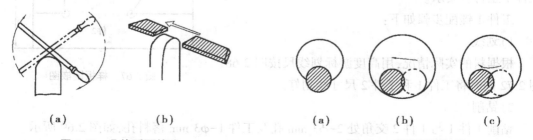

（a）　　　　　（b）　　　　　　　（a）　　　（b）　　　（c）

图 2.64　凸缘弧面锉法　　　　图 2.65　凹圆弧面锉法

①前进运动。

②向左(或向右)移动(约半个到一个锉刀直径)。

③绕锉刀中心线转动(顺时针或逆时针方向转动约90°)。

如果只有前进运动,锉出的凹圆弧就不正确(见图2.65(a));如果只有前进运动和向左(或向右)移动,凹圆弧也锉不好,因为锉刀在圆弧面上的位置不断改变,若锉刀不转动,手的压力方向就不易随锉削部位的改变而改变,切削不顺利(见图2.65(b));只有3个运动同时进行,才能锉好凹圆弧面(见图2.65(c))。

**(4)球面的锉法**

锉圆柱端部球面的方法是:锉刀在作凸圆弧面顺向滚锉法动作的同时,还要绕球面的中心和周向作摆动(见图2.66)。

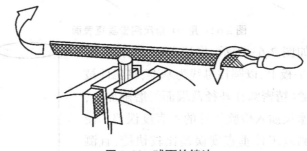

图2.66  球面的锉法

**(5)锉配(镶嵌)**

通过锉削使两个相配零件的配合表面达到规定的要求,这种工作称为锉配。它是钳工持有的一种技能技巧,常用在样板、模具制造和装配与修理工作中。

锉配工作的基本方法是:先把相配件中的一件锉好,然后按锉好的一件来锉配另一件。因为外表面一般比内表面容易加工,所以通常先锉外表面,后锉内表面。

现以样板为例,说明其锉配方法。如图2.67所示为一组角度样板镶嵌图。

配合要求:件1与件2配合后要满足 60±0.03 和 50±0.12 要求,同时要求各配合面用 0.04 mm 塞尺检查均不得插入。

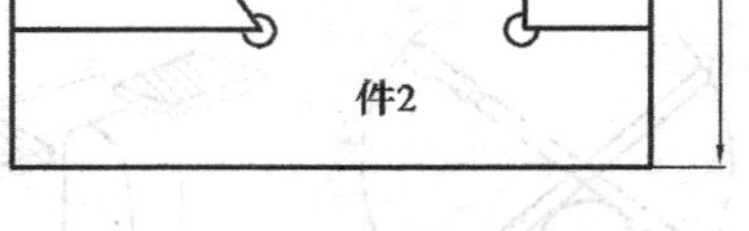

根据图2.67的配合要求和图2.68、图2.71的分析可知,件1是基准件,件2与件1配作。所以应先加工工件1至符合要求。

工件1锉配步骤如下:

1)划线

根据料的实际情况,用高度游标划线尺按图2.68、图2.72同时将工件1和工件2尺寸线划好。

2)钻削

钻削工件1与工件2交角处2-φ3 mm孔及工件1-φ3 mm落料孔,如图2.69所示。

图2.67  样板镶嵌图

（图中标注：60±0.03，50±0.12，件1，件2）

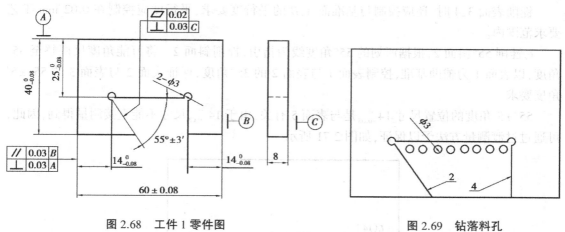

图 2.68　工件 1 零件图

图 2.69　钻落料孔

3）锉配

锉削工件 1：

①锯削。用锯弓将工件 1 去除凹槽多余部分，并锯削 55° 斜面 2 和 14 mm 处垂直面 4 多余部分与孔 φ3 接通，留余量 3 mm 左右。

②用錾子錾去多余部分。将工件夹持在台虎上，使件 1 落料孔处划出的线与钳口平面对齐，用扁錾錾削 φ3 排孔处使排孔贯通，切去多余部分。

③锉削外形各面。修去錾削处毛刺，根据图 2.68 要求，首先锉削基准面 A，用刀口形直尺检查，使其直线度达到 0.02 mm 左右，并使基准面 A 与基准 C 垂直，控制在 0.02 mm 范围内。

锉削基准面 B 与基准面 A 垂直度达到 0.03 mm 要求，并校对与基准 C 垂直度符合 0.02 胁的工艺要求。然后以 A 和 B 为基准，锉削外形尺寸 $60 \pm 0.08$ 和 $40_{-0.08}^{0}$ 至各项技术要求。

锉削外形各面时，注意与基准 C 面的垂直度要求（可用 90° 角尺校对）。

外形面的锉削质量好坏将影响以后各面的锉削质量（外形各面是后道锉削面的测量基准。尤其是 $40_{-0.08}^{0}$ 平面 1 处，后道锉削 55° 角度时将作为测量的辅助基准面）。

④锉削凹槽各表面。当外形各面锉削完成后，可进行凹槽各面的锉削工作。凹槽各表面锉削顺序，可按如图 2.70 所示的方法进行。

a.锉削表面 3 时，可与垂直面 4 或斜面 2 同时锉削。锉削时以 A 面为基准用游标卡尺或千分尺，控制 $25_{-0.08}^{0}$ 尺寸公差和平行度要求，同时用 90° 角尺作辅助校对表面 3 与基准 C 的垂直度要求（外形基准面 A 已与基准面 C 应锉对垂直度要求）。

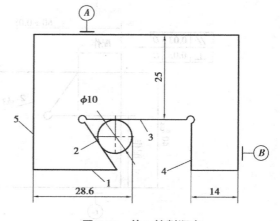

图 2.70　件 1 锉削顺序

b.锉削表面 4，以 B 面为基准锉削表面 4，用千分尺测量控制 $14_{-0.08}^{0}$ 尺寸公差。表面 4 与表面 3 的垂直度由外形表面基准 A，B 保证，锉削时可用 90° 小角尺进行辅助校对。

锉削表面 3,4 时,还应控制与基准面 A,B 的平行度要求,平行度应控制在 0.02 mm 工艺要求范围内。

c.锉削 55°斜面 2,根据所划的 55°角度线为指引,锉削斜面 2。将万能角度尺调整至 35°角度,以表面 1 为辅助基准,控制表面 1 与表面 2 的 35°角度,保证表面 2 与表面 3 的 55°±5′角度要求。

55°±5′角度的位置尺寸 $14_{-0.08}^{0}$ 是与表面 5 有关,由于 $14_{-0.08}^{0}$ 尺寸不能直接测量得到,因此,可通过过渡测量方法予以保证,如图 2.71 所示。

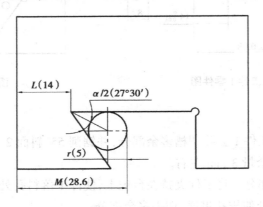

图 2.71　件 1 55°位置尺寸的控制方法

在 55°V 形槽内放一个精密短圆柱(本例选择声 $\phi10$ mm 圆柱直径,可用标准圆柱销代替)进行测量,可按如图 2.71 所示的方法及计算公式进行测量值计算,即

$$M = L + \left(1 + \cot\frac{\alpha}{2}\right)$$

$$M = 14 \text{ mm} + 5(1 + 1.921) \text{ mm} = 28.605 \text{ mm}$$

锉削工件 2:

如图 2.72 所示件 2 的零件图,件 2 的加工步骤如图 2.73 所示。

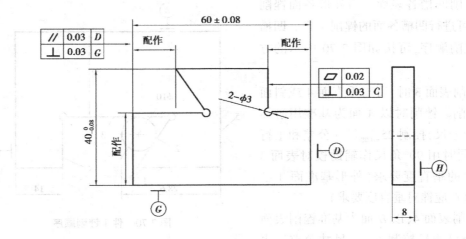

图 2.72　工件 2 零件图

①锉削外形面。首先锉削基准 $G$ 面,用刀口形直尺检查,使其直线度控制在 0.02 mm 左右,并与基准 $H$ 面垂直,控制在 0.02 mm 范围内,如图 2.74 所示。

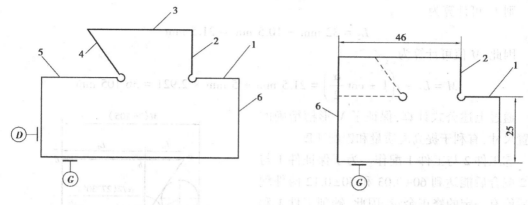

图 2.73　工件 2 锉削顺序　　　　　　　图 2.74　锉削件 2 表面 4,5

锉削基准面 $D$,用 90°角度尺校对与基准面 $G$ 垂直度控制在 0.03 mm 范围内,同时与基准面 $H$ 垂直度达到 0.02 mm 的工艺要求。

锉削表面 6 达到 60±0.08 及各项技术要求。

锉削表面 3 达到 $40_{-0.08}^{0}$ 尺寸要求,并与基准面 $G$ 达到平行度 0.02 mm 的工艺要求。

②锯削。根据划线尺寸,用锯弓锯削外形 1,2 面多余部分,留余量 2 mm(锯削外形多余料时,55°角度处暂不锯削掉),如图 2.74 所示。

③锉削表面 1,2。锉削表面 1,2 时,以 $G$,$D$ 为基准,锉削至与基准 $G$,$D$ 达到 46±0.04 mm (60~14 mm) 及 $25_{-0.04}^{0}$ 尺寸要求,并与基准 $G$、$D$ 平行度达到 0.02 mm 以内,如图 2.74 所示。

④锉削表面 5,4 用锯弓锯去多余部分留 2 mm 左右余量,为了提高锉配效率,工件 2 可按相应尺寸锉对后进行配作修正。

以基准面 $G$ 为基准锉削表面 5,使表面 5 与基准面 $G$ 尺寸达到 $25_{0}^{+0.08}$ 要求;并以表面 5 为辅助基准,锉削表面 4 时可用固定 55°角度样板测量,按如图 2.75 所示的方法,用光隙法控制 55°±5′ 角度要求。

确定 55°±5′ 角度的位置尺寸,用过渡测量方法获得。如图 2.76 所示,其方法是用千分尺测量控制 55°V 形槽位置尺寸的测量方法。在 V 形槽内放一个精密圆柱(本例选择 φ10 mm 圆柱),圆柱表面与表面 2 尺寸 36.105 mm 可通过换算得到,如图 2.77 所示。$M$ 值的确定可通过以下公式计算得到:

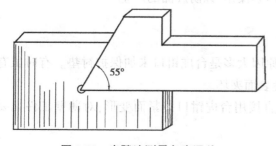

图 2.75　光隙法测量角度误差

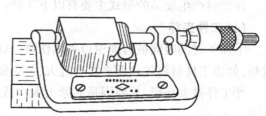

图 2.76　千分尺测量 V 形槽的方法

已知：$ad = 60-14-14 = 32$，$\angle a = 55°$，$\angle c = 35°$。求 $L_1$。

解　$L_1 = \tan 35 \times 15 = 15 \times 0.7 \text{ mm} = 10.5 \text{ mm}$

则 $L_2$ 可计算为

$$L_2 = 32 \text{ mm} - 10.5 \text{ mm} = 21.5 \text{ mm}$$

因此，$M$ 值可计算为

$$M = L_2 + r\left(1 + \cot\frac{\alpha}{2}\right) = 21.5 \text{ mm} + 5 \text{ mm} \times 2.921 = 36.105 \text{ mm}$$

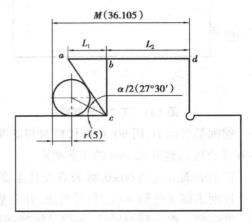

通过上述公式计算，保证了 V 形槽精确的位置尺寸，有利于提高配质量和锉配速度。

⑤工件 2 与工件 1 配作。为了保证件 1 与件 2 配合后能达到 60±0.03 和 50±0.12 两件配合后能有一定的修正余量，因此，锉削工件 1 和 2 时尽可能使尺寸公差控制在上偏差范围内。同时，在两个零件加工时，工件的形位公差应控制在中间值范围（1/2 形位公差），这样使配作的质量和效率都能达到理想的效果。

当工件 2 与工件 1 配作时应注意，及时校对由于尺寸换算中或形位公差的方向性可能造成的配合误差（由于基准不一致造成的误差）。配

**图 2.77　测量计算示意图**

作前，可采用透光法进行校对，工件 1 与工件 2 镶嵌时只能用锤子木柄轻轻敲击。敲击时，应注意工件不要倾斜，以免误修造成废品。

件 2 与件 1 锉配也可以件 1 为基准，件 2 直接与其配作。这种方法可省去件 2 锉削时的测量计算工作，但在配合时应尽量避免敲击配合，同时工件 1 与工件 2 多次配合会使工件 2 产生假印痕，造成误修而产生废品。因此，采用镶嵌，由于件 1 多次配合拆装会影响已加工好的精度。

### 2.3.4　锉削的废品分析

锉削主要用来修整已经机械加工的工件，并且常作为最后一道精加工工序，一旦失误则前功尽弃，损失较大。为此，钳工必须具有高度的工作责任心，牢固树立"质量第一"的观念，注意研究锉削废品的形式和产生原因，特别要精心操作，以防废品的产生。

锉削时产生废品的形式主要有以下 3 种：

**（1）工件夹坏**

①加工过的表面被台虎钳口夹出伤痕，其原因大多是台虎钳口未加保护衬垫。有时虽有衬垫，如果工件材料较软而夹紧力过大，也会使表面夹坏。

②工件被夹变形，其原因是夹紧力太大或直接用台虎钳口夹紧而变形，对薄壁工件尤要注意。

**（2）尺寸和形状不准确**

锉削时尺寸和形状尚未准确，而加工余量却没有了，其原因除了可能是划线不准确或锉削时测量有误差外，也可能是因锉削量过大又不及时检查所造成。此外，由于操作技术不高或采用中凹的再生锉刀，也会造成锉削的平面有中凸的弊病。锉削角度面时，如果不细心，就可能把已锉好的相邻面锉坏。

**（3）表面不光**

由于表面不光而造成废品的原因有以下 3 种：

①锉刀粗细选择不当。

②粗锉时刀痕太深，导致在精锉时也无法去除。

③铁屑嵌在锉纹中未及时清除而把工件表面拉毛。

防止锉削废品的措施是：夹紧力要适当，正确地选择锉刀。锉削时，要勤查看、勤测量。

# 复习题

1.仔细观察锉刀，可发现钳工锉的光边和平面呈凸弧形，试问它有何作用？

2.顺向锉、交叉锉和推锉这 3 种方法各有何优缺点？ 怎样正确应用？

3.怎样正确使用和保养锉刀？

4.试述锉配角度样板的方法及其要点。

5.试述锉削时产生废品的形式。

# 项目 2.4　錾　削

錾削是用锤子打击錾子对金属工件进行切削加工的方法。它是钳工基本操作技能。錾削技能的训练可提高锤击的准确性，为掌握矫正、弯形、装拆机械等技能打下扎实的基础。在现代机械加工迅猛发展的今天，錾削仍然没有被淘汰，这是因为在不便于用机械加工的场合，錾削常常是方便而经济的方法。

錾削主要用于不便于机械加工的场合。它的工作范围包括去除凸缘、毛刺，分割材料，錾削油槽或用于薄形工件的落料，以及粗加工等工作。

## 2.4.1　锤子和錾子

锤子（榔头）是钳工的重要工具，錾削、矫正和弯曲、铆接和装拆零件等都常常要用锤子来敲击。

**（1）锤子及挥锤方法**

1）锤子

锤子是由锤头和木柄两部分组成。锤头的质量大小表示锤子的规格，常用的有 0.25，

0.5,1 kg 等。锤头用碳素工具钢制成,两个端部经淬硬处理。木柄采用坚固的檀木制成椭圆形,柄长为 350 mm 左右,如图 2.78 所示。如图 2.78(a) 所示为钳工常用的锤子形状。

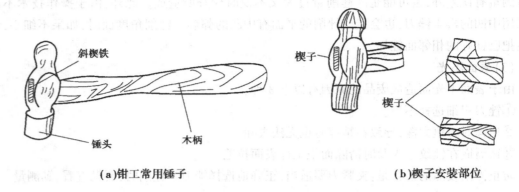

(a)钳工常用锤子　　　　　　　　　　　　(b)楔子安装部位

**图 2.78　锤子**

木柄安装在锤头椭圆形孔中,锤头孔制成两端大、中间小,两孔端呈喇叭口状。木柄装入锤头中必须敲紧、稳固可靠,为防止木柄装好后脱落,端部应敲入防松楔子(薄铁板制成带有倒齿斜楔状),如图 2.78(b) 所示。

由于木柄和锤头孔都制成椭圆形,握在手中不易转动,保证了敲击的准确性。

2)挥锤方法

①锤子握法。

右手五指握住锤子木柄,大拇指轻轻压在食指上,虎口对准锤头(手握住木柄椭圆形的长轴方向),木柄后端露出 15~30 mm,木柄后端露出部分不宜过长,以免敲击时带住其物件使锤子击偏伤手。

锤子锤击时手指握法有以下两种:

a.锤子紧握法

如图 2.79 所示,5 个手指握住锤子,无论在抬起或进行锤击时都保持不变,这种握法称为紧握法。紧握法锤子操作时落点容易掌握,但长时间锤击会引起手臂酸胀。

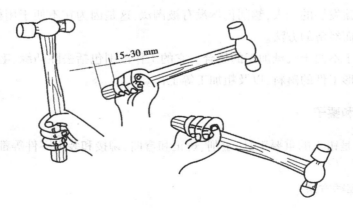

15~30 mm

**图 2.79　锤子紧握法**

b.锤子松握法

如图2.80所示,当抬起锤子时拇指和食指紧握木柄,小指、无名指和中指都适当地放松,在进行锤击时随着锤子接近落点时,小指、无名指和中指突然握紧,增加锤击力的力度。

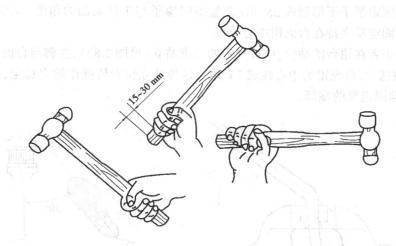

图2.80 锤子松握法

松握法锤击时手臂不易疲劳,锤击力度大,但易击偏,应在握锤熟练的基础上运用。

②挥锤方法。

挥锤的方法有手挥法、肘挥法和臂挥法3种,用于不同的场合。

a.手挥法

锤子用手腕挥动,如图2.81(a)所示。手挥的力度不大,一般用于錾削的开始和结尾阶段。

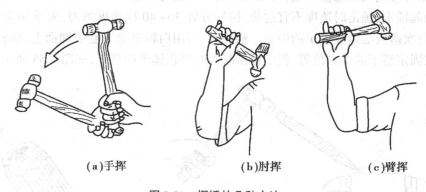

(a)手挥 (b)肘挥 (c)臂挥

图2.81 挥锤的几种方法

b.肘挥法

手腕和肘部一起挥动,如图2.81(b)所示。肘挥锤击力较大,肘挥在錾削和装拆作业时使用较广。

③臂挥法。

挥锤时,手腕、肘部和全臂挥动,如图2.81(c)所示。臂挥锤击力大,用于需要大力錾削或拆除紧固机件作业。

3）挥锤练习

①固定錾挥锤练习。

固定錾（俗称呆錾）如图 2.82 所示。固定錾是专门为挥锤练习用定制的錾子，其上部制成圆形錾子状，固定錾子下部制成 35°角（似錾削时錾子与工件表面的角度）呈扁平状，便于台虎钳上夹住，固定錾夹持在台虎钳中心位置。

錾削时，操作者在钳台的站位，应按规定的要求站立（见图 2.83），左脚与台虎钳中心线上角度成 35°角，右脚与台虎钳的中心线成 75°角。这种站立位置使操作站立稳定，挥锤时锤子的落点便于对准固定錾的端部。

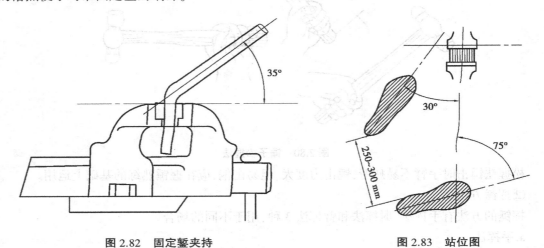

图 2.82　固定錾夹持　　　　　　　　　　　图 2.83　站位图

挥锤练习时，先不要用手握住固定錾，如图 2.84 所示。挥锤站位按如图 2.83 所示的步位站立，刚开始时可目视固定錾顶端，待稍熟练后应将视力移至钳口。练习时，锤子先对准固定錾顶端后抬起锤击，锤击时速度不宜过快，按每分钟 30～40 次速度练习，要求锤击力度要大，落点要准，每次落点必须在錾子的中央。初练时，可用白粉笔涂于錾子端面上，检验锤击落点印痕是否在固定錾子的中央位置，便于锤击时及时修正锤击的落点，如图 2.85 所示。

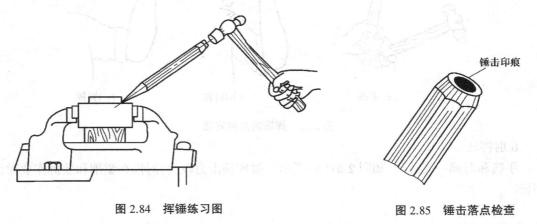

图 2.84　挥锤练习图　　　　　　　　　　图 2.85　锤击落点检查

锤击练习开始握锤子可使用紧握法，待落点基本在固定錾子中央时，再进行松握锤子练习。

挥锤练习要注意规范的操作姿势,锤击固定錾子要注意视线不要停留在錾子的顶端,应视台虎钳的钳口。养成良好的规范操作动作是练习挥锤的重要内容。

②握锤练习。

当挥锤锤击固定錾子达到一定熟练程度后,即可开始左手握住固定錾子练习。錾子的握法如图 2.86 所示。左手中指,无名指和小指握住,食指和大拇指自然地接触,錾子头部露出约 20 mm,錾子不要握得太紧,要自如而松地握着,以免敲击时振动过大、掌心过早地产生疲劳。

图 2.86　固定錾子的握法

操作时按规定要求站立好位置,挺胸、左手根据握錾子的要求握住固定錾子,目视台虎钳钳口。开始时,可用手挥引导,而后用肘挥,待熟练后用臂挥锤击。其锤击方法如图 2.87 所示。

当挥锤锤击固定錾子的落点基本上都能准确锤击到錾子的顶端时,可换成活的錾子练习,如图 2.88 所示。将带有阶梯形的工件夹持在台虎钳上,工件下面垫上垫块,左手按要求握住无刃錾子(可用纯錾子代替),并紧紧顶住工件台阶处,锤击活錾。练习时,要隔一段时间变换一下錾子的錾削角度,以求达到錾削的真实效果。

图 2.87　固定錾臂挥练习

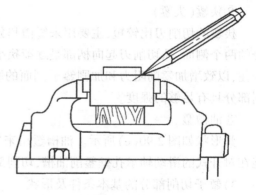

图 2.88　活錾练习

**(2)錾子**

1)錾子的构造

錾子一般用碳素工具钢锻成,并经刃磨和热处理。它的构造主要有以下 3 个部分:

①头部(见图 2.89)。

头部是锤子打击的部分。头部都有一定的锥度,顶端略带球形(见图 2.89(a)),这样可使锤击时的作用力容易通过錾子的轴心线,錾子也容易掌握平稳。若制成如图 2.89(b)所示的平面形状,则錾子受锤击力后就容易产生偏歪和晃动,影响錾削质量。

②柄部。

柄部是手握的部位,其截面呈六角形,以便操作者掌握錾子的方向。

③切削部分。

由于对切削部分锻造和刃磨的形状不同,可制成不同的錾子(见图 2.90)。

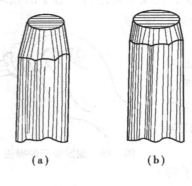

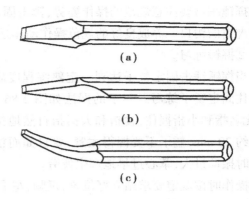

图 2.89　錾子的头部

图 2.90　錾子种类

2）錾子的种类

钳工常用的錾子有以下 3 种：

①扁錾（阔錾）。

如图 2.90（a）所示为扁錾的形状。它的切剖部分扁平，切削刃略带圆弧。其作用是在平面上錾去微小的凸起部分时，切削刃两边的尖角不易损伤平面的其他部位。扁錾用来去除凸缘、毛边和分割材料等，应用最广泛。

②狭錾（尖錾）。

狭錾的切削刃比较短，主要用来錾槽和分割曲线形板料。如图 2.90（b）所示，狭錾切削部分的两个侧面，从切削刃起向柄部是逐渐狭小的。其作用是避免在錾沟槽时錾子的两侧面被卡住，以致增加錾削阻力和加剧錾子侧面的磨损。狭錾的斜面有较大的角度，是为了保证切削部分具有足够的强度。

③油槽錾。

其形状如图 2.90（c）所示。油槽錾用来錾削油槽。它的切削刃很短，并呈圆弧形。为了能在对开式的滑动轴承孔壁錾削油槽，切削部分做成弯曲形状。

3）錾子切削部分的基本条件及形状

錾子是最简单的切削刀具。所有刀具切削部分的基本条件有以下两条：

①切削部分的材料硬度要比被切削的工件材料硬度高。因此，錾子切削部分必须要经过热处理淬硬。

②切削部分要有合理的形状——楔形。为此，要对錾子切割部分加以刃磨才能使錾刃经常保持锋利。

除了上述基本条件外，还必须掌握錾子切削部分几何角度的选择方法以及錾子在切削时应处的位置。下面对此作进一步分析：

錾子切削部分的几何形状由一个刀刃及其两侧的两个表面组成。

①前面。切削时与切屑接触的表面，称为前面。

②后面。切削时与切削表面（正在被刀刃切削形成的表面）相对的表面，称为后面。

③切削刃。前面与后面的交线，称为切削刃（也称刀刃）。

如图 2.91 所示为錾子在錾削时的情况和几何角度。

为了确定錾子在錾削时的角度,先要选定两个坐标平面:

①切削平面。通过切割刃与切削表面相切的平面,称为切削平面。在图 2.91 中,切削平面与被切削表面重合。

②基面。通过切削刃上任一点,与该点切削速度 $V_c$ 垂直的平面,称为基面(錾削时的切削速度的方向与切割平面的方向一致)。

切削平面与基面互相垂直,构成了确定錾子在錾削时的几何角度的两个坐标平面。

錾子在錾削时的几何角度主要有以下 3 个:

①楔角 $\beta_o$。前面与后面之间的夹角,称为楔角。楔角越大,切削部分的强度越高,但錾削阻力也越大。因此,选择楔角时应在保证足够强度的前提下,尽量取小的数值。

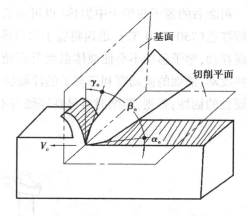

图 2.91　錾子在錾削时的几何角度

根据工件材料软硬的不同,錾削硬材料时,楔角要大些;錾软材时,楔角要小些。一般,錾削中碳钢或铸铁等材料时,楔角取 $60° \sim 70°$;錾削中等硬度材料时,楔角取 $50° \sim 60°$;錾削铜或铝等软材料时,楔角取 $30° \sim 50°$。

②后角 $\alpha_o$。后面与切削平面之间的夹角,称为后角。后角的大小是由錾子被掌握的位置而决定的。后角的作用是减少后面与切削表面之间的摩擦,并使錾子容易切入材料。后角一般取 $5° \sim 8°$,太大会使錾削时切入过深,甚至会损坏錾子的切削部分,但也不能太小,否则容易滑出工件表面而不能顺利切入,尤其当錾削余量较小时(见图 2.92)。

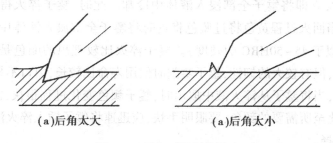

(a)后角太大　　　　　(a)后角太小

图 2.92　后角对錾削的影响

③前角 $\gamma_o$。前面与基面之间的夹角,称为前角。前角的作用是减小切屑的变形和使切削轻快。前角越大,切削越省力。但在后角一定的条件下,要使前角大,就要减小楔角,因为 $\beta_o = 90° - (\alpha_o + \gamma_o)$,这将降低切削部分的强度。因此,前角的大小在选择好楔角后已被确定了。实际上,上述楔角的取用数值也已经考虑了前后角的影响。

4)錾子的刃磨和热处理

錾子经锻造成形后,还需要将錾子进行淬火处理。通过热处理使刃口部分获得所需要的硬度,錾子的淬火处理是由钳工来完成的。淬火前,首先将錾子在砂轮上进行粗磨,修正形状和粗磨出切削刃楔角,然后才进行淬火。

①淬火的过程。

粗磨后的錾子在炉子中加热(也可用乙炔和氧气枪加热),在刃部长约20 mm处加热至暗樱红色(750~780 ℃),迅速将錾子刃口垂直置于液体中(4~6 mm长,见图2.93),并沿液面缓缓移动,錾子移动不会使液体温度升高使錾子得到迅速冷却,錾子移动的同时会使液面有一些波动,液面的波动有利于錾子的淬硬层与不淬硬层有一过渡层,界限不会很明显,增强了淬硬处的韧性;否则,錾削时容易在淬硬与不淬硬层的跃变界限处断裂。

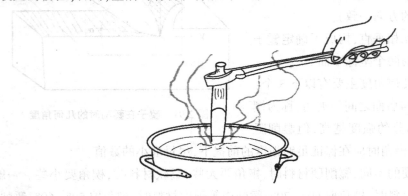

图2.93　錾子淬火的方法

当錾子露出液面部分冷却由暗樱红色即将变为黑色时,迅速取出錾子。此时,利用錾子尚未完全冷却的余热对錾子的淬火部位进行回火处理。

将錾子取出液面,利用錾子上的余热进行回火时,应注意观察刃口处的颜色变化。刚出液面时刃口处呈白色,随着刃口处置度的上升,颜色将由白色变化成黄色、蓝色最后成灰色。当白色转至黄色时,立即将錾子全部浸入液体中冷却。此时,錾子淬火得到的是黄火(50~60HRC)的硬度。当回火过程黄色将过蓝色将近时将錾子全部放入液体中冷却。此时,錾子获得的是蓝火(近似于45~50 HRC的硬度)。錾子淬火比较理想的颜色是蓝色,虽然錾子的硬度不及黄火的高,但有较大的韧性,錾子錾削时使用寿命比较长,刃口不易断裂。

淬火时应注意,当将錾子从淬火液中取出时,錾子颜色变化过程很快,需全神贯注地掌握火候,一旦颜色变化至所需要的颜色,要眼明手快,应迅速将錾子插入淬火液中冷却。

②淬火液的选择。

钳工刃具淬火使用的淬火液体有盐水和水、油液。

a.盐水

用盐水淬火的刃具硬度高,但刃具呈现晶粒较粗,錾削时錾子容易崩裂,淬火时由于盐分遗留在錾子刃口处,颜色不易观察,适用于淬火。

b.油液

用油液作淬火液,刃口硬度不及用盐水淬火的高,但刃口的晶粒比较细,刃口韧性好,适用于加工有色金属的刃具。

c.水

水是廉价的淬火液,冷却效果好,淬火后刃口质量介于盐水和油液之间,淬火时硬度便于控制,有较好的淬火硬度。

③錾子刃磨。

錾子切削部分的好坏将直接影响錾削的质量和工作效率。因此要按正确的形状刃磨,两侧楔角应相等,并使切削刃十分锋利。为此,錾子的前面和后面必须磨得光滑平整。必要时,在砂轮机上刃磨以后再在油石上精磨,可使切削刃既锋利又不易磨损,因为此时切削刃的单位负荷减小了。

扁錾子楔角的大小应根据加工材料的性质和用途而定。錾削有色金属时,楔角可取 30°～50°;錾削钢件时,楔角可取 50°～60°;錾削较硬的材料时,楔角应取 60°～70°。錾子切削刃要求与錾子的中心线垂直,并在对称面上。錾子的楔角要求与錾子的中心线对称,刃口应成一直线或略凸弧(以增加切削刃两端的强度)垂直于中心线,如图 2.92(a)所示。

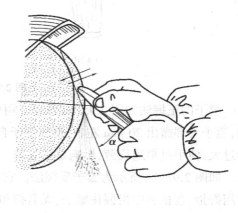

图 2.94　錾子的刃磨

錾子的刃磨方法如图 2.94 所示。按在钳台的站位姿势(弓字步)左脚跨前半步站稳,上身向砂轮方向微倾,右手拇指和食指握住錾子头部宽度两侧,左手拿住錾子顶部,控制錾子与砂轮圆周切线的角度 $\alpha$,即控制錾子楔角大小,双手同时在砂轮圆周面上作往复移动。

錾子刃磨时要注意以下 3 个方面:

①錾子刃磨时,切削刃部应高于砂轮中心,一般高于砂轮中心 30～40 mm。过低或过高将影响刃磨。若錾子低于砂轮中心容易将錾子扎入砂轮防护罩内,造成轧碎砂轮伤人事故;若錾子处于砂轮中心时,刃磨时引起錾子弹跳同样会造成伤人事故;若錾子高于中心过多,刃磨角度不易掌握。

②刃磨切削刃平面(前刀面和后刀面)时,要注意:

a.经常检查切削刃的楔角及切削刃平面的对称。

b.錾子的楔角大小与砂轮切线的角度 $\alpha$ 有关,$\alpha$ 角大錾子楔角也大,$\alpha$ 角小錾子的楔角也小。

c.刃磨时,要沿砂轮轴线方向左右缓缓地移动,这样錾子刃口容易磨平,而且砂轮磨损也比较均匀,能始终保持砂轮圆周的平整性。

③刃磨时加在錾子上的压力不宜过大、刃磨的连续时间不宜过长;否则,刃磨产生的热量会使錾子过热而退火。因此,刃磨时应反复将錾子浸入水中冷却,防止錾子的温度升高。

### 2.4.2　錾削的方法

**(1)錾子的握法**

錾削时錾子的握法可分为正握法和反握法两种,如图 2.95 所示。

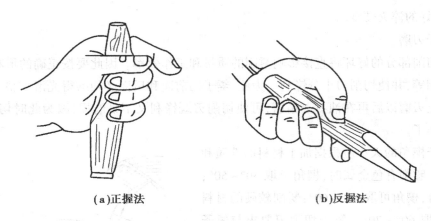

(a)正握法      (b)反握法

图 2.95 錾子的握法

錾子的正握法如图 2.95(a)所示。用中指、无名指、小指握住錾子,大拇指和食指自然接触,錾子头部露出 20 mm 左右,握住錾子自如,不要握得太紧,以免敲击时錾子振动对手掌振动过大,使手过早地疲劳,影响錾削效率。

如图 2.95(b)所示为錾子反握法。它是一般进行修整、錾削量较小时使用的握法。反握法用拇指、食指和中指握住錾子,无名指和小指不与錾子接触。

**(2)錾削姿势**

錾削姿势按挥锤子练习时的站位站立,如图 2.83 所示。錾削时,握住錾子手的小臂应保持水平位置,肘部不能下垂,也不能抬高,以免影响錾子的切削角度,如图 2.96 所示。

(a)肘挥錾削      (b)臂挥錾削

图 2.96 錾削姿势

**(3)起錾和终錾**

1)起錾

錾削平面时先要起錾,如图 2.97 所示。如图 2.97(a)所示为斜角起錾方法。起錾前用锤子在待錾平面的角上按 45°方向敲击成一小斜坡,这样不但能容易起錾,而且能较好地控制錾削的背吃刀量(錾削所确定的深度)。在錾削平面时,逐步纠正錾子后角达到正面錾削。

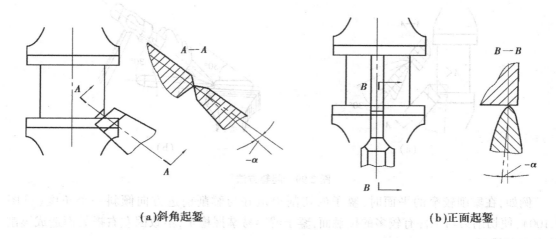

（a）斜角起錾　　　　　　　　　　（b）正面起錾

图 2.97　起錾方法

如图 2.97（b）所示为尖錾正面起錾的方法。将錾子切削刃对准工件的端面起錾,也可在所要錾削的位置上,将錾子由下向上錾出小斜坡后起錾。

2）錾削至终点的处理

当錾削铸铁将至终点时应收錾（10 mm 左右）,将工件掉头重新起錾完成錾削任务,否则会使工件的后端出现崩塌现象,如图 2.98（a）所示。如图 2.98（b）所示为工件掉头重新起錾接平錾削的方法。

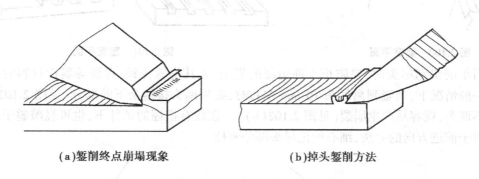

（a）錾削终点崩塌现象　　　　　　（b）掉头錾削方法

图 2.98　錾削终点处理

**（4）錾削平面**

錾削平面用扁錾进行。每次錾削余量 0.5~2 mm 。余量太少,錾子容易滑掉;太多则錾削费力,且不易錾平。錾削平面时,要掌握好起錾方法。起錾应从工件的边缘尖角处着手（见图 2.99（a））,由于切削刃与工件的接触面小,阻力不大,只需轻敲,錾子便容易切入材料,而不会产生滑脱、弹跳等现象。錾削余量也就能准确地控制。有时不允许从边缘尖角处起錾（如錾槽）,则起錾时可使切削刃抵紧起錾部位后,把錾子头部向下倾斜至与工件端面基本垂直（见图 2.99（b））,再轻敲錾子,此时起錾过程也易顺利完成。

起錾完成后即可按下面的方法进行錾削。

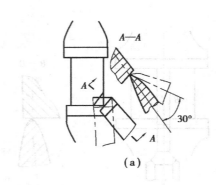
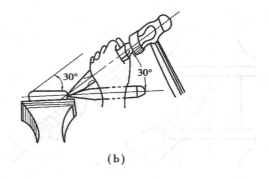

图 2.99　起錾方法

例如,在錾削较窄的平面时,錾子的切削刃最好与錾削前进方向倾斜一个角度(见图 2.100),使切削刃与工件有较多的接触面,錾子就容易掌握稳定,不致因左右摇晃而造成錾削的表面高低不平。

与上相反,当錾削较宽的平面时,由于切削面的宽度超过錾子切削刃的宽度,切削部分两侧受工件的卡阻而使操作十分费力,錾削表面也不会平整。因此,一般应先用狭錾间隔开槽,再用扁錾錾去剩余部分(见图 2.101)。

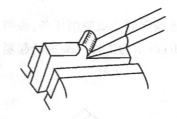

图 2.100　錾窄平面

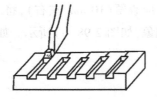

图 2.101　錾宽平面

当錾削快到尽头时,要防止工件边缘的崩裂,尤其是錾铸铁、青铜等脆性材料时更应注意。一般情况下,当錾到离尽头 10 mm 左右时,必须调头接錾余下的部分(见图 2.102(a))。如果不调头,就容易产生崩裂(见图 2.102(b))。在较有把握的条件下,也可轻敲錾子和逐次改变錾子前进方向的办法,细心地把尽头部分錾掉。

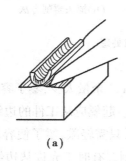
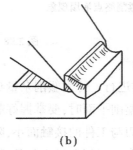

图 2.102　錾到尽头时的方法

錾削平面要求平整,不能有明显的凸缘和凹坑。练习錾削时,要控制好錾子的后角。錾削时,錾子要握稳,切削刃要紧贴工件表面,后角要始终保持一致,每次锤击后要及时调整好錾子的切削角度,使切削角度始终保持原切削角度不变;否则,会使切削时产生打滑或錾痕过深,引起錾削的平面不平整,如图 2.103 所示。如图 2.103(a)所示,錾削时錾子的后角始终保持不变,后角 α 控制为 5°~8°;如图 2.103(b)所示,后角过大、錾子切削过深,使切削平面出现凹坑;如图 2.103(c)所示,后角过小,錾削时引起錾子打滑,錾削平面出现凸缘,同样会使錾削平面不平整。

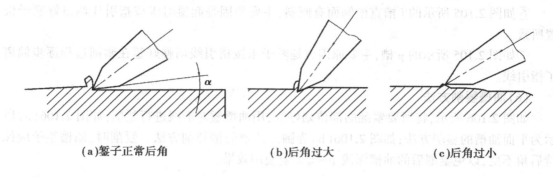

(a)錾子正常后角　　　　(b)后角过大　　　　(c)后角过小

图 2.103　錾削后角变化的影响

**(5)直槽錾削方法**

对于无法采用铣削的工件,可用尖錾錾削狭槽,或在錾削大平面时,为了提高錾削效果,需要錾出狭槽以减轻劳动强度。錾削狭槽前需要錾削的部位划线,錾削时用尖錾的侧面对准划线进行錾削,如图 2.104 所示。

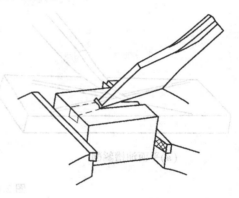

錾削狭槽时,要把握好两个方向,除了要控制好錾子后角(錾子的后刀面与切削平面的夹角),同时要控制尖錾侧面与导引线保持平行。

图 2.104　尖錾錾削方法

錾削直槽时,以下为容易出现废品的 7 种现象(见图 2.105):

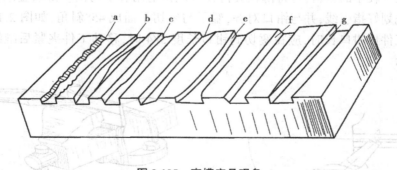

图 2.105　直槽废品现象

①如图 2.105 所示的 a 槽,直槽侧面呈锯齿形。錾削时,锤子锤击錾子时錾子未握稳,有弹跳现象。

②如图 2.105 所示的 b 槽,錾削时錾子未按指引线引导前进,直槽成弯形现象,主要原因是錾子切削刃口与錾削层有轻微角度偏差所致。

③如图 2.105 所示的 c 槽,槽底呈波浪形。造成此现象的主要原因是錾子受锤击后,錾子

后角有变化,纠正不当所致。

④如图 2.105 所示的 d 槽槽底平面有倾斜现象,主要原因是錾子的切削刃与底平面未贴紧有角度误差或錾子未握紧所致。

⑤如图 2.105 所示的 e 槽槽口有喇叭形回口,主要原因是起錾时錾子左右方向未握稳。

⑥如图 2.105 所示的 f 槽直槽侧面有倾斜,主要原因是起錾时未按指引线调整好錾子位置所致。

⑦如图 2.105 所示的 g 槽,主要原因也是錾子未按指引线调整好錾在錾削过程逐步偏离了指引线。

**(6)油槽錾削方法**

如图 2.106 所示,将所要錾翻的部位划好线,用油槽錾对准线进行錾削,如图 2.106(a)所示为平面油槽的錾削方法;如图 2.106(b)为圆弧油槽的槽錾削方法。錾削时,油槽錾子应保持后角不变,以免錾削后的油槽深浅不一,影响使用效果。

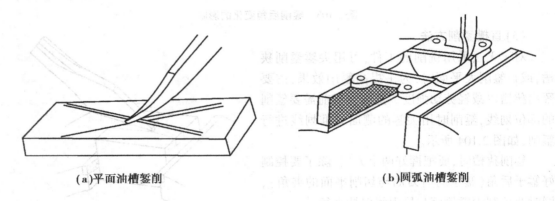

(a)平面油槽錾削　　　　　　　　　　　(b)圆弧油槽錾削

图 2.106　油槽錾削

**(7)板料分割方法**

对一些尺寸较小的板料,可将薄板夹持在台虎钳上用錾子切割。薄板錾削前,将需要錾削的部位事先划好指引线,并与钳口对齐,錾子与錾切平面成 45°斜角,如图 2.107(a)所示。当被分割的工件比钳口长时,应在錾切到钳口长度 3/4 时,移动工件夹紧后继续錾削,如图 2.107(b)所示。

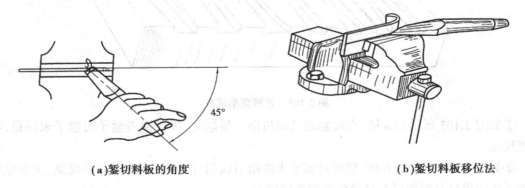

(a)錾切料板的角度　　　　　　　　　　(b)錾切料板移位法

图 2.107　台虎钳上錾切料板

如图 2.108 所示,尺寸较大的工件置于铁砧上分割,为了避免铁砧损伤錾子刃口,工件下应垫上平整的铁板。錾切时,錾子沿事先划好的线移动錾切,不要一次錾穿,以免錾口出现不平整。当錾切到一定深度后,再錾切分割。这样工件切面比较平整些。

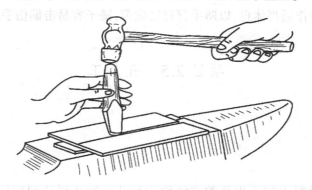

图 2.108　在铁砧上分割板料

**(8) 弯形部位、槽形部位的分割方法**

当需要分割弯形部位时,事先可将需要分离部位划好弧线,直接用尖錾子錾切分离。为了提高錾切效率,可在圆弧处依次排列钻若干个小孔,然后在小孔相切处进行錾切分割,如图 2.109(a) 所示。如图 2.109(b) 所示为槽形部位的錾切分割。首先将需要分离部位划好线,依次排列钻若干个小孔,然后用扁錾錾切分离。对尺寸不大的薄板工件,可在台虎钳上直接用扁錾錾切分离。

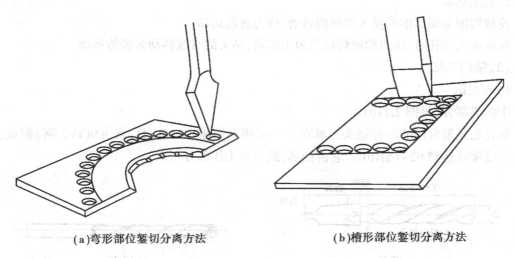

(a)弯形部位錾切分离方法　　　　(b)槽形部位錾切分离方法

图 2.109　弯形面的分割

**(9) 錾削安全技术**

为了保证錾削工作安全,操作时应注意以下 6 个方面:

①錾削时应戴上防护镜,以免錾屑飞出伤人,不在没有安装防护网的钳台上錾削。

②錾子要经常刃磨锋利,过钝的錾子不但工作费力,錾出的表面不整,而且容易打滑,引起手部划伤事故。

③錾子头部有明显的毛刺时应及时修磨,避免划伤手。

④挥锤时,如发现锤子有松动现象,则应立即装牢或更换,以免锤子脱落伤人。

⑤錾子木柄不得沾油,以免滑出伤人。

⑥长时间挥锤应作适当休息,以防手臂过度疲劳,锤子容易击偏伤手。

# 项目 2.5  孔加工

### 2.5.1  钻孔

**(1)钻孔**

用钻头在实体材料上加工出孔的方法称为钻孔。钻孔可达到的标准公差等级一般为 IT10—IT11 级,表面粗糙度一般为 $R_a$12.5~50 μm。故只能加工要求不高的孔或作为孔的粗加工。

钻孔时,钻头装在钻床(或其他机械)上,依靠钻头与工件之间的相对运动来完成切削加工。因此,切削时的运动是由以下两种运动合成的:

1)主运动

将切屑切下所需要的基本运动,称为主运动。

2)进给运动

使被切削金属层继续投入切削的运动,称为进给运动。

在钻床上钻孔时,钻头的旋转运动为主运动;钻头的直线移动为进给运动。

**(2)钻削工具**

1)麻花钻

①组成部分(见图 2.110)。

麻花钻是最常用的一种钻头。麻花钻一般用高速钢(W18Cr4V 或 W9CrV2 钢)制成,经淬火后硬度可达到 62~68HRC。它由柄部、颈部和工作部分组成。

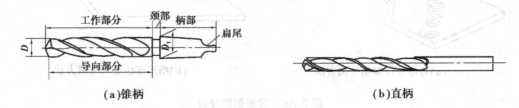

**(a)锥柄**　　　　　　　　　　　　　　**(b)直柄**

**图 2.110  麻花钻**

麻花钻的柄部是钻头的夹持部分,用来传递钻孔时所需的力矩和轴向力。它有直柄和锥柄两种。直柄由钻夹头夹持,所能传递的力矩较小,其钻头直径一般在 13 mm 以内;直径大于 13 mm 钻头钻柄采用莫氏锥柄,莫氏锥柄与钻头套配合,安装在钻床主轴锥孔中,能传递较大的力矩,详细标准见表 2.7。

表 2.7　莫氏锥柄的钻头直径

| 莫氏锥柄号 | 1 | 2 | 3 | 4 | 5 | 6 |
|---|---|---|---|---|---|---|
| 钻头直径 $D$/mm | 6~15.5 | 15.6~23.5 | 23.6~32.5 | 32.6~49.5 | 49.6~65 | ~80 |

表 2.8 所列为 1—6 号莫氏锥柄的大端直径，以便工作时识别。

表 2.8　莫氏锥柄大端直径

| 莫氏锥柄号 | 1 | 2 | 3 | 4 | 5 | 6 |
|---|---|---|---|---|---|---|
| 钻头直径 $D_1$/mm | 12.240 | 17.980 | 24.051 | 31.542 | 44.731 | 63.760 |

莫氏锥柄的钻头，如图 2.110（a）所示。它可直接或用钻头套过渡安装在钻床主轴锥孔中。如图 2.111 所示为钻头安装方式，根据锥柄的大小配上相应的规格的钻头套。

锥柄的扁尾可避免钻头在主轴孔中或钻头套中打滑，并用来增加传递力矩，扁尾能方便地使锥柄在钻床后钻头套中拆卸之用。颈部为磨制钻头外圆时供砂轮退刀之用，一般也用来刻印商标和规格。

如图 2.110（b）所示为圆柱直柄的钻头。它多用于小规格的钻头，规格有 $\phi 1 \sim \phi 13$ 多种尺寸，圆柱直柄钻头安装在钻夹头上，通过钻夹头钥匙进行装或拆，如图 2.112 所示。

图 2.111　锥柄钻头安装方法

图 2.112　直柄钻头安装方法

②标准麻花钻头工作部分结构。

工作部分由切削部分和导向部分组成。

导向部分用来保持麻花钻工作时的正确方向，在钻头重磨时，导向部分顶端逐渐变为切削部分投入切削工作。导向部分有两条螺旋槽，作用是形成切削刃及容纳和排除切屑，并便于切削液沿着螺旋槽输入。导向部分的外缘有两条棱带，它的直径略有倒锥（每 100 mm 长度内，直径向柄部减少 0.05~0.1 mm）。这样既可引导钻头切削时的方向，使它不致偏斜，又可减少钻头与孔壁的摩擦。

切削部分有两条主切削刃、一条横刃、两个前面及两个后面（见图 2.113），担任主要的切削工作。导向部分有两条螺旋槽和两条窄的螺旋形棱边，并与螺旋槽表面批交形成两条棱刃（副切削刃）。导向部分在切削过程中，能保持钻头正直的钻削方向和具有修光孔壁的作用，同时还是切削部分的后备部分。两条螺旋槽用来排屑和输送切削液。钻头的直径略有倒锥，直径向柄部逐渐减小，倒锥的大小为每 100 mm 长度内减少 0.05~0.10 mm，这样能减小钻头与孔壁的摩擦。

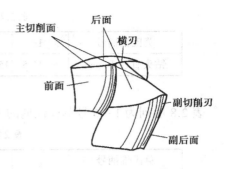

图 2.113　钻头的切削部分

钻头工作部分沿轴心线的实心部分，称为钻心。它是联接两个螺旋形刃瓣，以保持钻头的强度和刚度。钻心由切削部分向柄部逐渐变大。

钻头直径大于 6~8 mm 时，常制成焊接式的。其工作部分的材料一般用高速钢（W18Cr4V），淬硬至 62~68HRC，其热硬性可达 550~600 ℃。柄部的材料则差些，一般采用 45 钢，淬硬至 30~45HRC。

③切削部分的工作角度（图 2.114）。

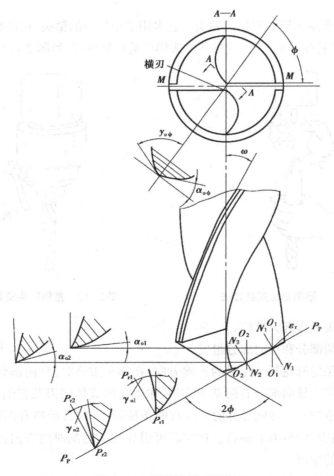

图 2.114　麻花钻的工作角度

钻孔时的切削平面为图中的 $P_p$—$P_p$。钻孔时的基面为图中的 $P_r$—$P_r$。但实际上,由于钻头的主切削刃不在径向线上,各点的切削速度方向不一样,故各点的基面也各不相同。为简单起见,此处将主切削刃上各点的基面近似看作同一个垂直于切削平面的平面。

a.锋角 $2\varphi$

钻头两主切削刃在其平行平面 $M$—$M$ 上的投影所夹的角,称为锋角(也称转角、顶尖角)。顶角的大小可根据加工条件由钻头刃磨时决定。设计时,标准麻花钻的 $2\varphi = 118°±2°$,此时两主切削刃呈直线形;$2\varphi > 118°$ 时,则主切削刃呈内凹形;$2\varphi < 118°$ 时,则主切削刃呈外凸形。

锋角影响主切削刃上切削力的大小。顶角越小,则轴向力越小,同时使钻头外缘处的刀尖角 $\varepsilon_r$ 增大,有利于散热和提高钻头寿命。但顶角减小后,在相同的条件下,钻头所受的切削扭矩要增大,而且切屑卷曲厉害,排屑不便和妨碍切削液的进入。

锋角的大小可根据所加工材料的性质,由钻头刃磨时决定,一般钻硬材料要比钻软材料选用得大些。

b.螺旋角 $\omega$

主切削刃上最外缘处螺旋线的切线与钻头轴心线之间的夹角,称为螺旋角。标准麻花钻的螺旋角,直径在 10 mm 以上的,$\omega = 30°$;直径在 10 mm 以下的,$\omega = 18° \sim 30°$。直径越小,$\omega$ 也越小。

在钻头的不同半径处,螺旋角的大小是不等的,从钻头外缘到中心逐渐减小。螺旋角越小,在其他条件相同时,钻头的强度越高。螺旋角一般以外缘处的数值来表示。

c.前角 $\gamma_o$

它是在主截面 $N_1$—$N_1$,或 $N_2$—$N_2$(通过主切削刃上任一点并垂直于切削平面和基面的平面)内,前刀面与基面之间的夹角($\gamma_{o1}$,$\gamma_{o2}$)。

钻头的前角在外缘处最大(一般为 30° 左右),自外缘向中心逐渐减小(图中 $\gamma_{o1} > \gamma_{o2}$),在中心钻头直径的 1/3 范围内为负值。接近横刃处的前角为 -30°,在横刃上的前角 $\gamma_{0\phi} = -60° \sim -54°$(图中 $A$—$A$ 剖面)。前角的大小与螺旋角有关(横刃处除外)。螺旋角越大,前角越大。在外缘处的前角与螺旋角数值相近。

前角的大小决定着切除材料的难易程度和切屑在前面上的摩擦阻力。前角越大,切削越省力。

d.后角 $\alpha_o$

它是在圆柱截面 $O_1$—$O_1$ 或 $O_2$—$O_2$ 内,后面与切削平面之间的夹角($\alpha_{o1}$ 或 $\alpha_{o2}$)。

主切削刃上每一点的后角也是不等的。与前角相反,在外缘处最小,越近中心则越大(图中 $\alpha_{o1} > \alpha_{o2}$)。一般麻花钻外缘处的后角按钻头直径大小分为:

$$D < 15 \text{ mm} \qquad \alpha_o = 10° \sim 14°$$
$$D = 15 \sim 30 \text{ mm} \qquad \alpha_o = 9° \sim 12°$$
$$D > 30 \text{ mm} \qquad \alpha_o = 8° \sim 11°$$

钻心处的后角为 $\alpha_o = 20° \sim 26°$,横刃处的后角为 $\alpha_{o\psi} = 30° \sim 36°$。

后角越小,钻孔时钻头后面与工件切削表面之间的摩擦越严重,但切削刃强度较高。在钻孔过程中,随着钻头的进给运动,后角会相应减小,且因切削表面呈螺旋形,越近中心,切削表面的螺旋升角越大,后角的减小量越大。因此,刃磨后角时,越近中心应磨得越大,以适应在工作时后角的变化。后角的内大外小与前角的内小外大相对应,恰好保持切削刃上各点的强度基本一致。钻硬材料时,为了保证刀刃强度,后角可适当小些;钻软材料时,后角可稍大些。但钻有色金属材料时,后角不宜太大,否则会产生自动扎刀现象。

e.横刃斜角 $\psi$

横刃与主切削刃的平行轴向截面 M—M 之间的夹角,称为横刃斜角。标准麻花钻的横刃斜角 $\psi = 50° \sim 55°$。

当刃磨后角时,近钻心处的后角磨得越大,则横刃斜角就越小。因此,如果横刃斜角刃磨准确了,则近钻心处的后角也就准确了。

f.横刃长度 $b$

横刃长度太短时会降低钻头的强度,太长则钻削时轴向力增大,对钻削不利。标准麻花钻的横刃长度 $b = 0.18D$。

g.钻心厚度 $d$

钻头的中心厚度,称为钻心厚度。

钻心厚度过大时,横刃长度也增大,切削时轴向力要增大。因此,钻头的钻心做成锥形,由切削部分逐渐向柄部增厚,达到了等强度的效果。

标准麻花钻的钻心厚度约由 $d = 0.125D$ 增厚至 $d = 0.2D$。

h.副后角

副切削刃上副后刀面与孔壁切线之间的夹角,称为副后角。

标准麻花钻的副后角为 0°,即副后刀面与孔壁是贴合的。

④麻花钻的缺点。

通过实践证明,麻花钻的切削部分存在以下 5 个缺点:

a.横刃较长,横刃角为负值。因此在切削过程中,横刃处于挤刮状态,使轴向抗力增大。据试验,钻削时 50% 的轴向抗力和 15% 的扭矩是由横刃产生的,同时横刃长了,定心作用不良,使钻头容易发生抖动。

b.主切削刃上各点的前角大小不一样,使切削性能不同。靠近钻心处的前角是一个很大的负值,切削条件很差,也处于刮削状态。

c.钻头的棱边较宽,副后角为 0°,所以靠近切削部分的一段棱边,与孔壁的摩擦比较严重,容易发热和磨损。

d.主切削刃外缘处的刀尖角较小,前角很大,刀齿薄弱。而此处的切削速度又最高,故产生的切削热最多,磨损极为严重。

e.主切削刃长,而且全宽参加切削。切削刃各点切屑流出的速度相差很大,切屑卷曲成很宽的螺旋卷所占体积大,容易在螺旋槽内堵住,排屑不顺利,切削液也不易加注到切削刃上。

由于麻花钻存在以上一些缺点,所以通常要对切削部分进行修磨,以改善其切削性能。

2)群钻

群钻是指利用标准麻花钻钻头合理刃磨而成的生产率和加工精度高、适应性强、寿命长的新型钻头。群钻主要用来钻削碳钢和各种合金钢,是在标准麻花钻上采取一定修磨措施而制成的。

标准群钻主要用来钻削钢材(碳钢和各种合金结构钢)。它的应用最广泛,同时又是其他群钻变革的基础。

①标准群钻。

标准群钻的结构形状如图 2.115 所示。标准群钻与标准麻花钻不同的地方,主要有以下3 点:

a.群钻上磨有月牙槽,形成凹圆弧刃。在钻头的后刀面上对称地磨出月牙槽,形成凹圆弧刃,并把主切削刃分成 3 段:外刃——AB 段;圆弧刃——BC 段;内刃——CD 段。磨出的圆弧刃增大了靠近钻心处的前角,减少了挤刮现象,使切削省力,同时有利于分屑、断屑和排屑。钻孔时,圆弧刃在孔底上切削出一道圆环筋,能稳定钻头的方向,限制钻头摆动,加强定心作用。磨出的月牙槽还降低了钻尖的高度,这样可把横刃处磨得较锋利,且不至于影响钻尖强度。

b.横刃磨短,使横刃缩短为原来的 1/7~1/5。同时,新形成的内刃上前角 $\gamma_{oτ}$ 也增大,以减小轴向力,使机床负荷减小,改善定心作用,提高切削能力。钻头和工件产生的热变形少,可提高孔的质量和钻头寿命。内刃前角增大,切削省力,可加大切削速度。

c.磨出单边分屑槽。磨出单边分屑槽能使宽的切屑变窄,减小容屑空间,排屑流畅。而且容易加注切削液,降低了切削热,减小工件变形,提高了钻头寿命和孔的表面质量。

综上所述,标准群钻的形状特点是有三尖、七刃、两种槽。三尖是因磨出月牙槽而使主切削刃形成 3 个尖;七刃是两条外刃、两条圆弧刃、两条内刃和一条横刃;两种槽是指月牙槽和单面分屑槽。

②钻薄板的群钻。

如图 2.116 所示为薄板群钻切削部分的几何形状。

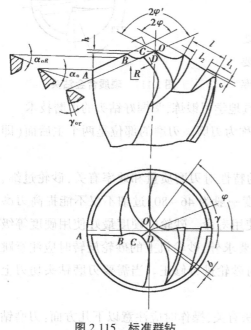

图 2.115　标准群钻

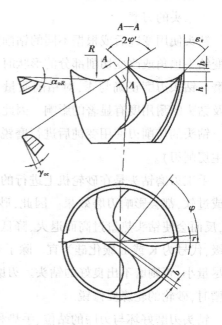

图 2.116　薄板群钻

用标准钻头钻薄板工件时,由于钻心先钻穿工件后,立即失去定心作用和突然使轴向阻力减小。加上工件的弹动,使钻出的孔不圆,出口处的毛边很大,而且常因突然切入过多而产生扎刀或钻头折断事故。

薄板群钻又名三尖钻。两切削刃外缘磨成锋利的刀尖,而且与钻心尖在高度上仅相差0.5~1.5 mm。钻孔时,钻心尚未钻穿,两切削刃的外刃尖已在工件上划出圆环槽,起到良好的定心作用,同时大大提高了钻孔的质量。

3) 硬质合金钻头

硬质合金钻头是在钻头切削部分嵌焊一块硬质合金刀片,如图 2.117 所示。它适用于高速钻削铸铁及钻高锰钢、淬硬钢等坚硬材料。硬质合金刀片材料是 YG8 或 YW2。

硬质合金钻头切削部分的几何参数一般是:$\gamma_o = 0° \sim 5°$,$\alpha_o = 10° \sim 15°$,$2\varphi = 110° \sim 120°$,$\tau = 77°$,主切削刃磨成尺 $R2$ mm×0.3 mm 的小圆弧,以增加强度。

使用硬质合金钻头时,进给量要小一些,以免刀片碎裂。两切削刃要磨得对称。遇到工件表面不平整或铸件有砂眼时,要用手动进给,以免钻头损坏。

4) 钻头的刃磨和修磨

① 钻头的刃磨。

钻头使用变钝后或根据不同的钻削要求、需要改变钻头顶角或改变切削部分的形状时,经常需要刃磨。钻头刃磨正确与否,对钻削质量、生产效率

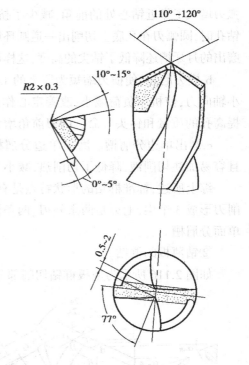

图 2.117 硬质合金钻头

以及钻头的耐用度有显著的影响。因此,必须认真地学习锻炼,掌握好钻头的刃磨技术。

钻头的切削刃使用变钝后进行磨锐的工作,称为刃磨。刃磨的部位是两个主后面(即两条主切削刃)。

手工刃磨钻头是在砂轮机上进行的。砂轮的特性对刃磨质量和效率有关,砂轮过细、过硬或过软,都会影响刃磨效果。因此,砂轮的粒度一般为 46~80,过细不仅不能提高刃磨速度,反而会使钻头热量过高而退火,降低钻头的使用寿命。砂轮的硬度最好使用硬度等级中软级,代号为 K 或 L 碳化硅为宜。除了对砂轮的要求外,砂轮机上的砂轮旋转时应注意跳动要尽量小,否则磨不出良好的钻头。刃磨前,要对砂轮进行修正。当需要刃磨钻头切刃上分屑槽时,砂轮的轮缘要修锐。

钻头刃磨好坏与刃磨的站位、手势和检查方法有关,操作时应注意以下几方面:刃磨钻头

的站位姿势,左脚向前跨半步,站立自然放松、稳定、上身微倾,两手臂微夹紧上身。右手食指、中指托着钻头工作部分,拇指自然压住钻头工作部分,刃磨钻头时拇指作小范围,向手掌方向转动钻头;左手食指和中指托住钻柄,拇指压住柄部,使钻头保持水平略向下倾斜状态。后刀面与砂轮的中心平面略向上的位置接触。钻头的轴线与砂轮圆柱面水平方向的夹角 $\varphi$ 等于钻头 $2\varphi$ 角的 1/2,如图 2.118 所示。

　　刃磨时右手握住钻头工作部分作为定位支点,并掌握钻头绕轴线转动和加在砂轮上的压力;左手握住钻头的柄部,同时作上下的小范围内摆动,如图 2.119 所示。

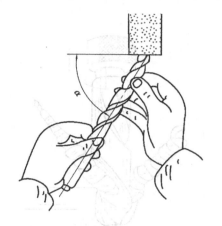

图 2.118　钻头轴线与砂轮圆柱面水平方向夹角

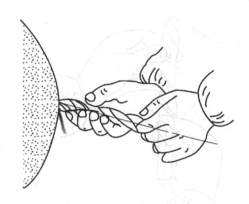

图 2.119　磨削主切削刃方法

　　刃磨时钻头绕轴线转动的目的是使整个后刀面都能刃磨到;而上下摆动的目的是为了磨出一定的后角。两手的动作必须很好的配合。由于钻头直径不同,钻头的后角要求有所不同,所以摆动的角度大小要随后角的大小而变化。

　　钻头与砂轮接触的刃磨方法有两种:如果钻头的切削刃先接触砂轮,则一面转动,一面向下摆动;如果钻头的后刀面下部与砂轮先接触,则一面小范围内转动,一面向上摆动。这两种方式都可以,但精磨时最好使用前一种方式。钻头刃磨作小范围内转动的目的,是要修磨出横刃后角。

　　当一个主切削刃即将刃磨好时,在保持 $\varphi$ 角不变的情况下,将钻头转位 180° 刃磨另一个主切削刃(见图 2.118)逐步修正至要求,这样使磨出的顶角 $2\varphi$ 角与轴线保持对称。

　　在刃磨过程中,要随时检查角度的正确性和对称性,同时还要随时将钻头浸入水中冷却。在磨到刃口时,磨削量要小,停留时间也不宜过久,以防切削部分过热而退火。刃磨主切削刃的同时将后角和横刃斜角一并磨出。刃磨主切刃是一个复合动作的配合过程,需要熟练的刃磨和检查技术,非此不能磨出符合要求的钻头。

　　为了防止在刃磨时另一刃瓣的刀尖可能碰坏,所以也有采用前面向下的刃磨方法。

　　钻头刃磨质量的检查:刃磨钻头时,要经常检查钻头的刃磨角度,钻头检查正确与否是刃磨质量的关键。检查应注意以下两点:

a.将钻头的切削部分向上竖起,与两眼保持平视,视线与钻头切削部分成一平面(最好有背景参照物),目测钻头两切削刃转动反复,钻头不要上下左右晃动(钻柄端部最好有手指定位)。检查时,凝视切削刃的一边,缓缓转动钻头,目测另一边的切削刃检查两边角度是否对称。同时,注意检查两切削刃的长度是否一致(即从横刃至刀尖角处),两刀尖角是否在同一平面,如图 2.120 所示。

切削刃长度及角度保持对称,钻削时两切刃同时工作,钻削钢料时切屑同时出现螺旋卷屑,如图 2.121 所示;否则只有一个切削刃工作,只有一处卷屑出现,钻出的孔径要比钻头直径大很多。

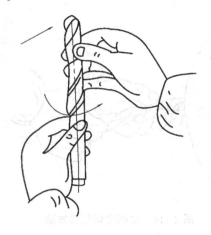

图 2.120　检查钻头的方法

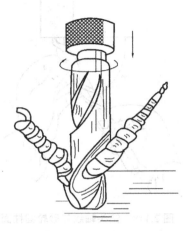

图 2.121　对称切削刃的切屑形状

b.检查钻头钻心处的后角是否正确(横刃后角)。刃磨主切削刃是钻头刃磨的基本技能。在此刃磨过程中,主切削刃的顶角、后角和横刃斜角都是同时磨出的,所以要熟练地掌握它,由于刃磨时两手配合不当,横刃后角容易出现负后角。这样使钻削阻力和钻削时摩擦热增加,降低了钻头的耐用度。检查横刃后角主要通过检查横刃斜角 $\psi$(55°)是否准确来判断。

在检查切削刃的后角时,要注意应该检查后面的主切削刃处,而不应粗略地去检查后面离主切削刃较远的部位。因为后面是个曲面,这样检查出来的数值不是切削刃的后角大小。

②钻头的修磨。

为适应钻削不同的材料而达到不同的钻削要求,以及改进麻花钻存在的一些缺点,需要改变钻头切削部分形状时,所进行的磨削工作称为修磨(见图 2.122)。

a.修磨横刃(图 2.122a)

其目的是把横刃磨短,并使靠近钻心处的前角增大。一般直径在 5 mm 以上的钻头均须修磨。修磨后的横刃长度为原来的 1/5~1/3。修磨后形成内刃,内刃斜角 $\tau = 20° \sim 30°$,内刃处前角 $\gamma_{o\tau} = -15° \sim 0°$。横刃经修磨后,减小了轴向阻力和挤刮现象,定心作用也可改善。

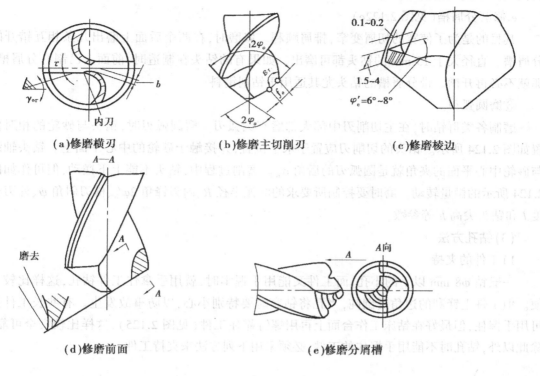

（a）修磨横刃　　　　　（b）修磨主切削刃　　　　　（c）修磨棱边

（d）修磨前面　　　　　　　　　　（e）修磨分屑槽

图 2.122　麻花钻的修磨

如图 2.123 所示为修磨横刃时,钻头与砂轮的相对位置。修磨时,首先要使刃背接触砂轮,然后转动钻头磨至切削刃的前面而把横刃磨短,并同时控制所需的内刃前角 $\gamma_{o\tau}$ 和内刃斜角 $\tau$ 等的数值。修磨横刃的砂轮圆角半径要小,砂轮直径也最好小一些,否则不易修磨好,有时还可能把钻头上不应磨去的地方被磨掉。

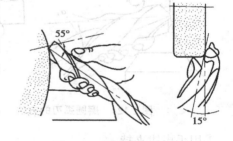

图 2.123　修磨横刃的方法

b.修磨主切削刃（修磨锋角）（见图 2.122b）

其目的可增加切削刃的总长度和刃尖角 $\varepsilon_r$,改善散热条件,增加刀齿强度,增强主切削刃与棱边交角处的抗磨性。从而提高钻头寿命;同时也有利于减小孔壁表面粗糙度数值。一般 $2\varphi_o = 70° \sim 75°$,$f_o = 0.2D$。

c.修磨棱边（见图 2.122c）

其目的是减小对孔壁的摩擦,提高钻头寿命。修磨棱边是在靠近主切削刃的一段棱边上,磨出副后角 $\alpha_o' = 6° \sim 8°$,并保留棱边宽度为原来的 1/20～1/3。

d.修磨前面（见图 2.122d）

其目的是在钻削硬材料时可提高刀齿的强度;在钻削黄铜时,还可避免由于切削刃过分锋利而引起的扎刀现象。修磨时,将主切削刃和副切削刃交角处的前面磨去一块（阴影部

89

位），以减小此处的前角。

e.修磨分屑槽（见图2.122e）

其目的是为了使宽的切屑变窄，排屑顺利。修磨时，在两个后面上磨出几条相互错开的分屑槽。直径大于15 mm的钻头都可磨出。如果有的钻头在制造时，前面上已制有分屑槽，那就不必再开槽。带分屑槽的钻头尤其适用于钻削钢料。

③磨圆弧刃。

磨制各类群钻时，在主切削刃中部大都磨有圆弧刃。磨圆弧刃时，钻头与砂轮的相对位置如图2.124所示。钻头的切削刃应置于水平位置，并接触于砂轮的中心平面上。钻头轴线与砂轮中心平面的夹角就是圆弧刃的后角 $\alpha_R$。磨削过程中，钻头不能上下摆动，但可作如图2.124所示的微量转动。磨时要控制所要求的圆弧半径 $R$、内刃锋角 $2\varphi'$、横刃斜角 $\psi$、外刃长度 $l$ 和钻头尖高 $h$ 等参数。

**（3）钻孔方法**

1）工件的夹持

一般钻 $\phi8$ mm以下的小孔，而工件又能用手握牢时，就用手拿住工件钻孔，这样比较方便。但工件上锋利的边角要倒钝，当孔将钻穿时要特别小心，以防事故发生。有些长工件虽可用手握住，但最好在钻床工作台面上再用螺钉靠住工件（见图2.125），这样比较安全可靠。除此以外，钻孔时不能用手握住的工件，必须采用下列方法来夹持工件：

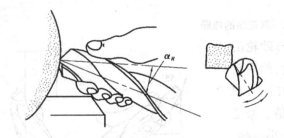
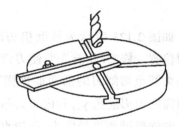

图2.124　磨圆弧刃的方法　　　　图2.125　长工件用螺钉靠住

①用手虎钳夹持。

钻孔直径超过8 mm或手不能握住的小工件钻孔时，必须用手虎钳或小型机用平口虎钳等来夹持工件（见图2.126）。在平整的工件上钻孔，一般把工件夹在机床用平口虎钳上，孔较大时，机用平口虎钳用螺栓紧固在钻床工作台面上，如图2.127所示。

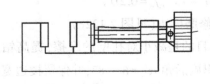

（a）用手虎钳　　　　　　　（b）小型机床用平口虎钳

图2.126　钻小孔时的夹持

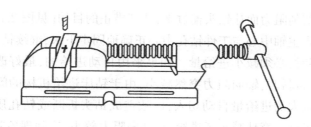

**图2.127　用机用平口虎钳夹持**

②用V形架配以压板夹持。

在圆柱形工件上钻孔,要把工件放在V形架上并配以压板压牢,以免工件在钻孔时转动,如图2.128所示。

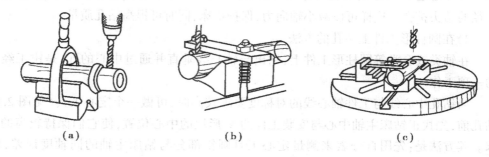

$$(a) \qquad\qquad (b) \qquad\qquad (c)$$

**图2.128　圆柱形工件的夹持方法**

③用搭压板夹持。

钻大孔或不便用机用平口虎钳夹紧的工件,可用压板、螺栓和垫铁把它固定在钻床工作台上,如图2.129所示。

搭压板时应注意以下4点:

a.垫铁应尽量靠近工件,以减少压板的变形。

b.垫铁应比工件的压紧表面稍高,而不能比工件的压紧表面低;否则,压紧后压板与工件的着力点将在工件的边缘处,当只用一块压板压紧工件时,工件就要翘起。而

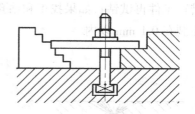

**图2.129　用压板夹持工件**

垫铁稍高,即使压板略有弯曲变形,仍能保证压紧的着力点不偏在工件的边缘处。

c.螺栓应尽量靠近工件,这样可使工件上获得较大的压紧力。

d.如工件的压紧表面已经过精加工,则表面应垫上铜皮等较软物体,以防被压板压出印痕。

2)一般工件的钻孔方法

钻孔前,先把孔中心的样冲眼冲大一些,这样可使横刃预先落入样冲眼的锥坑中,钻孔时钻头就不易偏离中心。

钻孔时,使钻尖对准钻孔中心(要在相互垂直的两个铅垂面方向上观察),先试钻一浅坑,如钻出的锥坑与所划的钻孔圆周线不同心,可及时予以借正,靠移动工件或移动钻主轴(摇臂钻钻床钻孔时)来解决。如果偏离较多,也可用样冲或油槽錾在需要多钻去一些的部位錾几

条槽,以减少此处的切削阻力而让钻头偏过来,达到借正的目的(见图2.130)。当试钻达到同心要求时,即可把钻床主轴中心与工件钻孔中心正确地固定下来,继续钻孔。

通孔在将要钻穿时,必须减小进给量。如果采用自动进给的,最好改换成手动进给。因为当钻心刚钻穿工件材料时,轴向阻力突然减小,由于钻床进给机构的间隙和弹性变形的突然恢复,将使钻头以很大的进给量自动切入,以致造成钻头折断或钻孔质量降低等现象。用手动进给操作时,由于已注意地减小了进给量,轴向阻力较小,这种现象就可避免发生。钻不通时,可按钻孔深度调整挡块,并通过测量实际尺寸来检查所需的钻孔深度是否准确。

钻深孔时,一般钻进深度达到直径的3倍时,钻头就要退出排屑。以后每钻进一定深度,钻头再退出排屑一次。要防止连续钻进而排屑不畅的情况发生,以免钻头因切屑阻塞而扭断。直径超过30 mm的大孔可分两次钻削,先用0.5~0.7倍孔径的钻头钻孔,然后再用所需孔径的钻头扩孔。这样可以减小轴向力,保护机床,同时可提高钻孔质量。

3)在圆柱形工件上钻孔的方法

在轴类或套类等圆柱形工件上,钻出与轴心线垂直并通过中心的孔,是钳工经常要遇到的一项工作。

当钻孔中心线与工件轴心线的对称度要求较高时,可做一个定心工具(见图2.131(a))。钻孔前,先找正钻床主轴中心与安装工件的V形块的中心位置,使它们保持较高的对称度要求。其方法是:先用百分表来测量定心工具圆锥部分与钻床主轴的同轴度误差,误差应为0.01~0.02 mm;然后使圆锥部分与V形块贴合,并用压板把V形块位置固定,在端面上划出所需的中心线,用90°角尺找正端面的中心线使其保持垂直(见图2.130(b)),换上钻头并让钻尖对准钻孔中心后,把工件压紧;接着试钻一个浅坑,看中心位置是否正确。如有误差,可借正工件再试钻。如果找正和钻孔工作认真细心,钻孔中心线与工件轴心线的对称度误差可控制在0.1 mm以内。

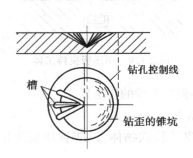

图2.130 用錾槽来纠正钻偏的孔

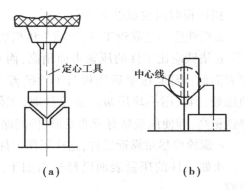

图2.131 在圆柱形工件上钻孔

当对称度要求不太高时,可不用定心工具,而利用钻头的钻尖来找正V形块的中心位置。然后再用90°角尺找正工件端面的中心线,并使钻尖对准钻孔中心进行试钻和钻孔。

4)在斜面上钻孔的方法

用标准钻头在斜面上钻孔,由于钻头在单面径向力的作用下,钻头两切削刃将产生严重的偏切削现象,因此钻头势必会产生偏歪、滑移而钻不进工件,即使有时能勉强钻进,钻出的

孔也难于保证其中心的直线度和圆度,钻头也很可能折断。为此,可采取以下方法:

①先用立铣刀在斜面上铣出一个平面(见图 2.132)然后再钻孔。

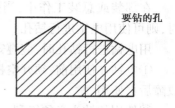

图 2.132　先用立铣刀铣出平面

②用錾子在斜面上錾出一个小平面后,先用中心钻钻出一个较大的锥坑,或先用小钻头钻出一个浅孔,再钻孔时钻头的定心作用加强,就不容易偏歪了。用中心钻的目的是它的刚度好,不易偏歪。用小钻头先钻浅孔时,为了保证钻头有较好的刚度,也要选用较短的钻头,同时使钻头在钻夹头中的伸出部分尽量要短。

5)钻半圆孔的方法

钻半圆孔时也会产生偏切削现象,故也不能采用一般的钻削方法。

当所钻的半圆孔在工件的边缘时,可把两个工件合起来钻;如只需一块时,则可用一块相同的材料与工件合在一起钻孔。

在钻壳体与其相配衬套之间的骑缝螺纹底孔时(见图 2.133),由于两者材料一般都不相同,钻孔时钻头往往要向软材料一边偏移,影响钻孔质量。因此,孔中心的样冲眼要打在略偏于硬材料的一边,以抵消因切削阻力不同而引起的钻头向软材料方向偏移,可使钻孔中心处于两个工件的中间。

在钻骑缝螺钉孔时,应尽量用短的钻头,钻头伸出在钻夹头外面的长度也妥尽量短,以增强钻头刚度;钻头的横刃要尽量磨窄,以加强定心作用,减少偏斜现象。

钻半圆孔如果采用如图 2.134 所示的半孔钻,则效果较好。这种钻头是把标准麻花钻的钻心修磨成凹凸形,以凹为主,突出两个钻刃尖,使钻孔时切削表面形成凸肋,限制了钻头的偏移,因而可进行单边切削。钻孔时,宜用低速手动进给。

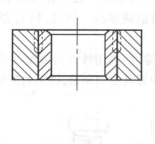

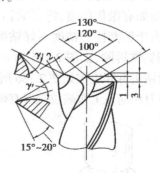

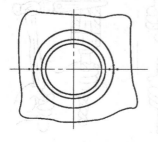

图 2.133　钻骑缝螺钉孔　　　　　图 2.134　半孔钻

93

6)用电钻进行钻孔的方法

在部装或总装工作中,当受工件、部件形状或加工部位的限制,而不能用钻床进行钻孔时,则可使用电钻进行钻孔。

用电钻进行钻孔时,应遵守电钻使用安全规则外,还必须注意以下4点:

①电钻在使用前,须开空机运转1 min,检查传动部分是否运转正常。如有异常,应排除故障后再使用。

②使用的钻头必须锋利。后角应磨得稍大一些,为8°~10°,锋角 $2\varphi$ 等于90°~100°。

③钻孔前,孔中心的样冲眼须冲得大一些。这样,钻头就不易偏离中心。

④钻孔时,先试钻一浅坑,如与所划的钻孔圆周线不同心,可依靠钻进方向作适当调整,使偏离旋转中心较远部多切去一些,予以借正中心。待试钻达到同心要求后才可继续钻下去,此时两手用力要均匀,不宜用力过猛,钻进方向须与孔轴线保持一致。当孔将要钻穿时,应相应减小压力,以防事故发生。

7)钻削时的注意事项

钻削时,应注意培养自己良好的规范操作习惯。规范操作习惯不仅对操作安全带来保证,而且也是产品质量的保证措施。

①钻削时,严禁戴手套操作。戴手套操作钻床造成的工伤事故频率很高,因此,应养成良好的文明生产和安全生产的习惯,避免不必要的伤害。

②直柄钻头装夹时,应使用钻夹头的钥匙进行夹紧或放松,如图2.135所示。严禁用敲击钻夹头方法装拆钻头。这样,不仅会损坏钻夹头上的端齿,同时使钻床主轴的精度下降,影响钻削精度。

③锥柄钻头安装在主轴锥孔中,通常都是通过钻头锥套与主轴锥孔配合(小直径的钻头的钻柄通常是1号莫氏锥度,而钻床主轴锥孔是3号或4号莫氏锥度)。钻头套少则一件,多则3件组合使用,因此,钻套的保养工作非常重要。尤其是钻套外锥面,由于安放和使用不当,外锥表面如有敲伤印痕,将影响钻头的配合精度。会使钻出的孔径比实际钻头的直径大很多,同时由于钻套接触精度不好钻削时会使钻头脱落造成事故。因此,钻头套拆除都应从腰形槽中用斜铁拆除,如图2.135所示。

④锥柄钻头拆卸应按如图2.136所示的方法进行拆除,严禁用锉刀舌或刮刀舌代替斜铁使用。因为锉刀和刮刀工作敲位端部有硬度,锤子敲击会使刀具端面崩裂,锋利的碎块极易伤人。

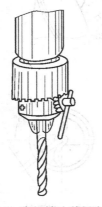

图2.135 直柄钻头装拆方法

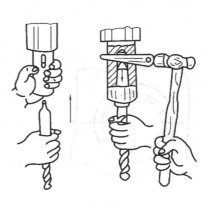

图2.136 锥柄钻头装拆方法

⑤快换钻夹头可在不停车时快速更换钻头。操作时,应注意操作时左手推动滑套确认可换套停止后方能装拆钻头。右手拿住钻头的颈部推向钻夹头,如图 2.137 所示。应避免用右手拿住钻头的工作部位装拆,而可能产生的突发事故。

**（4）钻孔时的冷却润滑和切削用量**

1）钻孔时的冷却和润滑

在钻削过程中,由于切屑的变形和钻头与工件的摩擦所产生的切削热,严重地降低了钻头的切削能力,甚至引起钻头退火。对工件的钻孔质量也有一定的影响。为了提高生产效率,延长钻头的使用寿命和保证钻孔质量,除采取其他的有关方法以外,在钻孔时注入充足的切削液也是一项重要措施。为此,在钻孔时注入切削液,它能起到以下作用:

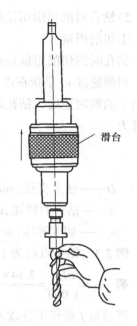

滑台

①冷却作用。注入切削液有利于切削热的传导,限制积屑瘤的生长和防止已加工表面硬化,以及工件因受热变形而产生尺寸误差。

②润滑作用。由于切削液能流入钻头与工件的切削部位,形成吸附性的润滑油膜,起到减少摩擦的作用,从而降低了钻削阻力和钻削温度,提高了钻头的切削能力和孔壁的表面质量。

**图 2.137　快装钻夹头钻头装拆方法**

③切削液还能渗透金属微细裂缝中起内润滑作用,减小了材料的变形抗力,使钻削力降低。

④切削液还能冲走切屑。

由于钻孔一般属于粗加工,因此,采用切削液的目的是以冷却为主,即主要是提高钻头的切削能力和寿命。

钻削钢、铜、铝合金等工件材料时,一般都可用体积分数 3%~8% 的乳化液,以起到充分的冷却作用。在高强度材料上钻孔时,因钻头前面承受较大的压力,要求切削液有足够的强度,以减少摩擦和切削阻力,因此,可在切削液内增加硫、二硫化钼等成分,如硫化切削油。在塑性、韧性较大的材料上钻孔,或为了减少产生积屑瘤,要求加强润滑,在切削液中可加入适当的动物油和矿物油。钻精度和孔表面质量要求较高的孔时,应选用主要起润滑作用的切削液,如菜油、猪油等。钻各种材料所用的切削液详见表 2.9。

**表 2.9　钻各种材料的切削液**

| 工件材料 | 切削液（体积分数） |
| --- | --- |
| 各类结构钢 | 3%~5%乳化液,7%硫化乳化液 |
| 不锈钢、耐热钢 | 3%肥皂加 2%亚麻油水溶液,硫化切削油 |
| 纯铜、黄铜、青铜 | 不用,或用 5%~8%乳化液 |
| 铸铁 | 不用,或用 5%~8%乳化液,煤油 |
| 铝合金 | 不用,或用 5%~8%乳化液,煤油,煤油与菜油的混合油 |
| 有机玻璃 | 5%~8%乳化液,煤油 |

2)钻孔时的切削用量的选择

①切削用量。

钻孔时的切削用量是指钻头在钻削过程中的切削速度、进给量和背吃刀量的总称。

切削速度 $v_c$ 是指在进行切削加工时刀具切削刃上的某一点,相对于待加工表面在主运动方向上的瞬时速度。钻孔时的切削速度是指钻削时钻头切削刃上最大直径处的线速度,它可计算为

$$v_c = \frac{\pi D n}{1\ 000}$$

式中　$D$——钻头直径,mm;

　　　$n$——钻头的转速,r/min;

　　　$v_c$——切削速度,m/min。

例2.3　钻头直径为16 mm,以500 r/min 的转速钻孔时,其切削速度是多少?

解　$v_c = \frac{\pi D n}{1\ 000} = \frac{3.14 \times 16\ \text{mm} \times 500\ \text{r/min}}{1\ 000} \approx 25\ \text{m/min}$

进给量 $f$ 是指工件或刀具每转或往复一次或刀具每转过一齿时,工件与刀具在进给运动方向上的相对位移。钻孔时的进给量是指钻头每转一周向下移动的距离,单位是 mm/r。

背吃刀量 $a_p$ 一般是指工件已加工表面和待加工表面间的垂直距离。钻孔时的背吃刀量等于钻头半径,即

$$a_p = \frac{D}{2}$$

钻孔时的进给量和背吃刀量如图 2.138 所示。

②切削用量的选择

A.选择原则

选择切削用量的目的是在保证加工精度和表面粗糙度的要求,保证钻头有合理寿命的前提下,使生产效率最高,同时不允许超过机床的功率和机床、刀具、工件、夹具等的强度和刚度。

钻孔时,由于背吃刀量已由钻头直径所定,因此只需选择切削速度和进给量。对钻孔的生产率来说,$v_c$ 和 $f$ 的影响是相同的。对钻头的寿命来说,$v_c$ 比 $f$ 的影响大。因为 $v_c$ 对切削温度和摩擦的影响最大,明显影响钻头的寿命。对钻孔的表面粗糙度来说,一般情况下,$f$ 比 $v_c$ 影响要大,因为 $f$ 直接影响已加工表面的残留面积(尚未切除的材料面积),而残留面积越大,表面粗糙度数值也越大,表面越粗糙。

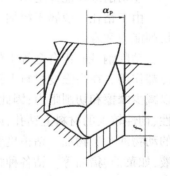

图 2.138　钻孔时的进给量和背吃刀量

综合以上影响因素,钻削时选择切削用量的基本原则是:在允许范围内,尽量先选较大的 $f$,当 $f$ 的选择受到表面粗糙度和钻头刚度限制时,再考虑选较大的 $v_c$。

B.选择方法

a.切削深度的选择。直径小于30 mm 的孔一次钻出;直径为30~80 mm 的孔可分为两次

钻削,先用$(0.5\sim0.7)D$($D$ 为要求的孔径)的钻头钻底孔,然后用直径为 $D$ 的钻头将孔扩大。这样可减小切削深度及轴向力,保护机床,同时提高钻孔质量。

b.进给量的选择。高速钢标准麻花钻的进给量见表2.10。

表 2.10　高速钢标准麻花钻的进给量

| 钻头直径 $D$/mm | <3 | 3~6 | >6~12 | >12~25 | >25 |
|---|---|---|---|---|---|
| 进给量 $f$/(mm·r$^{-1}$) | 0.025~0.05 | >0.05~0.10 | >0.10~0.18 | >0.18~0.38 | >0.38~0.62 |

孔的精度要求较高和表面粗糙度值要求较小时,应取较小的进给量;钻孔较深、钻头较长、刚度和强度较差时,也应取较小的进给量。

c.钻削速度的选择。当钻头的直径和进给量确定后,钻削速度应按钻头的寿命选取合理的数值,一般根据经验选取,见表2.11。孔深较大时,应取较小的切削速度。

表 2.11　高速钢标准麻花钻的切削速度

| 加工材料 | 硬度 HB | 切削速度 $v$/(m·min$^{-1}$) | 加工材料 | 硬度 HB | 切削速度 $v$/(m·min$^{-1}$) |
|---|---|---|---|---|---|
| 低碳钢 | 100~125 | 27 | 可锻铸铁 | 110~160 | 42 |
| | >125~175 | 24 | | >160~200 | 25 |
| | >175~225 | 21 | | >200~240 | 20 |
| | | | | >240~280 | 12 |
| 中、高碳钢 | 125~175 | 22 | 球墨铸铁 | 140~190 | 30 |
| | >175~225 | 20 | | >190~225 | 21 |
| | >225~275 | 15 | | >225~260 | 17 |
| | >275~325 | 12 | | >260~300 | 12 |
| 合金钢 | 175~225 | 18 | 铜合金 | 100~160 | 20~48 |
| | >225~275 | 15 | | | |
| | >275~325 | 12 | | | |
| | >325~375 | 10 | | | |
| 灰铸铁 | 100~140 | 33 | 铝合金 | 60~150 | 75~90 |
| | >140~190 | 27 | 镁合金 | | |
| | >150~220 | 21 | | | |
| | >220~260 | 15 | 高速钢 | 200~250 | 13 |
| | >260~320 | 9 | | | |

具体选择时还应根据钻头直径、钻头材料、工件材料、表面粗糙度等几个方面决定。一般情况采用查表法,而当加工条件特殊时,则需按表作一定的修正或按试验确定。表2.12是钻钢料时的切削用量;表2.13是钻铸铁时的切削用量。

**表 2.12　钻钢料时的切削用量表(用切削液)**

| 钢材的性能 | 进给量 $f$/(mm·r⁻¹) | | | | | | | | | | | | | |
|---|---|---|---|---|---|---|---|---|---|---|---|---|---|---|
| | 0.20 | 0.27 | 0.36 | 0.49 | 0.66 | 0.88 | | | | | | | | |
| | 0.16 | 0.20 | 0.27 | 0.36 | 0.49 | 0.66 | 0.88 | | | | | | | |
| 好 | 0.13 | 0.16 | 0.20 | 0.27 | 0.36 | 0.49 | 0.66 | 0.88 | | | | | | |
| | 0.11 | 0.13 | 0.16 | 0.20 | 0.27 | 0.36 | 0.49 | 0.66 | 0.88 | | | | | |
| ↓ | 0.09 | 0.11 | 0.13 | 0.16 | 0.20 | 0.27 | 0.36 | 0.49 | 0.66 | 0.88 | | | | |
| | | 0.09 | 0.11 | 0.13 | 0.16 | 0.20 | 0.27 | 0.36 | 0.49 | 0.66 | 0.88 | | | |
| | | | 0.09 | 0.11 | 0.13 | 0.16 | 0.20 | 0.27 | 0.36 | 0.49 | 0.66 | 0.88 | | |
| 坏 | | | | 0.09 | 0.11 | 0.13 | 0.16 | 0.20 | 0.27 | 0.36 | 0.49 | 0.66 | 0.88 | |
| | | | | | 0.09 | 0.11 | 0.13 | 0.16 | 0.20 | 0.27 | 0.36 | 0.49 | 0.66 | |
| | | | | | | 0.09 | 0.11 | 0.13 | 0.16 | 0.20 | 0.27 | 0.36 | 0.49 | |
| 钻头直径 $d$/mm | 切削速度 $v_c$/(m·min⁻¹) | | | | | | | | | | | | | |
| ≤4.6 | 43 | 37 | 32 | 27.5 | 24 | 20.5 | 17.7 | 15 | 13 | 11 | 9.5 | 8.2 | 7 | 6 |
| ≤9.6 | 50 | 43 | 37 | 32 | 27.5 | 24 | 20.5 | 17.7 | 15 | 13 | 11 | 9.5 | 8.2 | 7 |
| ≤20 | 55 | 50 | 43 | 37 | 32 | 27.5 | 24 | 20.5 | 17.7 | 15 | 13 | 11 | 9.5 | 8.2 |
| ≤30 | 55 | 55 | 50 | 43 | 37 | 32 | 27.5 | 24 | 20.5 | 17.7 | 15 | 13 | 11 | 9.5 |
| ≤60 | 55 | 55 | 55 | 50 | 43 | 37 | 32 | 27.5 | 24 | 20.5 | 17.7 | 15 | 13 | 11 |

注:钻头为高速钢标准麻花钻。

**表 2.13　钻铸铁时的切削用量表**

| 钢材的性能 | 进给量 $f$/(mm·r⁻¹) | | | | | | | | | | | | |
|---|---|---|---|---|---|---|---|---|---|---|---|---|---|
| 好 | 0.20 | 0.24 | 0.30 | 0.40 | 0.53 | 0.70 | 0.95 | 1.3 | 1.7 | | | | |
| | 0.16 | 0.20 | 0.24 | 0.30 | 0.40 | 0.53 | 0.70 | 0.95 | 1.3 | 1.7 | | | |
| | 0.13 | 0.16 | 0.20 | 0.24 | 0.30 | 0.40 | 0.53 | 0.70 | 0.95 | 1.3 | 1.7 | | |
| ↓ | | 0.13 | 0.16 | 0.20 | 0.24 | 0.30 | 0.40 | 0.53 | 0.70 | 0.95 | 1.3 | 1.7 | |
| 坏 | | | 0.13 | 0.16 | 0.20 | 0.24 | 0.30 | 0.40 | 0.53 | 0.70 | 0.95 | 1.3 | 1.7 |
| | | | | 0.13 | 0.16 | 0.20 | 0.24 | 0.30 | 0.40 | 0.53 | 0.70 | 0.95 | 1.3 |
| 钻头直径 $d$/mm | 切削速度 $v_c$/(m·min⁻¹) | | | | | | | | | | | | |
| ≤3.2 | 40 | 35 | 31 | 28 | 25 | 22 | 20 | 17.5 | 15.5 | 14 | 12.5 | 11 | 9.5 |
| ≤8 | 45 | 40 | 35 | 31 | 28 | 25 | 22 | 20 | 17.5 | 15.5 | 14 | 12.5 | 11 |
| ≤20 | 51 | 45 | 40 | 35 | 31 | 28 | 25 | 22 | 20 | 17.5 | 15.5 | 14 | 12.5 |
| ≤20 | 55 | 53 | 47 | 42 | 37 | 33 | 29.5 | 26 | 23 | 21 | 18 | 16 | 14.5 |

注:钻头为高速钢标准麻花钻。

**（5）钻孔时的废品分析和钻头损坏的原因**

1）钻孔时的废品分析

钻孔时，产生废品的原因是由于钻头刃磨不准确、钻头和工件装夹不妥当、切削用量选择不适当及操作不正确等所造成，详见表2.14。

表 2.14　钻孔时的废品分析

| 废品形式 | 产生原因 |
|---|---|
| 孔径大于规定尺寸 | 1.钻头两切削刃长度不等，角度不对称<br>2.钻头摆动（钻头弯曲、钻床主轴有摆动、钻头在钻夹头中未装好和钻头套表面不清洁等引起 |
| 孔壁粗糙 | 1.钻头不锋利<br>2.进给量太大<br>3.后角太大<br>4.冷却润滑不充分 |
| 钻孔偏移 | 1.划线或样冲眼中心不准<br>2.工件装夹不稳固<br>3.钻头横刃太长<br>4.钻孔开始阶段未借正 |
| 钻孔歪斜 | 1.钻头与工件表面不垂直（工件表面不平整和工件底面有切屑等污物所造成）<br>2.进给量太大，使钻头弯曲<br>3.横刃太长，定心不良 |

2）钻头损坏的原因

钻孔时，钻头损坏的原因是由于钻头用钝、切削用量太大、排屑不畅、工件装夹不妥及操作不正确等所造成，详见表2.15。

表 2.15　钻头损坏的形式及其原因

| 损坏形式 | 产生原因 |
|---|---|
| 钻头工作部分折断 | 1.用钝钻头钻孔<br>2.进给量太大<br>3.切屑在钻头螺旋槽中塞住<br>4.孔刚钻穿时，进给量突然增大<br>5.工件松动<br>6.钻薄板或铜料时钻头未修磨<br>7.钻孔已歪斜而继续工作 |
| 切削刃迅速磨损 | 1.切削速度太高而切削液又不充分<br>2.钻头刃磨未适应工件的材料 |

### 2.5.2　扩孔、锪孔

**(1)扩孔与扩孔钻**

扩孔是用扩孔钻(见图2.139)或麻花钻等扩孔工具扩大工件孔径的加工方法。扩孔常作为孔的半精加工,也普遍用作铰孔前的预加工。

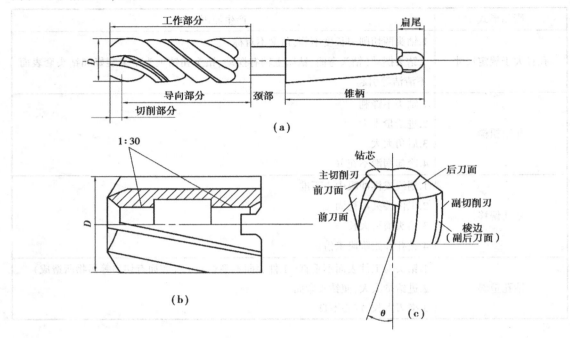

图 2.139　扩孔钻

扩孔时的背吃刀量 $a_p$ 为

$$a_p = \frac{1}{2}(D - d)$$

式中　$d$——扩孔前钻孔直径。

用扩孔钻扩孔与钻孔相比有以下好处:

①切削刃不必自外缘延续到中心。避免了由横刃引起的一些不良影响。

②由于 $a_p$ 小,排屑容易,因而不易擦伤已加工表面。

③扩孔钻的钻心较粗,刚度较好,因此可增大切削用量,而且加工质量也得到改善。

④扩孔钻刀齿较多(3~4齿)。故扩孔时导向性好,切削平稳,不但提高孔的加工质量,同时还提高了生产效率。

综上所述,扩孔的质量比钻孔高,公差等级一般可达IT10—IT9,表面粗糙度可达 $R_a$12.5~3.2 μm。扩孔时的切削速度 $v_c$ 约为钻孔的1/2;进给量为钻孔的1.5~2倍。生产中,一般用麻花钻代替扩孔钻使用。扩孔钻多用于大批量生产。

用麻花钻扩孔时,扩孔前的钻孔直径为孔径的0.5~0.7倍;用扩孔钻扩孔,扩孔前的钻孔直径为孔径的0.9倍。

用扩孔钻扩孔时常见问题及产生原因与解决办法见表2.16。

表 2.16　用扩孔钻扩孔时常见问题及产生原因与解决办法

| 常见问题 | 产生原因 | 解决办法 |
|---|---|---|
| 孔径增大 | 扩孔时切削刃摆差大<br>扩孔钻刃口崩刃<br>扩孔钻刃带上有切屑瘤<br>安装扩孔钻时,锥柄表面油污<br>未擦干净或锥面有磕碰伤 | 刃磨时,保证摆差在允许范围内<br>及时发现崩刃状况,更换刀具<br>将刃带上的切屑瘤用油石修整到合格<br>安装扩孔钻前,必须将扩孔钻锥柄及机床主轴锥孔内<br>部油污擦干净,锥面有磕碰伤处用油石修光 |
| 孔表面粗糙 | 切削用量过大<br>切削液供给不足<br>扩孔钻过度磨损 | 适当降低切削用量<br>切削液喷嘴对准加工孔口或加大切削液流量<br>定期更换扩孔钻,刃磨时把磨损区全部磨去 |
| 孔位置精度超差 | 导向套配合间隙大<br>主轴与导向套同轴度误差大<br>主轴轴承松动 | 位置公差要求较高时,导向套与刀具配合要精密些<br>校正机床与导向套位置<br>调整主轴轴承间隙 |

**（2）锪孔和锪钻**

孔口表面用锪削方法加工平底或锥形沉孔称为锪孔。例如,锪圆柱形沉孔（见图 2.140（a）），锪锥形沉孔（见图 2.140（b））和锪凸台平面（见图 2.140（c））。

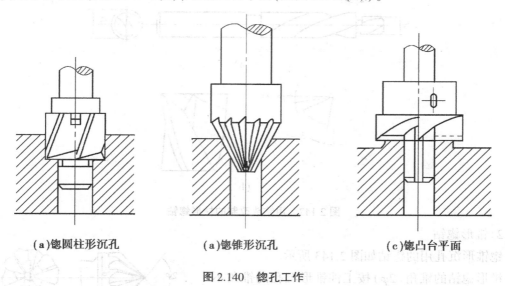

(a)锪圆柱形沉孔　　　　(a)锪锥形沉孔　　　　(c)锪凸台平面

图 2.140　锪孔工作

锪孔工具采用锪钻（或改制的钻头）。

1）柱形锪钻

锪圆柱形沉孔用的柱形锪钻如图 2.141 所示。

柱形锪钻的端面刀刃起主切削作用,螺旋角就是它的前角（$\gamma_o = \omega = 15°$）。后角 $\alpha_o = 8°$。外圆上的刀刃是副切削刃,起修光孔壁作用,副后角 $\alpha_o' = 8°$。锪钻前端有导柱,导柱直径与已有的孔采用公差带代号为 f7 的间隙配合,以保证良好的定心和导向。锪钻有整体式和套装式两种。

101

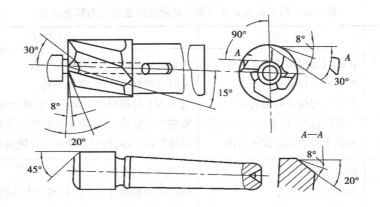

图 2.141　柱形锪钻

当无标准的柱形锪钻时,可用标准麻花钻改制成柱形锪钻,如图 2.142(a)所示。其直径 $d$ 与已有的孔采用公差带代号为 f7 的间隙配合。端面刀刃在锯片砂轮上磨出,后角 $\alpha_o = 8°$ 左右。导柱部分两条螺旋槽的铧口须倒钝。如图 2.142(b)所示为不带导柱的平底锪钻,这种锪钻还可锪平底不通孔。

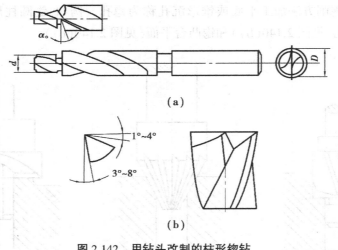

(a)

(b)

图 2.142　用钻头改制的柱形锪钻

2)锥形锪钻

锪锥形沉孔用的锪钻如图 2.143 所示。

锥形锪钻的锥角($2\varphi$)按工件锥形沉孔的锥角不同,有 60°,75°,90° 及 120° 4 种。其中,90°用得最多。直径 $d$ 为 12~60 mm,齿数为 4~12 个。$\gamma_o = 0°$,$\alpha_o = 6°~8°$。锥形锪钻也常用麻花钻改制。$2\varphi$ 磨成所需的度数,后角和外缘处前角要磨得小些,避免产生振痕,使锥孔表面光滑。

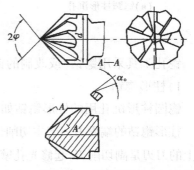

图 2.143　锥形锪孔

3）端面锪钻

简单的端面锪钻如图 2.144 所示。

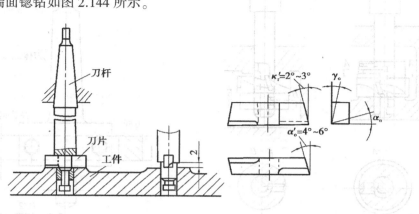

图 2.144　端面锪钻

刀片由高速钢刀条磨成，装入刀杆后用螺钉紧固。刀杆上的方孔要做得正确，孔的轴线与刀杆轴线要垂直，方孔尺寸与刀片之间的配合，采用公差带代号为 h6 的间隙配合。前角可按加工材料的不同而磨出，锪铸铁时 $\gamma_o = 5° \sim 10°$，锪钢时 $\gamma_o = 15° \sim 25°$。后角 $\alpha_o = 6° \sim 8°$。$\alpha'_o = 4° \sim 6°$。刀杆与工件孔配合端采用公差带代号为 f7 的间隙配合，以保证良好的引导作用，使所锪的端面与孔垂直。

如图 2.145 所示为多齿端面锪钻。考虑到端面锪钻的加工对象大多为铸铁，为了提高锪钻的寿命，所以镶上碳化钨类（YG）硬质合金刀片。刀杆与套式锪钻相配合。刀杆上圆周方向有槽，靠紧定螺钉来带动锪钻旋转。

4）薄板上锪大孔的套料工具

生产中经常要在薄板上锪出一个直径很大的孔，这时若用直径很大的钻头磨成薄板钻很不经济，而且直径太大时就没有标准的钻头了。此时可采用如图 2.146 所示的套料工具。它的刀杆可在刀体的方槽中移动，以调节所需的锪孔直径。锪孔前先在工件上钻一个孔，其直径与刀体下部的定心圆柱直径 $d$ 相配。锪孔时，工件要压紧，下面要垫空，将要锪穿时进给要很慢，以防割刀超负荷太大而折断或工件被带动而造成事故。

5）锪孔工作的要点

锪孔方法与钻孔方法基本相同。锪孔容易产生的主要问题是：由于刀具振动而使锪的端面或锥面上出现振痕。为了避免这种现象，要注意做到以下 5 个方面：

①用麻花钻改制的锪钻要尽量短，以减少振动。

②锪钻的后角和外缘处的前角要适当减小，以防产生扎刀现象。

③切削速度应比钻孔低（一般锪孔速度是钻孔速度的 1/3～1/2）。在精锪时甚至可利用停机后钻轴的惯性来锪出，以减少振动而获得光滑的表面。

④锪钻的刀杆和刀片都要装夹牢固，工件要压紧。

⑤锪钢件时，要在导柱和切削表面加些机油或牛油润滑。

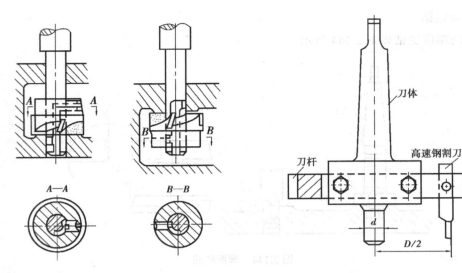

图 2.145　多齿端面锪钻　　　　图 2.146　在薄板上锪大孔用的套料工具

### 2.5.3　铰孔与铰孔钻

铰孔是用铰刀对已钻出的孔径进行精加工。经铰削加工的孔精度可达到 IT8—IT6 级精度，表面粗糙度可达到 $R_a$ 值为 $0.8 \sim 3.2~\mu m$。铰孔是孔的精密加工中效率和质量比较好的方法，尤其适合中等精度的孔加工。

**（1）铰刀的种类和特点**

铰刀的种类较多。按其结构特点，可分为整体式和可调节式铰刀两种；整体式铰刀有机铰刀和手铰刀两类；按铰刀形状，可分为圆柱形铰刀和锥形铰刀；铰刀的材料有高碳钢、高速钢、硬质合金等材料制成。

1）整体圆柱铰刀（见图 2.147）

铰刀由工作部分、颈部和柄部 3 个部分组成。其中，工作部分又有切削部分与校准部分，主要结构参数有直径 $D$、切削锥角 $2\varphi$、切削部分，校准部分的前角（$\gamma_o$）、后角（$\alpha_o$）以及校准部分的刃带宽 $f$、齿数 $z$ 等。

①切削锥角（$2\varphi$）。

切削锥角 $2\varphi$ 决定铰刀切削部分的长度，对切削力的大小和铰削质量也有较大影响。适当减小切削锥角 $2\varphi$，是获得较小表面粗糙度值的重要条件。一般手用铰刀的 $\varphi = 30' \sim 1°30'$，这样定心作用好，铰削时轴向力也较小，切削部分较长。机用铰刀铰削钢及其他韧性材料的通孔时，$\varphi = 15°$；铰削铸铁及其他脆性材料的通孔时，$\varphi = 3° \sim 5°$。机用铰刀铰不通孔。

②切削角度。

铰孔的切削余量很小，切屑变形也小，一般铰刀切削部分的前角 $\gamma_o = 0° \sim 3°$，校准部分的前角 $\gamma_o = 0°$，使铰削近于刮削，以减小孔壁粗糙度。铰刀切削部分和校准部分的后角都磨成 $6° \sim 8°$。

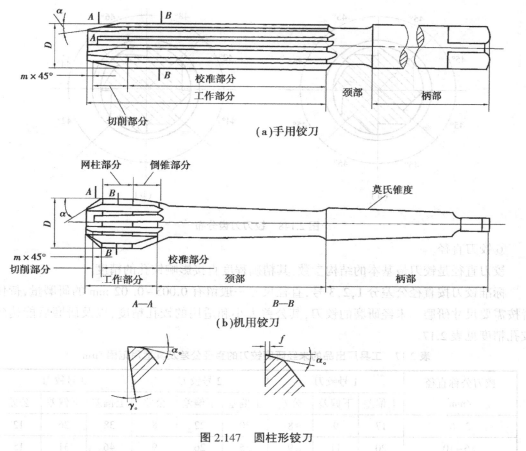

图 2.147　圆柱形铰刀

③校准部分刃带宽度 $f$。

校准部分的刀刃上留有无后角的棱边。其作用是引导铰刀的铰削方向和修整孔的尺寸，同时也便于测量铰刀的直径。一般 $f$ 为 0.1~0.3 mm。

④倒锥量。

为了避免铰刀校准部分的后面摩擦孔壁，故在校准部分磨出倒锥量。机铰刀铰孔时，因切削速度高，导向主要由机床保证。为减小摩擦和防止孔口扩大，其校准部分做得较短，倒锥量较大（0.04~0.08 mm），校准部分有圆柱形校准部分和倒锥校准部分两段。手用铰刀切削速度低，全靠校准部分导向，所以校准部分较长，整个校准部分都做成倒锥，倒锥量较小（0.005~0.008 mm）。

⑤标准铰刀的齿数。

当直径 $D<20$ mm 时，$z=6$~$8$；当 $D=20$~$50$ mm 时，$z>8$~$12$。为了便于测量铰刀的直径，铰刀齿数多取偶数。

一般手用铰刀的齿距在圆周上是不均匀分布的，如图 2.148（b）所示。机用铰刀工作时靠机床带动，为制造方便，都做成等距分布刀齿，如图 2.148（a）所示。

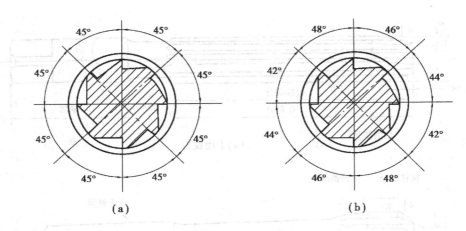

**图 2.148 铰刀刀齿分布**

⑥铰刀直径。

铰刀直径是铰刀最基本的结构参数,其精确程度直接影响铰孔的精度。

标准铰刀按直径公差分 1,2,3 号,直径尺寸一般留有 0.005~0.02 mm 的研磨量,待使用者按需要尺寸研磨。未经研磨的铰刀,其公差大小和适用的铰孔精度,以及研磨后能达到的铰孔精度见表 2.17。

**表 2.17 工具厂出品的未经研磨铰刀的直径公差及其适用范围/μm**

| 铰刀公称直径 /mm | 1 号铰刀 | | | 2 号铰刀 | | | 3 号铰刀 | | |
|---|---|---|---|---|---|---|---|---|---|
| | 上偏差 | 下偏差 | 公差 | 上偏差 | 下偏差 | 公差 | 上偏差 | 下偏差 | 公差 |
| 3~6 | 17 | 9 | 8 | 30 | 22 | 8 | 38 | 26 | 12 |
| >6~10 | 20 | 11 | 9 | 35 | 26 | 9 | 46 | 31 | 15 |
| >10~18 | 23 | 12 | 11 | 40 | 29 | 11 | 53 | 35 | 18 |
| >18~30 | 30 | 17 | 13 | 45 | 32 | 13 | 59 | 38 | 21 |
| >30~50 | 33 | 17 | 16 | 50 | 34 | 16 | 68 | 43 | 25 |
| >50~80 | 40 | 20 | 20 | 55 | 35 | 20 | 75 | 45 | 30 |
| >80~120 | 46 | 24 | 22 | 36 | 36 | 22 | 85 | 50 | 35 |
| 未经研磨适用的场合 | H9 | | | H10 | | | H11 | | |
| 经研磨适用的场合 | N7,M7,K7,J7 | | | H7 | | | H9 | | |

铰孔后孔径有时可能收缩。如使用硬质合金铰刀、无刃铰刀或铰削硬材料时,挤压比较严重,铰孔后由于弹性复原而使孔径缩小。铰铸铁孔时加煤油润滑,由于煤油的渗透性强,铰刀与工件之间油膜产生挤压作用,也会产生铰孔后孔径缩小现象。目前收缩量的大小尚无统一规定,一般应根据实际情况来决定铰刀直径。

铰孔有时也可能出现扩大的现象,影响孔扩大的原因可能铰刀号未选择好或由于铰刀安装后径向圆跳动太大等因素。在铰孔前最好能进行试铰,以免产生废品。

2）可调节式手用铰刀

整体圆柱铰刀主要用来铰削标准直径系列的孔径。对于非标准系列直径的孔径铰削可选用调节式铰刀如图 2.149 所示。

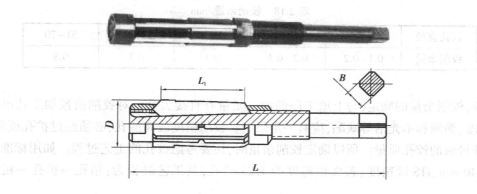

**图 2.149　可调节式铰刀**

可调节铰刀的刀体上开有斜底槽，具有同样斜度的刀片可放置在槽内，用调整螺母和压圈压紧刀片的两端。调节调整螺母，可使刀片沿斜底槽移动，即能改变铰刀的直径，以适应加工不同孔径的需要。加工孔径的范围为 6.25~44 mm，直径的调节范围为 0.75~10 mm。刀片切削部分的前角 $\gamma_o = 0°$，后角 $\alpha_o = 8° \sim 10°$。校准部分的后角为 $6° \sim 8°$，倒棱宽度 $f$ 为 0.25~0.4 mm。

可调节的手用铰刀，刀体用 45 号钢制作，直径小于或等于 12.75 mm 的刀片用合金工具钢制作，直径大于 12.75 mm 的刀片用高速钢制作。

可调节式铰刀常用于磨损孔的修复铰削，其尺寸多属于单配方式。

3）螺旋槽手用铰刀（见图 2.150）

螺旋槽手用铰刀适用于有键槽孔的铰削。螺旋槽手铰刀的螺旋槽方向，一般按左旋方向制造，因此，铰刀正向旋转时不会产生自动旋进现象，左旋的刀刃容易使切下的切屑被推出孔外。不会像直槽铰刀那样切屑容易积聚在刀刃上，影响孔壁的表面粗糙度。因此，螺旋槽铰刀铰削孔壁的表面粗糙度较普通铰刀铰削的质量好。

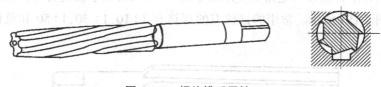

**图 2.150　螺旋槽手用铰刀**

**（2）铰削用量**

铰削用量包括铰削余量切削速度和进给量。

1）铰削余量（$2a_p$）

铰削余量是指上道工序（钻孔或扩孔）完成后留下的直径方向的加工余量。铰削余量不宜过大，因为铰削余量过大，会使刀齿切削负荷增大，变形增大，切削热增加，被加工表面呈撕裂状态，致使尺寸精度降低，表面粗糙度值增大，同时加剧铰刀磨损。铰削余量也不宜太小，否则,上道工序的残留变形难以纠正,原有刀痕不能去除,铰削质量达不到要求。选择铰削余量时,应考虑到孔径大小、材料软硬、尺寸精度、表面粗糙度要求及铰刀类型等诸因素的综合影响。用普通标准高速钢铰刃铰孔时,可参考表 2.18 中选取。

表 2.18　铰削余量/mm

| 铰孔直径 | <5 | 5~20 | 21~32 | 33~50 | 51~70 |
|---|---|---|---|---|---|
| 铰削余量 | 0.1~0.2 | 0.2~0.3 | 0.3 | 0.3 | 0.8 |

此外,铰削余量的确定,与上道工序的加工质量有直接关系。对铰削前预加工孔出现的弯曲、锥度、椭圆和不光洁等缺陷,应有一定限制。铰削精度较高的孔,必须经过扩孔或粗铰,才能保证最后的铰孔质量。所以确定铰削余量时,还要考虑铰孔的工艺过程。如用标准铰刀铰削 $D<40$ mm、IT8 级精度、表面粗糙度为 1.25 的孔,其工艺过程为:钻孔→扩孔→粗铰→精铰。

精铰时的铰削余量一般为 0.1~0.2 mm。

用标准铰刀铰削 IT9 级精度(H9)、表面粗糙度 $R_a$2.5 的孔,工艺过程为:钻孔→扩孔→铰孔。

2)机铰切削速度 $v$

为了得到较小的表面粗糙度值,必须避免产生刀瘤,减少切削热及变形,因而应采取较小的切削速度。用高速钢铰刀铰钢件时, $v=4~8$ m/min;铰铸铁件时, $v=6~8$ m/min;铰铜件时, $v=8~12$ m/min 。

3)机铰进给量 $f$

进给量要适当。过大,铰刀易磨损,也影响加工质量;过小,则很难切下金属材料,形成对材料挤压,使其产生塑性变形和表面硬化,最后形成刀刃撕去大片切屑,使表面粗糙度增大,并加快铰刀磨损。

机铰钢件及铸铁件时, $f=0.5~1$ mm/r;机铰铜和铝件时, $f=1~1.2$ mm/r。

**(3)铰孔方法**

锥铰刀铰削方法。锥铰刀是钳工使用较多的一种刃具,用于铰削各种标准锥度的孔。锥铰刀的构造如图 2.151 所示。常用的锥铰刀的规格有 1:10,1:30,1:50 和莫氏铰刀等多种规格。

图 2.151　锥铰刀

1)锥铰刀规格及适用范围

①1:10 锥铰刀,用以铰削联轴器上与柱销配合的锥孔。

②1:30 锥铰刀,用以铰削套式刀具的锥孔。

③1:50 锥铰刀,用以铰削锥形定位销孔,是钳工使用最多的一种铰刀。

④莫氏铰刀。用以铰削 0—6 号莫氏锥孔(其锥度比近似于 1:20)。

2)锥铰的方法

锥铰刀的刀刃是全部参加切削的,由于预钻孔的直径是以锥铰刀小端名义尺寸钻出的孔,所以锥铰时切削余量较大,铰削费力。

1:10 的锥孔和莫氏锥孔的锥度较大,加工余量也较大,为了使铰削省力可先将预钻孔钻成阶梯孔,如图 2.152 所示。阶梯孔的小孔直径按锥铰小端直径并留 0.2 mm 左右的铰削余量。

钻阶梯孔时,应先钻削小直径的孔,然后分段扩孔,扩孔时注意选择合适的钻头直径,直径过大或钻削过深,则会造成废品。扩钻时,要掌握好钻削的深度,以免造成废品。

阶梯孔在铰削时能减轻铰削的劳动强度,但由于阶梯孔钻削深度掌握上不是很方便,钻削时要多次更换钻头,效率不高。为了提高铰削效率和减轻劳动强度,可试用机动铰削的方法。如图 2.153 所示为粗铰锯孔。

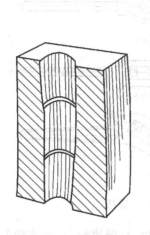

图 2.152　预钻阶梯孔

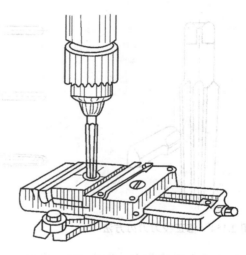

图 2.153　机动粗铰锥孔

将锥铰刀夹持在钻夹头上(不宜夹持过紧),利用台钻或立钻主轴夹头传递动力,转速可按 250 r/min 左右,不宜太高,否则会使锥铰刀过早磨损。缓慢地手动进给进行粗铰,进给量 0.1~0.05 mm/r 控制好进给速度。

采用机动铰切削效率高、粗铰质量好;缺点是锥铰刀容易过早磨损。因此,当用机动锥铰粗铰孔时应注意以下 4 点:

①机动锥铰的主轴转速一般选择在 200~300 r/min 转速过高或过低者都将影响锥铰效果。转速过高,会加速锥铰刀过早磨损;转速过低,则容易使锥铰刀抱住而引起铰刀折断。

②手动铰削时随着进给行程增大,铰刀切削负荷也随着增加,因此,铰刀的进给量不能太大。同时,要经常提钻排屑,逐步减少进给量。

③钻夹头夹持铰刀不宜过紧,允许锥铰刀进给过大时有打滑现象,以免铰刀切削量过大而抱住折断铰刀。

④粗铰后应留有足够的铰削余量,用手铰进行精铰至要求。

高碳钢或高速钢制造的铰刀,用纯后可用简单的修正方法,使铰刀能继续发挥切削作用。可如图 2.154 所示进行修正。

修正时将 90°硬质合金车刀的切削刃,沿着铰刀切削刃的前刀面加压上下拉动,用硬质合金车刀切除铰刀上微量切屑层,并在铰刀上逐条进行修正,修出前角使铰刀切削刃口锋利如初。这种方法简单可行,有较好的修正效果。

3)手铰方法

①铰杠。

铰杠是手工铰削的工具。如图 2.155 所示为常用活铰杠。如图 2.155(a)所示为固定口铰杠。铰杠中方形槽是按某一规格的铰刀制造的,使用时无须调整;如图 2.155(b)、(c)所示为活铰杠,适应各种规格的铰刀使用,活铰杠有铰杠体和两个手柄组成。一个手柄与铰杠体固定、另一手柄外径上车有螺纹(右旋)与杠体螺纹联接。

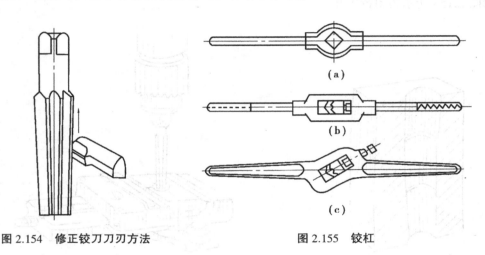

图 2.154　修正铰刀刀刃方法　　　　图 2.155　铰杠

铰杠体长方形槽中有一固定 90°V 形块与一个可移动的 90°V 形块配合,可移动 V 形块上装有圆柱销,另一端上有左旋螺纹与活动手柄内左旋螺纹联接。调节时,转动铰手活手柄,由于手柄与铰杠体以及手柄与活动 V 块同时有左右螺纹联接,因此,当转动手柄时 V 形活块在螺纹的推动下,在铰杠体槽内作直线移动。

铰杠的规格是按铰杠长度划分的,常用的规格有 100,150,200,250,300 mm 等多种规格。铰杠的选择应根据所使用的铰刀直径大小来选择,铰杠规格选择过大,力矩增大铰削省力,但易使铰刀折断;若规格选择过小,会增加铰削时的劳动强度。

当所要铰孔的位置在工件内部或所要铰削孔的周围有障碍不能使用普通铰杠时,可按如图 2.156 所示采用丁字形铰杠。如图 2.156(a)所示为可在一定范围内调节的丁字形铰杠。可调节式丁字铰杠的杠体由车制而成,前端车有锥体和圆柱孔并在锥体圆周上开有 4 等分槽;锥体后部圆柱外径上车有螺纹与螺母内螺纹和内锥配合;杠体前端锥体内孔与所需的铰刀圆柱柄外径配合,转动螺母通过圆锥迫使杠体圆锥收缩紧固铰刀柄。可调节式铰杠定心好,铰削时转动铰杠不会出现晃动而影响铰削质量,缺点是螺母锁紧力不大。

|(a)开始铰孔方法|(b)铰孔过程方法|

**图 2.156　铰削方法**

如图 2.156(b)所示为固定式丁字形铰杠。它是按某一规格的铰刀的方榫作的铰削工具。固定式铰杠前端冲制成方形孔与铰刀方榫配合,有较好的力矩传递作用。其缺点是铰杠方孔与铰刀方榫配合间隙较大,而影响铰削效果。提高方孔与方榫的配合精度能改善使用性能。

②手铰方法。

1∶50 的锥销与孔配合有较好的自锁作用,常用作定位、固定零件,传递动力或用于需要经常装拆的场合。手工铰削质量好坏将影响零件的配合质量。

锥孔铰削:

a.起铰方法

由于锥铰没有导向部分,锥铰刀切削部分与底孔孔口接触面狭小,手动初铰时锥铰刀容易晃动或偏斜。因此,铰削开始定位是铰削的关键。

如图 2.156(a)所示为开始铰削时的操作姿势。铰削开始前,右手握住铰杠杠体中心,左手握住校杠使铰刀垂直于工件平面。起铰时,右手施以向下垂直压力,并同时向顺时针方转动,左手协助右手保持铰杠平稳并一起转动。

b.铰削

当锥铰切出一定长度圆锥导向部分后(20~30 mm),可双手握住铰杠手柄转动并同时向下压力进行铰削,如图 2.156(b)所示。

双手转动铰杠时,应保持两手的平衡,不能晃动,始终保持向铰刀垂直方向施力,并多次退出去屑。

c.铰削质量检查

1∶50 锥度的圆锥角 $\alpha = 1°8'45''$ 有自锁特性,只要配合接触精度符合技术要求,锥销与锥孔的配合是牢固的。当锥孔铰削即将完成前,应检查锥销与锥孔接触精度检查。

检查时,在锥销表面涂上薄薄的一层红丹粉(或钛青蓝粉),将锥销插入锥孔中紧贴锥孔转动锥销,取出锥销检查锥销与销孔密合接触斑点,接触斑点应达到接触面积的 75% 以上。若未能达到规定的要求,应注意修正手铰姿势或更换铰刀继续进行铰削。

d.锥铰深度的控制

根据锥销安装要求,锥销紧固后锥销顶部应露出倒角部分或保持与工件平面一致。锥销顶部露出过长或缩进都不符合装配要求。因此,在铰削锥孔时要控制好铰削深度,在铰削过程应经常用锥销进行插入检查。根据经验数据,锥销在未敲入工件锥孔前,用拇指推入锥销应露出10~15 mm,如图2.157所示。然后用锤子轻轻敲入,紧固后的锥销倒角部分。应露出工件表面。

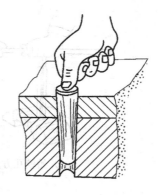

图 2.157　铰削深度的控制方法

锥销敲入时,应注意掌握锤子敲击力的大小。如果敲击力过大,锥销锁紧后对以后拆卸带来一定的困难,拆卸时会因锤击力过大,使锥销小端扩张而无法拆卸销子使零件损坏;若锤击力过小,锥销则会因锁紧力过小圆锥销没有足够的销紧力,机械运转的振动引起锥销脱落,造成设备损坏事故。

4)铰孔的冷却润滑

铰削的切屑细碎且易黏附在刀刃上,甚至挤在孔壁与铰刀之间,而刮伤表面,扩大孔径。铰削时必须用适当的切削液冲掉切屑,减少摩擦,并降低工件和铰刀温度,防止产生刀瘤。切削液选用见表2.19。

表 2.19　铰孔时的切削液

| 加工材料 | 切削液 |
|---|---|
| 钢 | 1. 10%~20%乳化液<br>2. 铰孔要求高时,采用30%菜油加70%肥皂水<br>3. 铰孔要求更高时,可采用菜油、柴油、猪油等 |
| 铸铁 | 1. 煤油(但会引起孔径缩小,最大收缩量0.02~0.04 mm)<br>2. 低浓度乳化液<br>(也可不用) |
| 铝 | 煤油 |
| 铜 | 乳化液 |

注:1.菜油能提高加工表面质量和刀具耐用度,但清洗困难。

2.钻削铸铁件使用切削液能提高表面质量,但切屑不易排出,留存在孔内会使铰刀快速磨损。

(5)铰孔时常见问题及其产生原因

铰孔时,铰刀质量不好、铰削用量选择不当、切削液使用不当、操作疏忽大意等都会致使产品出现问题而不符合质量要求。铰孔常见问题及其产生原因见表2.20。

表 2.20　铰孔时常见问题及其产生原因

| 常见问题 | 产生原因 |
|---|---|
| 表面粗糙度达不到要求 | 铰刀刃口不锋利或有崩刃,铰刀切削部分和校准部分粗糙<br>切削刃上粘有积屑瘤或容屑槽内切屑黏结过多<br>铰削余量太大或太小<br>铰刃退出时反转<br>切削液不充足或选择不当<br>手铰时,铰刀旋转不平稳<br>铰刀偏摆过大 |
| 孔径扩大 | 手铰时,铰刀偏摆过大<br>机铰时,铰刀轴线与工件孔的轴线不重合<br>铰刀未研磨,直径不符合要求<br>进给量和铰削余量太大<br>切削速度太高,使铰刀温度上升,直径增大 |
| 孔径缩小 | 铰刀磨损后,尺寸变小仍继续使用<br>铰削余量太大,引起孔弹性复原而使孔径缩小<br>铰削铸铁时加了煤油 |
| 孔呈多棱形 | 铰削余量太大或铰刀切削刃不锋利,使铰刀发生"啃切",产生振动而引起多棱形<br>钻孔不圆使铰刀发生弹跳<br>机铰时,钻床主轴振摆太大 |
| 孔轴线不直 | 预钻孔孔壁不直,铰削时未能使原有弯曲度得以纠正<br>铰刀主偏角太大,导向不良,使铰削方向发生偏歪<br>手铰时,两手用力不均 |

# 项目 2.6　螺纹加工

　　螺纹的加工方法较多,它可在通用机床上用切削的方法加工(如车削螺纹、铣螺纹等),也可在专用机床上用冷镦、搓螺纹的方法加工,还可通过钳工的攻螺纹和套螺纹对工件进行加工。攻螺纹和套螺纹在装配工程中应用较多。

## 2.6.1　螺纹基本知识

**(1)螺纹种类**

螺纹的种类较多,常用螺纹分类如下:

$$
螺纹种类 \begin{cases}
标准螺纹 \begin{cases}
普通螺纹 \begin{cases} 粗牙螺纹 \\ 细牙螺纹 \end{cases} \\
管螺纹 \begin{cases} 非螺纹密封的管螺纹 \\ 用螺纹密封的管螺纹 \end{cases} \\
梯形螺纹 \\
锯齿形螺纹
\end{cases} \\
特殊螺纹(螺纹牙型符合标准螺纹规定,而大径和螺距不符合标准) \\
非标准螺纹(有矩形螺纹和平面螺纹以及英寸制螺纹等)
\end{cases}
$$

**(2)螺纹的基本要素**

螺纹由牙型、大径、螺距(或导程)、线数、旋向及精度 6 个要素组成。

**1)牙型**

牙型是指通过螺纹轴线的剖面内的轮廓形状。它有三角形、梯形、锯齿形、圆形、矩形等(见图 2.158)。

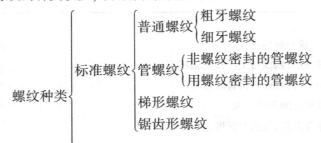

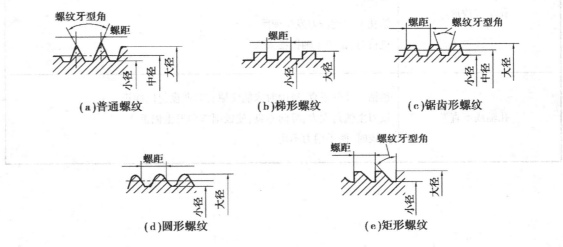

(a)普通螺纹　　　(b)梯形螺纹　　　(c)锯齿形螺纹

(d)圆形螺纹　　　(e)矩形螺纹

图 2.158　螺纹牙型

2）大径

大径是指与外螺纹的牙顶或内螺纹的牙底相重合的假想圆柱的直径。

3）线数

线数是一个螺纹上螺旋线的数目。

4）螺距和导程

相邻两牙在中径线上对应两点间的轴向距离称为螺距。同一条螺旋线上的相邻两牙在中径线上对应两点间的轴向距离称为导程。对于单线螺纹来说,螺距就等于导程;对于多线螺纹来说,则导程等于螺距与螺纹线数的乘积。

### 2.6.2　攻螺纹

用丝锥在工件孔中切削出内螺纹的加工方法,称为攻螺纹(或攻丝)。

**(1)攻螺纹工具**

攻螺纹要用丝锥、铰杠和保险夹头等工具。

1)丝锥

①丝锥的种类

钳工加工的螺纹牙型多为三角形螺纹。三角螺纹多用于联接各种零件。联接使用的螺纹有以下 3 种:

A.米制螺纹

米制螺纹也称普通螺纹,螺纹牙型角为 60°。它分为粗牙普通螺纹和细牙普通螺纹两种。

粗牙普通螺纹应用范围很广,用字母"M"及"公称直径"表示,如 M8,M10 等。它主要用于工件的联接。

细牙普通螺纹用字母"M"用"公称直径×螺距"表示,如 M10×1,M20×1.5 等表示。细牙螺纹由于螺距小、螺纹升角小、自锁性好等特点,除用于经常承受冲击载荷、振动或变载的联接外,还用于微调机构。

B.英制螺纹

英制螺纹在国内产品中基本不使用,随着与国际技术交流的深化,在我国应用也逐渐增多。英制螺纹的牙型角为 55°,它的螺距是以每英寸含有多少牙数为标准,公称直径是螺纹大径 $d/\text{in}$。例如,1/4″(20 牙),3/8″(16 牙)。

C.管螺纹

管螺纹是用于管道联接的一种螺纹。管螺纹为英制螺纹,管螺纹的公称直径为管子的内径尺寸。管螺纹有圆柱管螺纹和圆锥管螺纹两种。常用管螺纹有密封管螺纹和非密封管螺纹。螺纹牙型角有 60°圆锥管螺纹和米制锥管螺纹等。

另外,丝锥还有手用的和机用的、左旋和右旋、粗牙和细牙之分。

②丝锥的构造

A.普通螺纹丝锥

a.普通螺纹丝锥构造。攻普通螺纹的丝锥如图 2.159 所示,它有柄部和工作部分组成。柄部后端有方榫可与铰杠或攻丝夹头联接;工作部分有切削部分和校准部分组成。

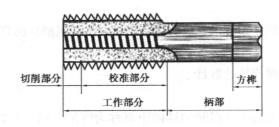

图 2.159　丝锥的结构

丝锥前端磨出锥角,圆锥小端直径小于预钻孔(低孔)直径,使丝锥攻丝能方便地切入。丝锥工作部分轴向方向上开有多条容屑槽,切削部分刀齿形成前角 $r_0 = 8° \sim 10°$,为了适用于不同的工件材料,前角可在必要时作适当增减,具体数值见表 2.21。

表 2.21　丝锥前角的选择

| 被加工材料 | 铸青铜 | 铸铁 | 硬钢 | 黄铜 | 中碳钢 | 低碳钢 | 不锈钢 | 铝合金 |
|---|---|---|---|---|---|---|---|---|
| 前角 $\gamma_0$ | 0° | 5° | 5° | 10° | 10° | 15° | 15°~20° | 20°~30° |

丝锥切削部分的锥面上铲磨(用铲齿机床修磨)出后角 $\alpha_0$,一般手用丝锥 $\alpha_0 = 6° \sim 8°$,机用丝锥 $\alpha_0 = 10° \sim 12°$ 齿侧后角为零度。

因此,切削部分具有锋利的刀齿,是丝锥主要切削部分。切削负荷分布在丝锥几个刀齿上,这样不仅工作省力,丝锥不易崩刃或折断,而且攻螺纹时引导作用好,也保证了螺孔的质量。

丝锥校准部分有完整的齿型,校准部分刀齿无后角。主要用作修光和校准已切出的螺纹,并引导丝锥沿轴向方向推进。

丝锥校准部分的刀齿大径、中径和小径均有(0.05~1.2)/100 的倒锥,以减小与螺孔的摩擦并减小所攻螺孔的扩张量。

普通丝锥的容屑槽是直槽形状,主要是为了便于制造和刃磨。但切屑容易堵塞在容屑槽内,因此,适用于手攻攻丝。有的丝锥为了能控制攻丝时排屑方向,将容屑槽制成螺旋槽。如图 2.160(a)所示,丝锥的螺旋槽制成右旋的,攻丝时使切屑能向上排出,用来加工不通孔的螺纹;如图 2.160(b)所示为左旋容屑槽,攻丝时切屑能向下排出,切屑不会堵塞在丝锥容屑槽内,适用于通孔的内螺纹加工。带有螺旋容屑槽的丝锥能控制排屑方向,适用机动攻螺纹。M8 以下的丝锥一般是 3 条容屑槽,M8,M12 的丝锥有 3 条也有 4 条的,M12 以上的丝锥一般是 4 条容屑槽。

手用丝锥的材料一般采用合金工具钢(如 9CrSi)或轴承钢(如 GCr9)制造。机用丝锥则都用高速钢制造。

(a)右旋丝锥　　　　　　　　　　　　　　(b)左旋丝锥

图 2.160　螺旋槽丝锥

b.成组丝锥的背切刀量分配。为了使攻螺纹切削省力和提高丝锥的耐用度,通常将总的切削量分配给几支丝锥来担任。成组丝锥有两支一组和3支一组。

● 锥形丝锥背切刀量分配。一组丝锥中每支丝锥的大径、中径、小径都相等,只是切削部分的锥角及长度不等。这种锥形分配切削量的丝锥称为等径丝锥,等径锥的切削原理如图2.161所示。

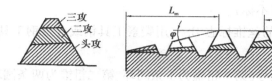

图 2.161 等径锥切削量分配

等径丝锥一般由3支组成,分为头攻(初锥)、一攻(中锥)、三攻(底钻),头攻丝锥切削锥角较长,攻通孔螺纹时则不需要用中锥和底锥复攻,只有在攻不通孔螺纹时,由于受到底孔的长度限制,螺纹没有到达规定的长度要求时,用中锥或底锥复攻至螺纹长度要求。

● 柱形丝锥背切刀量分配。柱形丝锥切削量分配给多支丝锥称为不等径丝锥。即头攻(粗锥),二攻(第二粗锥)的大径、中径、小径都比三攻(精锥)小。头攻、二攻的中径一样,大径不一样;头攻的大径小,背切刀量也相应地减小,二攻的大径大,背切刀量与头攻相比要小。这种丝锥背切刀量分配比较合理,不等径丝锥的切削原理如图2.162所示。

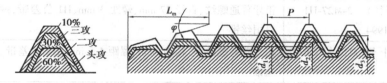

图 2.162 不等径锥切削量分配

如二支一套的丝锥按7.5:2.5,3支一套的丝锥按6:3:1来分配每支丝锥的背切刀量,这不仅使攻丝省力、各锥磨损量差别小,由于二攻或三攻的切削余量小,攻出的螺纹的表面粗糙度值较小。

c.丝锥螺纹公差带。丝锥螺纹公差带有4种,它与原来丝锥螺纹中径公差带关系及各种公差带的丝锥所能加工的内螺纹公差带见表2.22。

表 2.22 新旧丝锥螺纹公差带关系及加工内螺纹公差带等级

| 丝锥公差带代号 | 近似对应 GB 968—1967 的丝锥公差带代号 | 适用于内螺纹公差带等级 |
|---|---|---|
| H1 | 2 级 | 4H,5H |
| H2 | 2n 级 | 5G,6H |
| H3 | — | 6G,7H,7G |
| H4 | 3 级 | 6H,7H |

d.丝锥上的标志。每一种丝锥都有相应的标志,弄清其所代表的内容,对正确选择使用丝锥是很重要的。

丝锥上的标志如下:

- 制造厂商标多。
- 螺纹代号。
- 丝锥公差带代号(H4 允许不标)。
- 材料代号(用高速钢制造的丝锥标志 HSS,用碳素工具钢或合金钢工具钢制造的丝锥不标志)。
- 不等径成组丝锥的粗锥代号(第一粗锥为 1 条圆环、第二粗锥为两条圆环,或标志顺序号 Ⅰ,Ⅱ)。

丝锥上标志的螺纹代号见表 2.23。

表 2.23    丝锥标志中螺纹代号示例

| 标　记 | 说　明 |
| --- | --- |
| 机用丝锥　中锥 M10-H1　　GB/T 3464.1—1994 | 粗牙普通螺纹、直径 10 mm、螺距 1.5 mm,H1 公差带、单支、中锥机用丝锥 |
| 机用丝锥　　2-M12-H2　　GB/T 3464.1—1994 | 粗牙普通螺纹、直径 12 mm、螺距 1.75 mm、H2 公差带、两支一组等径机用丝锥 |
| 机用丝锥(不等径)　2-M27-H1 GB/T 3464.1—1994 | 粗牙普通螺纹、直径 27 mm、螺距 3 mm、H1 公差带,两支一组不等径机用丝锥 |
| 手用丝锥　　中锥 M10　　GB/T 3464.1—1994 | 粗牙普通螺纹、直径 10 mm、螺距 1.5 mm,H4 公差带、单支中锥手用丝锥 |
| 长柄机用丝锥　M6-H2　　GB/T 3464.2—1994 | 粗牙普通螺纹、直径 6 mm、螺距 1 mm,H2 公差带、长柄机用丝锥 |
| 短柄螺母丝锥　M6-H2　　GB/T 967—1994 | 粗牙普通螺纹、直径 6 mm、螺距 1 mm,H2 公差带、短柄螺母丝锥 |
| 长柄螺母丝锥　M6-H2　　JB/T 8767—1998 | 粗牙普通螺纹、直径 6 mm、螺距 1 mm,H2 公差带、1 型长柄螺母丝锥 |

注:1.标记中细牙螺纹的规格,应以直径×螺距表示,如 M10×1.25,其他标记方法与粗牙丝锥相同。

2.直径 3~10 mm 的丝锥,有粗柄和细柄两种结构并存,在需要明确指定柄部结构的场合,丝锥名称之前应加"粗柄"或"细柄"字样。

B.管螺螺纹丝锥

管螺纹丝锥分为圆柱管螺纹丝锥和圆锥管螺纹丝锥两种。非螺纹密封的圆柱管螺纹丝锥与一般普通螺纹手用丝锥一样,只是其工作部分较短,一般是两支一套。用螺纹密封的圆锥管螺纹丝锥,整个工作部分成圆锥形,螺纹牙型与丝锥轴心线垂直,保证了内外螺纹牙型两边有良好的接触精度,锥管螺纹丝锥攻螺纹时的切削量大,多用于攻油管锥管接头和堵塞螺纹。

2)铰杠

手用丝锥攻螺纹时一定要用铰杠。铰杠有普通铰杠(见图 2.163)和丁字形铰杠(见图 2.164)两类。

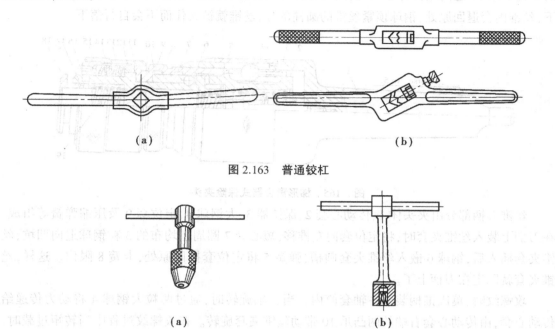

图 2.163　普通铰杠

图 2.164　丁字铰杠

普通铰杠又有固定铰杠和活铰杠两种。固定铰杠的方孔尺寸和柄长符合一定的规格,使丝锥受力不会过大,丝锥不易被拆断,因此操作比较合理,但规格要备得很多。一般攻制 M5 以下的螺纹孔,宜采用固定铰杠。活铰杠可调节方孔尺寸,故应用范围较广。活铰杠有 150 mm 至 600 mm 6 种规格,其适用范围见表 2.24。

表 2.24　活铰杠适用范围/mm

| 活铰杠规格 | 150 | 230 | 280 | 380 | 580 | 600 |
|---|---|---|---|---|---|---|
| 适用的丝锥范围 | M5~M8 | M8~M12 | M12~M14 | M14~M16 | M16~M22 | M24 以上 |

当攻制带有台阶工件旁边的螺纹孔或攻制机体内部的螺纹孔时,就必须采用丁字形铰杠。小的丁字形铰杠有固定的和可调节的,可调节的是一个 4 爪的弹簧夹头,一般用以装 M6 以下的丝锥。大尺寸的丁字形铰杠一般都是固定式的,它通常按实际需要制成专用的。

3)保险夹头

在钻床上攻螺纹时,通常用保险夹头来夹持丝锥,以免当丝锥在负荷过大或攻制不通螺孔到达孔底时,产生丝锥折断或损坏工件等现象。

常用的保险夹头有以下 3 种:

①梯形离合器式保险夹头(见图 2.165)

由刀柄和丝锥夹套两部分组成。

丝锥夹套部分由丝锥内套 18、丝锥外套 16、离合器座 12、和碟形弹簧 14、压缩弹簧 19 以及调节螺母 15、外圈 13 等组成。在装夹丝锥时,只要将丝锥内套向左推移,夹头圆周上均布的 4 粒钢球 17 退向丝锥外套凹坑,丝锥方榫插入方孔后,放掉丝锥内套,在压缩弹簧 19 作用下,丝锥内套退回原处,钢球顶紧丝锥的圆柱部分,丝锥就被夹住而不会自行落下。

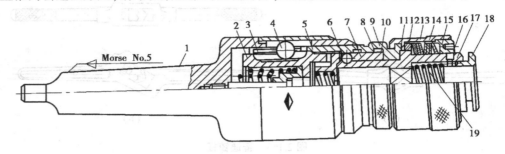

**图 2.165　梯形离合器式保险夹头**

丝锥刀柄部分由夹头体 1、传动心套 2、保持器 3、大钢球 4、定位套 9 及压缩弹簧等组成。在刀柄上装入丝锥夹套时,将定位套向左推移,短心套 7 圆周上均布的 3 粒钢球退向凹坑,丝锥夹套插入后,钢球 6 嵌入丝锥夹套圆槽,弹簧 5 将定位套推回原处,卡簧 8 限位。这样,丝锥夹套就固定在刀柄上了。

攻螺纹时,莫氏锥柄装入主轴套筒内。当主轴旋转时,通过两粒大钢球 4 将动力传递给传动心套,由传动心套右端的两凸爪 10 带动丝锥夹套旋转。在攻螺纹过程中当转矩过载时,迫使碟形弹簧压缩,梯形离合器 11 在离合器座 12 上打滑,使丝锥停止旋转,起到了保险作用。如发现转矩不足或过大,可转动丝锥夹套右端的调节螺母 15,调节到合适的转矩。由于夹头体和其他部分是浮动联接,所以在攻螺纹过程中能自动补偿螺距。

这种保险夹头,在每种型号中备有 7 个可以分别装夹不同规格丝锥的头套,用以在机床上快速调换,使用中装卸迅速、方便,故得到广泛采用。

②钢球式保险夹头(见图 2.166)

本体 3 借弹簧 7 的压力,使沿圆周均布的 12 个钢球 8 带动离合盘 11 转动。在离合盘 11 的内孔中有两个凸键(见图 2.166 中的 A—A),滑套 15 圆周上有相应的两条长槽,离合盘 11 的转矩便可传给滑套 15,滑套 15 可沿轴向自由滑动。旋转调压套 4 可调节钢球 8 所传递转矩的大小。

在本体 3 内有一长孔,其中的拉簧 2 一端用销子 1 与本体固定,另一端用销子 13 和垫圈 12 与滑动套 15 固定。2 个 φ2.5 mm 钢球 6 用以减小摩擦力,使离合盘过载打滑时,滑动套 15 仍能相对于本体 3 转动。

滑动套 15 的转矩通过轴 14 传给快换套 17,快换套 17 上有一条圆弧环槽,靠快换轴 18 卡入而将快换套 17 吊住(见 2.166 中的 B—B 剖面)。按下快换轴 18 便可取下或装上快换套 17。

在调压套 4 的锥面上与本体 3 圆周上刻有刻度线,可作调节转矩大小之用。

这种夹头适用于攻 M16 以下的螺纹孔。由于采用钢球、弹簧作为安全过载机构,故具有反应灵敏、安全可靠和制造简便等特点。

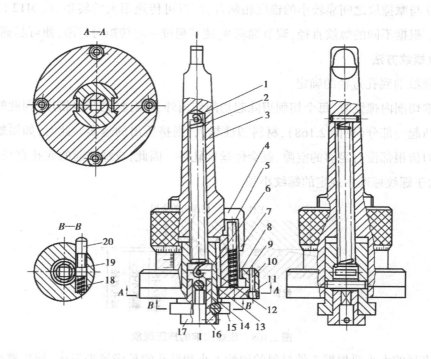

**图 2.166　钢球式保险夹头**

③锥体摩擦式保险夹头(见图 2.167)

本体 10 的左端孔中装有轴 5,本体中段上开 4 条槽,嵌入 4 块 L 形锡锌铅青铜摩擦块 8 (见图 2.167 中的 *A—A*)。螺母 7 的轴向位置靠两个螺钉 6 来固定。拧紧螺套 9 时,就把摩擦块 8 压紧在轴 5 上,本体 10 的动力便传给轴 5。轴 5 的左端有一套快换装置。各种不同规格的丝锥,事先装好在可换夹头(1,2,3)内,用紧定螺钉压紧丝锥的方棒,所以可不停机换丝锥。

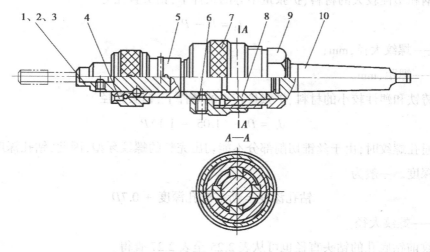

**图 2.167　锥体摩擦式保险夹头**

螺套 9 与摩擦块之间靠较小的锥度相贴合,所以可传递很大的转矩,攻 M12 以上的内螺纹也适用。根据不同的螺纹直径,调节螺套 9,使其超过一定转矩时打滑,便可起到保险作用。

**(2)攻螺纹方法**

1)攻螺纹前底孔直径的确定

用丝锥切削内螺纹时,每个切削刃除起切削作用外,还对材料产生挤压,因此螺纹的牙型在顶端要凸起一部分(见图 2.168),材料塑性越大,则挤压出的越多。此时,如果螺纹牙型顶端与丝锥刀齿根部没有足够的空隙,就会使丝锥轧住。因此,攻螺纹前的底孔直径(即钻孔直径)必须大于螺纹标准中规定的螺纹小径。

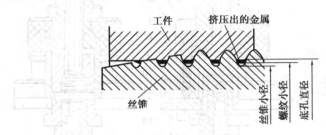

**图 2.168 攻螺纹前的挤压现象**

底孔直径的大小要根据工件材料的塑性大小和钻孔的扩张量来考虑,使攻螺纹时既有足够的空隙来容纳被挤出的金属,又能保证加工出的螺纹得到完整的牙型。

按照普通螺纹标准,内螺纹的最小直径 $D = D - 2 \times \dfrac{5}{8} H$,内螺纹的公差是正向分布的。所以攻出的内螺纹小径应在上述范围内,才符合理想的要求。

根据以上原则,从实践中总结出了钻普通螺纹底孔用钻头直径的计算公式和表格数据。

加工钢和塑性较大的材料、扩张量中等的条件下,钻头直径为

$$d_0 = D - P$$

式中  $D$——螺纹大径,mm;

$P$——螺距,mm。

加工铸铁和塑性较小的材料、扩张量较小的条件下,钻头直径为

$$d_0 = D - (1.05 \sim 1.1)P$$

攻不通孔螺纹时,由于丝锥切削部分不能切出完整的螺纹牙型,因此,钻孔深度要大于所需的螺孔深度。一般为

$$钻孔深度 = 所需螺孔深度 + 0.7D$$

式中  $D$——螺纹大径。

攻螺纹前钻底孔的钻头直径也可从表 2.25 至表 2.27 查得。

表 2.25　普通螺纹攻螺纹前钻底孔的钻头直径/mm

| 螺纹直径 D | 螺距 P | 钻头直径 $d_0$ | | 螺纹直径 D | 螺距 P | 钻头直径 $d_0$ | |
|---|---|---|---|---|---|---|---|
| | | 铸铁、青铜、黄铜 | 钢、可锻铸铁、紫铜、层压板 | | | 铸铁、青铜、黄铜 | 钢、可锻铸铁、紫铜、层压板 |
| 2 | 0.4 | 1.6 | 1.6 | 14 | 2 | 11.8 | 12 |
| | 0.25 | 1.75 | 1.75 | | 1.5 | 12.4 | 12.5 |
| | | | | | 1 | 12.9 | 13 |
| 2.5 | 0.45 | 2.05 | 2.05 | 16 | 2 | 13.8 | 14 |
| | 0.35 | 2.15 | 2.15 | | 1.5 | 14.4 | 14.5 |
| | | | | | 1 | 14.9 | 15 |
| 3 | 0.5 | 2.5 | 2.5 | 18 | 2.5 | 15.3 | 15.5 |
| | 0.35 | 2.65 | 2.65 | | 2 | 15.8 | 16 |
| | | | | | 1.5 | 16.4 | 16.5 |
| 4 | 0.7 | 3.3 | 3.3 | | 1 | 16.9 | 17 |
| | 0.5 | 3.5 | 3.5 | | | | |
| 5 | 0.8 | 4.1 | 4.2 | 20 | 2.5 | 17.3 | 17.5 |
| | 0.5 | 4.5 | 4.5 | | 2 | 17.8 | 18 |
| | | | | | 1.5 | 18.4 | 18.5 |
| 6 | 1 | 4.9 | 5 | | 1 | 18.9 | 19 |
| | 0.75 | 5.2 | 5.2 | | | | |
| 8 | 1.25 | 6.6 | 6.7 | 22 | 2.5 | 19.3 | 19.5 |
| | 1 | 6.9 | 7 | | 2 | 19.8 | 20 |
| | 0.75 | 7.1 | 7.2 | | 1.5 | 20.4 | 20.5 |
| | | | | | 1 | 20.9 | 21 |
| 10 | 1.5 | 8.4 | 8.5 | 24 | 3 | 20.7 | 21 |
| | 1.25 | 8.6 | 8.7 | | 2 | 21.8 | 22 |
| | 1 | 8.9 | 9 | | 1.5 | 22.4 | 22.5 |
| | 0.75 | 9.1 | 9.2 | | 1 | 22.9 | 23 |
| 12 | 1.75 | 10.1 | 10.2 | | | | |
| | 1.5 | 10.4 | 10.5 | | | | |
| | 1.25 | 10.6 | 10.7 | | | | |
| | 1 | 10.9 | 11 | | | | |

表 2.26　非螺纹密封的管螺纹攻螺纹前钻底孔的钻头直径

| 非螺纹密封的管螺纹 | | | 非螺纹密封的管螺纹 | | |
|---|---|---|---|---|---|
| 尺寸代号 | 每 25.4 mm 内的牙数 | 钻头直径 $d$/mm | 尺寸代号 | 每 25.4 mm 内的牙数 | 钻头直径 $d$/mm |
| 1/8 | 28 | 8.8 | 1 | 11 | 30.6 |
| 1/4 | 19 | 11.7 | $1^1/4$ | 11 | 39.2 |
| 3/8 | 19 | 15.2 | $1^3/8$ | 11 | 41.6 |
| 1/2 | 14 | 18.9 | $1^1/2$ | 11 | 45.1 |
| 3/4 | 14 | 24.4 | | | |

表 2.27　用螺纹密封的管螺纹攻螺纹前钻底孔的钻头直径

| 用螺纹密封的管螺纹 | | | 用螺纹密封的管螺纹 | | |
|---|---|---|---|---|---|
| 尺寸代号 | 每 25.4 mm 内的牙数 | 钻头直径 $d$/mm | 尺寸代号 | 每 25.4 mm 内的牙数 | 钻头直径 $d$/mm |
| 1/8 | 28 | 8.8 | 1 | 11 | 29.7 |
| 1/4 | 19 | 11.2 | $1^1/4$ | 11 | 38.3 |
| 3/8 | 19 | 14.7 | $1^1/2$ | 11 | 44.1 |
| 1/2 | 14 | 18.3 | 2 | 11 | 55.8 |
| 3/4 | 14 | 23.6 | | | |

2)攻螺纹时必须掌握的要点

①工件上螺纹底孔的孔口要倒角,通孔螺纹两端都倒角。这样,可使丝锥开始切削时容易切入,并可防止孔口的螺纹牙崩裂。

②工件的装夹位置要正确,尽量使螺纹孔中心线置于水平或垂直位置,使攻螺纹时容易判断丝锥轴线是否垂直于工件的平面。

③在开始攻螺纹时,要尽量把丝锥放正,然后对丝锥加压力并转动铰杠。当切入 1~2 圈时,再仔细观察和校正丝锥的位置。根据螺纹质量的要求不同,可用肉眼直接观察或用钢直尺、90°角尺等有直角边的工具检查(见图 2.169)。检查时,要在丝锥的两个互相垂直的方向上进行检查。一般在切入 3~4 圈螺纹时,丝锥的位置应正确无误,不宜再有明显偏斜和强行纠正。此后,只需转动铰杠,而不应再对丝锥施加压力,否则螺纹牙型将被损坏。

为了在开始攻螺纹时,容易使丝锥保持正确位置,可在丝锥上旋上同样规格的光制螺母(图 2.170(a)),或将丝锥插入导向套的孔中(图 2.170(b))。攻螺纹时只要把螺母或导向套压紧在工件表面上,就容易使丝锥按正确的位置切入工件孔中。

④攻螺纹时,每扳转铰杠 1/2~1 圈,就应倒转 1/2 圈,使切屑碎断后容易排除,并可减少切削刃因粘屑而使丝锥轧住的现象。在攻 M5 以下的螺纹孔、韧性材料、深孔及不通孔时,更要注意经常倒转,以免丝锥折断。

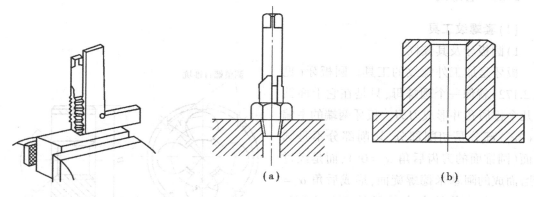

图 2.169　用 90°角尺检查　　　　图 2.170　保证丝锥正确位置的工具
丝锥的位置

⑤攻不通的螺孔,要经常退出丝锥,排除孔中的切屑,尤其当将要攻到孔底时,更应及时清除切屑,以免丝锥攻入时被轧住。当工件不便倒向清除切屑时,可用弯的管子吹去切屑,或用磁铁借助铁钉吸出。

⑥攻螺纹过程中,在调换后一支丝锥时,要用手先旋入至不能再旋进时,然后用铰杠转动,以免损坏螺纹和防止乱牙。在丝锥攻完退出时,也要避免快速转动铰杠,最好用手旋出,以保证已攻好的螺纹质量不受影响。

⑦攻塑性材料的螺孔时,要加切削液,以减少切削阻力和提高螺孔的表面质量,并能延长丝锥的使用寿命。一般用机油或浓度较大的乳化液,要求高的螺孔可用菜油或二硫化钼等。

⑧机攻时,要保持丝锥与螺孔的同轴度要求。将攻完时,丝锥的校准部分不能全部出头,否则在反转退出丝锥时会产生乱牙。

⑨机攻时的切削速度,一般钢料为 6~15 m/min;调质钢或硬的钢料为 5~10 m/min;不锈钢为 2~7 m/min;铸铁为 8~10 m/min。在攻制同样材料时,丝锥直径小时取较高值;丝锥直径大时取较低值。

3)丝锥的刃磨

当丝锥的切削部分磨损时,可刃磨其后面(见图 2.171)。刃磨时,要注意保持各刃瓣的主偏角 $\kappa_r$ 以及切削部分长度的准确性和一致性。转动丝锥时要留心,不要使另一刃瓣的刀齿碰擦磨坏。

当丝锥的校准部劈磨损时,可刃磨其前面。磨损较少时可用油石研磨前面。研磨时,在油石上涂一些机油,油石要掌握平稳。磨损较显著时,要用棱角修圆的片状砂轮刃磨,并控制好一定的前角 $\gamma_o$。

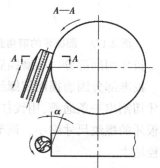

图 2.171　刃磨丝锥后面

### 2.6.3　套螺纹

#### （1）套螺纹工具

1）圆板牙及其铰杠

板牙是加工外螺纹的工具。圆板牙（见图 2.172）就像一个圆螺母，只是在它上面钻有几个排屑孔并形成刀刃。板牙两端的主偏角（$2\kappa_r$）部分是切削部分，切削部分不是圆锥面（圆锥面的刀齿后角 $\alpha_o = 0°$），而是经过铲磨而成的阿基米德螺旋面，形成后角 $\alpha_o = 7° \sim 9°$。主偏角的大小一般是 $200° \sim 250°$（$2\kappa_r = 40° \sim 50°$）。

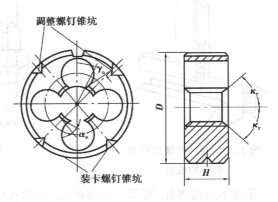

图 2.172　圆板牙

板牙的中间一段是校准部分，也是套螺纹时的导向部分。

圆板牙的前面为曲线形。因此，前角大小沿着切削刃而变化，在小径处前角 $\gamma_{o1}$ 最大，大径处前角 $\gamma_o$ 最小（见图 2.173）。一般 $\gamma_o$ 为 $8° \sim 12°$。

M3.5 以上的圆板牙，其外圆上有 4 个紧定螺钉坑和一条 V 形槽（见图 2.172）。图 2.173 中下面两个螺钉坑其轴线通过板牙中心，它是用来将板牙固定在铰杠中传递转矩的（靠板牙铰杠上的两个紧定螺钉带动圆板牙旋转，见图 2.174）。

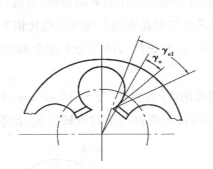

图 2.173　圆板牙的前角变化

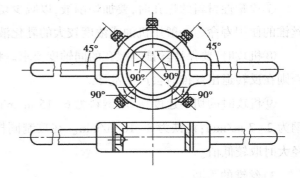

图 2.174　圆板牙铰杠

板牙切削部分一端磨损后可换另一端使用。

校准部分因磨损而使螺纹尺寸变大以至超出公差范围时，可用锯片砂轮沿板牙 V 形槽将板牙切割出一条通槽，用铰杠上的另外两个紧定螺钉，顶入圆板牙上面两个偏心的锥坑内，使圆板牙的螺纹尺寸缩小。调节的范围为 $0.1 \sim 0.25$ mm。V 形槽开口处旋入螺钉后，可使板牙直径增大。

2）管螺纹板牙

非螺纹密封管螺纹板牙的结构与圆板牙相仿。

用螺纹密封管螺纹板牙（见图 2.175）的基本结构也与圆板牙相仿，只是在单面制成切削锥，只能单面使用。这种板牙所有的切削刃均参加切削，所以切削时很费力。板牙切削时的行程长度,影响管螺纹的尺寸。因此,套螺纹时要经常检查,不能使切削行程长度超过太多,只要相配件旋入后能满足要求即可。

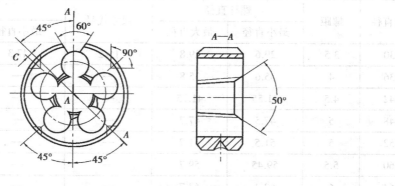

图 2.175　用管螺纹密封的管螺纹板牙

**(2)套螺纹方法**

1)套螺纹前圆杆直径的确定

用板牙在钢料上套螺纹耐与攻螺纹一样,螺纹牙尖也要被挤高一些,因此,圆杆的直径应比螺纹的大径(公称直径)小一些。

圆杆直径可计算为

$$d_0 \approx d - 0.13P$$

式中　$d$——螺纹大径,mm;

　　　$P$——螺距,mm。

圆杆直径也可由表 2.28 查得。

表 2.28　板牙套螺纹时圆杆的直径/mm

| 粗牙普通螺纹 | | | | 非螺纹密封的管螺纹 | | |
|---|---|---|---|---|---|---|
| 螺纹直径 | 螺距 | 螺杆直径 | | 尺寸代号 | 管子外径 | |
| | | 最小直径 | 最大直径 | | 最小直径 | 最大直径 |
| M6 | 1 | 5.8 | 5.9 | 1/8 | 9.4 | 9.5 |
| M8 | 1.25 | 7.8 | 7.9 | 1/4 | 12.7 | 13 |
| M10 | 1.5 | 9.75 | 9.85 | 3/8 | 16.2 | 16.5 |
| M12 | 1.75 | 11.75 | 11.9 | 1/2 | 20.5 | 20.8 |
| M14 | 2 | 13.7 | 13.85 | 5/8 | 22.5 | 22.8 |
| M16 | 2 | 15.7 | 15.85 | 3/4 | 26 | 26.3 |
| M18 | 2.5 | 17.7 | 17.85 | 7/8 | 29.8 | 30.1 |
| M20 | 2.5 | 19.7 | 19.85 | 1 | 32.8 | 33.1 |
| M22 | 2.5 | 21.7 | 21.85 | $1\frac{1}{8}$ | 37.4 | 37.7 |
| M24 | 3 | 23.65 | 23.8 | $1\frac{1}{4}$ | 41.4 | 41.7 |
| M27 | 3 | 26.65 | 26.6 | $1\frac{3}{8}$ | 43.8 | 44.1 |

续表

| 粗牙普通螺纹 | | | | 非螺纹密封的管螺纹 | | |
|---|---|---|---|---|---|---|
| 螺纹直径 | 螺距 | 螺杆直径 | | 尺寸代号 | 管子外径 | |
| | | 最小直径 | 最大直径 | | 最小直径 | 最大直径 |
| M30 | 3.5 | 29.6 | 29.8 | $1^1/2$ | 47.3 | 47.6 |
| M36 | 4 | 35.6 | 35.8 | — | — | — |
| M42 | 4.5 | 41.55 | 41.75 | — | — | — |
| M48 | 5 | 47.5 | 47.7 | — | — | — |
| M52 | 5 | 51.5 | 51.7 | — | — | — |
| M60 | 5.5 | 59.45 | 59.7 | — | — | — |
| M64 | 6 | 63.4 | 63.7 | — | — | — |
| M68 | 6 | 67.4 | 67.7 | — | — | — |

2)套螺纹时必须掌握的要点

①为了使板牙容易对准工件和切入材料,圆杆端部要倒成 15°～20° 的斜角,锥体的最小直径要比螺纹小径小,使切出的螺纹起端避免出现锋口;否则,螺纹起端容易发生卷边而影响螺母的拧入。

②套螺纹时切削力矩很大,圆杆要用硬木制的 V 形架或厚铜板作衬垫,才能可靠地夹紧(见图 2.176)。圆杆套螺纹部分离钳口也要尽量近。

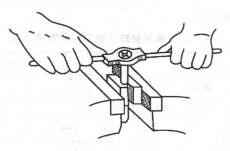

图 2.176 夹紧圆杆的方法

③套螺纹时,应保持板牙的端面与圆杆轴线垂直;否则,切出的螺纹牙齿一面深一面浅,在螺纹长度较大时,甚至因切削阻力太大而不能再继续扳动铰杠,螺纹牙齿损坏现象也特别严重。

④开始时,为了使板牙切入工件,要在转动板牙时施加轴向压力,转动要慢,压力要大。待板牙已旋入切出的螺纹时,就不要再施加压力,以免损坏螺纹与板牙。

⑤为了断屑,板牙也要时常倒转一下,但与攻螺纹相比,切屑不易产生堵塞现象。

⑥在钢料上套螺纹时,要加切削液,以提高螺纹表面质量和延长板牙使用寿命。一般用加浓的乳化液或机油,要求较高时用菜油或二硫化钼。

3) 攻螺纹套螺纹时的原因

①攻螺纹时的废品分析见表 2.29。

②攻螺纹时丝锥损坏的原因见表 2.30。

表 2.29　攻螺纹时产生废品的原因

| 废品形式 | 产生的原因 |
| --- | --- |
| 烂　牙 | 1.螺纹底孔直径太小,丝锥不易切入,孔口烂牙 |
| | 2.换用中锥、精锥时,与已切出的螺纹没有施合好就强行攻削 |
| | 3.初锥攻螺纹不正,用中锥、精锥时强行纠正 |
| | 4.对塑性材料未加切削液或丝锥不经常倒转,而把已切出的螺纹啃伤 |
| | 5.丝锥磨钝或刀刃有沾屑 |
| | 6.丝锥铰杠掌握不稳,攻铝合金等强度较低的材料时,容易被切烂牙 |
| 滑　牙 | 1.攻不通孔螺纹时,丝锥已到底仍继续扳转 |
| | 2.在强度较低的材料上攻较小螺孔时,丝锥已切出螺纹仍继续加压力,或攻完退出时连铰杠转出 |
| 螺孔攻歪 | 1.丝锥位置不正 |
| | 2.机攻时丝锥与螺孔不同轴 |
| 螺纹牙深不够 | 1.攻螺纹前底孔直径太大 |
| | 2.丝锥磨损 |

表 2.30　丝锥损坏的原因

| 损坏形式 | 损坏原因 |
| --- | --- |
| 丝锥崩牙或折断 | 1.工件材料中夹有硬物 |
| | 2.断屑排屑不良,产生切屑堵塞现象 |
| | 3.丝锥位置不正,单边受力太大或强行纠正 |
| | 4.两手用力不均 |
| | 5.丝锥磨钝,切削阻力太大 |
| | 6.底孔直径太小 |
| | 7.攻不通孔螺纹时丝锥已到底仍继续扳转 |
| | 8.攻螺纹时用力过猛 |

③从螺孔中取出断丝锥的方法。在取出断丝锥前,应先把孔中的切屑和丝锥碎屑清除干净,以防轧在螺纹与丝锥之间而阻碍丝锥的退出。

a.用狭錾或冲头抵在断丝锥的容屑槽中顺着退出的切线方向轻轻敲击,必要时再顺着旋进方向轻轻敲击,使丝锥在多次正反方向的敲击下产生松动,则退出就容易了。这种方法仅适用于断丝锥尚露出于孔口或接近孔口时。

b.在带方榫的断丝锥上拧上两个螺母,用钢丝(根数与丝锥槽数相同)插入断丝锥和螺母的空槽中,然后用铰杠按退出方向扳动方榫,把断丝锥取出。

c.在断丝锥上焊上一个六角螺钉,然后用扳手扳动六角螺钉而使断丝锥退出。

d.用乙炔火焰或喷灯使断丝锥退火,然后用钻头钻一不通孔。此时,钻头直径座比底孔直径略小,钻孔时也要对准中心,防止将螺纹钻坏。孔钻好后,打入一个扁形或方形冲头,再用扳手旋出断丝锥。

e.用电火花加工设备将断丝锥熔掉。

4)套螺纹时的废品分析

套螺纹时的废品分析见表2.31。

表 2.31　套螺纹时的废品分析

| 废品形式 | 产生的原因 |
|---|---|
| 烂　牙 | 1.未进行必要的润滑,板牙把工件上螺纹粘去一部分<br>2.板牙一直不倒转,切屑堵塞把螺纹啃坏<br>3.圆杆直径太大<br>4.板牙歪斜太多,造成烂牙 |
| 螺孔攻歪 | 1.圆杆端部倒角不良,使板牙位置不易放准,切入时歪斜<br>2.两手用力不均,使板牙位置发生歪斜 |
| 螺纹中径小<br>(齿形瘦小) | 1.板牙铰杠经常摆动和借正位置,使螺纹切去过多<br>2.板牙已切入,仍继续加压力 |
| 螺纹太浅 | 1.圆杆直径太小<br>2.板牙调节的直径过大 |

# 项目 2.7　矫正与弯曲

## 2.7.1　矫正工艺

### (1) 矫正的原理

金属材料变形有以下两种情况:

1)弹性变形

弹性变形不需要进行矫正,只要外部作用力消除即能自行恢复原来的形状。

2)塑性变形

当外部的作用力超过材料所能承受的极限强度,使材料或制件产生永久性变形,称为塑性变形。塑性变形可通过不同的矫正工艺使其恢复原来的状态。

改善材料或制件由于外部机械作用力的影响,使其产生永久性弯曲、变形、凹凸不平等缺陷的加工方法称为矫正。

材料内部组织由于受外部作用力的影响,部分组织产生伸长和压缩造成永久性的变形。矫正的目的是利用外部的作用力,使材料或制件内部组织结构发生新的变化,产生新的塑性变形来改善或消除原有的不平、不直或复杂的变形。

矫正不能完全消除外力对其的影响,但通过矫正的方法能使材料或制件更接近原来的形状或满足加工的要求。

矫正是通过外部的作用力使材料内部组织发生变化,这种变化使材料表层的硬度提高,性质变脆,强度降低,这种变硬、变脆的现象称为冷作硬化。冷作硬化现象是塑性材料开裂、折断的主要原因之一,给继续矫正带来困难。

消除冷作硬化现象可采用退火处理的方法。退火处理不仅能消除材料的冷作硬化现象,同时能消除材料内部的残余应力使材料的性质趋于稳定,经退火处理的材料可继续进行矫正工作。

**(2)矫正用工具及矫正方法**

1)矫正用工具

根据矫正的材料厚度、硬度及变形的形状不同,使用的矫正工具也有所成同。常用的有以下两类:

①矫正的基座件

a.中、大型平板是薄板矫正的基座件,薄板料以平板为基准进行矫正。

b.铁砧是矫正圆柱形、角钢及较厚材料矫正的基座件。

c.台虎钳是小型条料、板料矫正的基座件。

②矫正手工具

A.抽条

矫正薄板类工件常用抽条工具拍打变形部位进行矫正。抽条是用平直的弹性较好的狭板制成,为了方便操作柄部与工作面制成平行的两个面,如图 2.177 所示。用抽条的工作面对矫正件进行顺序抽打,使工件压缩表层组织产生延伸达到矫正的目的。抽条的矫正效率较高,工件的平整性较好。它适用于对较薄材料或材质较软的板料矫正,如镀锌薄板料、铜质薄板料等。

B.拍板

拍板是由质地较好的檀木制成长方形状,如图 2.178 所示。拍板的作用与抽条相同,一般对软质材料矫正时使用,拍板拍打时整个工作面与工件接触,由于拍板采用木质材料,拍打后工件表面不会留下印痕,矫正效果也较好。

如图 2.179 所示为利用拍板或方木条对不适宜用拍打法矫正的软金属薄膜。使用压推法矫正,压推法矫正有较好的矫正效果。这种方法适用于 0.5 mm 厚度以下的软金属薄板,如铝皮或铝膜等材料。

图 2.177　用抽条矫正方法

图 2.178　拍板拍打矫正方法

图 2.179　用方木压推矫正

C.锤击用工具

a.锤子。适用于对钢质材料的锤击法矫正,主要通过锤击某个部位,使材料表层延伸达到矫正的目的。它是矫正使用较多的工具,有较好的矫正效果。其缺点是矫正后工件表面留下锤击印痕。

b.木锤子。木锤子是用质地较硬并有较好韧性的木材制成,如檀木等,如图 2.180 所示。它适用于较软材质工件的矫正,也可作其他板料精矫正使用的工具。

c.橡胶锤子。采用工业硫化橡胶制成的锤子,锤子形状、规格与木锤子一样,锤子上装有与其他锤子一样的木质柄。用橡胶锤子锤击,工件表面不会留下印痕,尤其适用软金属板材的矫正。

2)手工矫正方法

①狭长板料扭曲变形的矫正

狭长板料扭曲变形可按如图 2.181 所示的方法,用扭转法进行矫正。将待矫正的工件夹持在台虎钳上,用弯成槽形的扳手插入在待矫正的工件弯曲部位,按图示方法左手按住工具的上部,右手握住扳手末端扳动扳手,使工件恢复至原来的形状。扳动扳手时,应过正些,过正量的多少视工件材料的弹性变形程度决定,可通过试弯修正。扭转法适用于狭长板料的矫正。

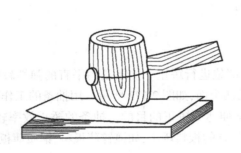

图 2.180 用木锤矫正薄板

图 2.181 条料扭曲变形
的矫正方法

较小的条料弯曲,可按如图 2.182(a)所示方法进行矫正。矫正时,将变形的工件弯曲部位夹持在台虎钳钳口侧面,用活扳手夹持工件前端工,左手按住工件弯曲部位,使力作用在弯曲部位,右手握住扳手向矫正方向扳动。对于变形不大的工件也可采用如图 2.182(b)所示的方法,将弯曲部位直接夹持在台虎钳上进行矫正。

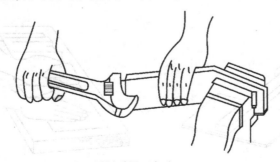

（a)用扳手矫正方法

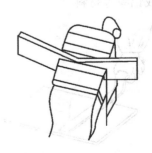

（b)用台虎钳钳口夹排矫正方法

图 2.182 弯曲变形的矫正方法

扭曲变形件和弯曲变形件矫正时,应注意材料的抗弯强度(材料矫正的回弹量)。在矫正时,必须过正才能使矫正件产生塑性变形,得到快速矫正的目的。

②延展法矫正

A.条料在宽度方向弯曲的矫正

条料在宽度方向弯曲主要原因是条料受外部力的影响产生永久变形所致,材料宽度方向的组织受压后引起两侧长度伸缩不一致。如图 2.183 所示,材料 A 方向一侧材料受压后拉长,而 B 方向一侧受压后材料挤压收缩,由于材料受压力超过材料的极限强度材料产生永久性压缩变形。因此,在 B 向平面会有不规则的隆起部分。

条料在宽度方向弯曲的矫正应按如图 2.183(a)所示方法进行矫正。将条料凸起部位朝上将凹的一边放置在铁砧上,矫正时用锤子锤击弯曲凸面,由于锤击的冲击力使凹形的一边拉长,待条料基本矫直后,将条料平放在铁砧上,用锤子锤击弯形弧短的一面材料隆起平面。锤击 A 面,通过基座件的反作用力达到矫正的目的。

如图 2.183(b)所示为采用锤击条料凹形平面隆起部位,使这部分材料的延伸拉长达到矫正的目的。

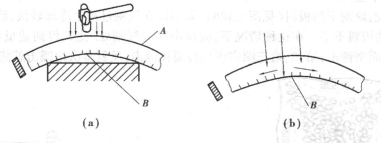

图 2.183　延展法矫正方法

矫正时,锤击条料的力度和锤击点要掌握好,从弯形的凹弧中心开始向两端展开,锤击力度由中间重两端渐轻展开锤击,材料受锤击作用产生局部延伸,使凹形的一边伸长而变直,反复矫正使其逐步恢复平直要求。

如果材料的断面比较宽而薄,可直接用延展法来矫正条料的平面。

B.板料翘曲变形矫正

矫平板料是一种比较复杂的操作。引起板料翘曲的原因是多方面的。有的是因受外力使板料局部鼓凸不平;有的是因板料本身的内应力引起的翘曲;有的是经氧乙炔切割后,部分翘曲等。因此,应根据翘曲的不同情况,采用适当的矫正方法。如简单地不管情况如何,就直接锤击凸起部位,不但不能矫平,反而会增加板料的翘曲。如图 2.184 所示的中部凸起的板料,就不能直接锤击凸起部位。因为这个部位的材料厚度是受到外力后比原来变薄而凸起的,如果再加以锤击(见图 2.184(a))材料则更薄,凸起现象更严重。在这种情况下,必须在板料的边缘适当地加以延展,如图 2.184(b)所示。边缘板料的厚度和凸起部位的厚度越趋近则越平整。因此,在锤击时应锤击边缘,从外到里应逐渐由重到轻,由密到稀。这样,才能使凸起部位逐渐消除,最后达到平整要求。

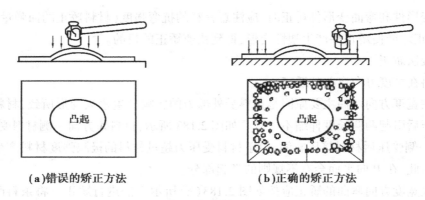

**(a)错误的矫正方法**　　　　**(b)正确的矫正方法**

**图 2.184　板料的矫正方法**

对表面上有几处凸起的板料,应先锤击凸起部位之间的地方,使所有分散的凸起部分聚集成一个总的凸起部分。然后再用延展法使总的凸起部分逐渐达到平直。

若板料四周呈波浪形而中间平整如图 2.185 所示。这说明板料四边变薄而伸长了。矫平时,应按图中箭头方向由四角向中间锤打,中间应重而密,近角应轻而疏,经过反复多次锤打,可使板料达到平整。

有的用氧乙炔割下的板料(见图 2.186),周围因在气割过程中冷却较快,致使周围收缩厉害,造成割下的板料不平。在这种情况下,应锤击周围气割处,使其得到适量延伸。锤击时,应从边缘起重而密锤击,第二、第三圈应该是轻而稀锤击,反复多次地锤击就能达到平整。

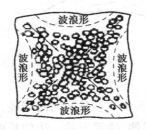

**图 2.185　波浪形板料矫正**

**图 2.186　气割板料的矫正方法**

C.角钢的矫正

对角钢的矫正方法和条料有所不同。当角钢扭曲时,应将平直部分放在铁砧上,锤击上翘的一面如图 2.187 所示。锤击时,应由边向里、由重到轻(见图 2.187 中的箭头)。锤击一遍后,反过方向再锤击另一面,方法相同,锤击几遍可使角钢矫直。但必须注意,手扶平直的一端距离锤击处远些,防止锤击时振痛。

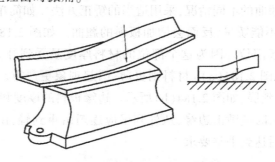

**图 2.187　角钢向里弯曲的矫正方法**

角钢的翘曲,一种是向里翘(见图 2.188(a)),另一种是向外翘(见图 2.189(a)),不论是哪个方向的翘曲,都应按以下的方法矫正:将角钢翘曲的高起处向上平放在砧座上。

如果是向里翘,应锤击角钢的一条边的凸起处(见图 2.188(b)中箭头所指处),经过由重到轻的锤击,角钢的外侧面会逐渐趋于平直。但须注意,角钢与砧座接触的一条边必须和砧面垂直,锤击时不致使角钢歪倒,否则要影响锤击效果。如果是向外翘,应锤击角钢凸起的一条边(见图 2.189(b)中箭头所指处),不应锤击凸起的面。经过锤击,角钢凸起的内侧面也会随着角钢的边一起逐渐平直。翘曲现象基本消除后,可用手锤锤击微曲的面,作进一步修整。

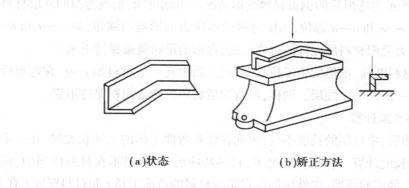

(a)状态　　　　　　　　　(b)矫正方法

图 2.188　角钢向里的弯曲方法

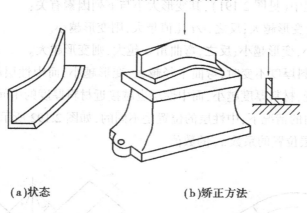

(a)状态　　　　　　　　　(b)矫正方法

图 2.189　角钢向外弯曲的矫正方法

### 2.7.2　弯形

**(1)弯形的原理**

弯形是将原来平直的板料、条料、棒料及管子等工件,通过外力的作用使其产生塑性变形弯成所要求的各种形状,这种工作称为弯形。

弯形是使材料产生塑性变形,因此,只有塑性好的材料才能进行弯形。弯形的基本原理如图 2.190 所示。如图 2.190(a)所示为弯形前的钢板的内部组织,假如将所要弯形的材料厚度方向划分为 a,b,c,d,e 5 个等份。

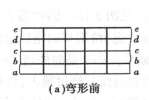
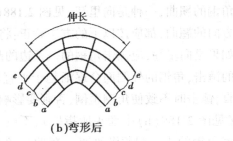

**(a)弯形前**      **(b)弯形后**

图 2.190    钢板弯形前后情况

如图 2.190(b)所示为弯形后的钢板材料变形情况。由此可知,钢板弯曲的外层材料受拉应力的影响伸长,如 $e$—$e$ 和 $d$—$d$ 部位;内层材料受压应力的影响而缩短,如 $a$—$a$ 和 $b$—$b$ 部位,只要外部的作用力克服材料所允许的抗弯强度,弯形的形状就被保持下来。

经过弯形后的材料断面,虽然发生了拉长和压缩,而中间一层材料如 $c$—$c$,在弯形后的长度基本保持不变,这一层称为中性层。同样,经弯形后材料的断面面积保持不变。

**(2)弯形前毛坯长度计算**

由于材料在弯曲后,中性层的长度不变,因此在计算弯曲工作的毛坯长度时,在一定的条件下,可按中性层的长度计算。在很多情况下,材料弯曲后,中性层不在材料的当中,而是偏向内层材料的一边。经实验证明,中性层的位置是与材料的弯曲半径 $r$ 和材料厚度 $t$ 有关。

在材料弯曲过程中(见图 2.191),其变形大小与下列因素有关:

①$r/t$ 比值越小,变形越大;反之,$r/t$ 比值越大,则变形越小。

②弯曲角 $\alpha$ 越小,变形越小;反之,弯曲角 $\alpha$ 越大,则变形越大。

由此可知,当材料厚度不变时,弯曲半径越大,变形越小,而中性层越接近材料厚度的中间。如弯曲半径不变,材料厚度越小,而中性层也越接近材料厚度的中间。

因此在不同弯曲的情况下,中性层的位置是不同的,如图 2.192 所示。

表 2.32 为中性层位置的系数 $x_0$ 的数值。

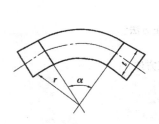
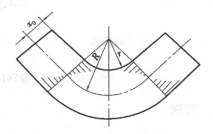

图 2.191    弯形半径和弯形角        图 2.192    弯形件中性层位置

表 2.32    弯曲中性层位 Ⅰ 系数 $x_0$

| $r/t$ | 0.25 | 0.5 | 0.8 | 1 | 2 | 3 | 4 | 5 | 6 | 7 | 8 | 10 | 12 | 14 | >16 |
|---|---|---|---|---|---|---|---|---|---|---|---|---|---|---|---|
| $x_0$ | 0.2 | 0.25 | 0.3 | 0.35 | 0.37 | 0.4 | 0.41 | 0.43 | 0.44 | 0.45 | 0.46 | 0.47 | 0.48 | 0.49 | 0.5 |

从表 2.32 中 $r/t$ 比值可知，当弯曲半径 $r \geqslant 16$ 倍材料厚度 $t$ 时，中性层在材料厚度的中间。在一般情况下，为了简化计算，当 $r/t \geqslant 5$ 时，即按加 $x_0 = 0.5$ 进行计算。

如图 2.193 所示为常见的几种弯曲形式。图 2.193(a)、(b)、(c) 为内边带圆弧的制件，图 2.193(d) 为内边不带圆弧的直角制件，图中直线部分和内边圆弧长度相加即为毛坯的总长度。前 3 种圆弧部分的长度，可计算为

$$A = \pi(r + x_0 t)\frac{\alpha}{180°}$$

式中　$A$——圆弧部分的长度，mm；

　　　$R$——内弯曲半径，mm；

　　　$x_0$——中性层位置系数；

　　　$t$——材料厚度，mm；

　　　$\alpha$——等曲角（弯曲整圆时，$\alpha = 360°$；多弯曲直角时，$\alpha = 90°$）。

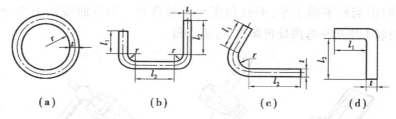

**图 2.193　常见的弯形形状**

对于内边弯曲成直角不带圆弧的制件，求毛坯长度时，按 $r = 0$ 进行计算。

**例 2.4**　已知如图 2.193(c) 所示的制件弯形角 $\alpha = 120°$。内弯形半径 $r = 16$ mm，材料厚度 $t = 4$ mm，边长 $l_1 = 50$ mm，$l_2 = 100$ mm，求毛坯总长度 $L$。

**解**　$r/t = 1$ 674 $= 4$，查表 9.1 得 $x_0 = 0.41$，则

$$L = l_1 + l_2 + A$$

$$= l_1 + l_2 + \pi(r + x_0 t)\frac{\alpha}{180°}$$

$$= 50 \text{ mm} + 100 \text{ mm} + 3.14(16 + 0.41 \times 4)\frac{120°}{180°} \text{ mm}$$

$$= 186.93 \text{ mm}$$

**例 2.5**　在图 2.193(d) 中，已知 $l_1 = 55$ m，$l_2 = 80$ mm，$t = 3$ mm，求毛坯长度。

**解**　如图 2.193(d) 所示为内边是直角的弯形制件，故

$$L = l_1 + l_2 + A$$

$$= l_1 + l_2 + 0.5t$$

$$= 55 \text{ mm} + 80 \text{ mm} + 0.5 \times 3 \text{ mm}$$

$$= 136.5 \text{ mm}$$

上述毛坯长度的计算方法仅作为参考值,由于材料性质的差异和弯形技术、方法上的不同,毛坯的实际长度会有误差。因此,如批量生产时还需要在计算的基础上,用实验的方法确定坯料的实际长度,以免造成浪费。

**(3)弯形及弯形工具使用方法**

1)板材的弯形方法

①板料工件90°角度弯形方法

若极料弯成90°角或有几个90°角的工件,尺寸不大的可在台虎钳上进行弯形,如图2.194所示。

将工件需要弯形的部位划两直线,与钳口对齐,两边与钳口垂直夹持在台虎钳上。用木锤子敲击露出部分使其与钳口上平面贴平至要求。

被夹持的板料如果弯曲线以上部分较长时,为了避免锤击时板料发生弹跳,可用左手压住材料上部,用木锤子在靠近弯曲部位的全长上轻轻敲打(见图2.194(a)),使弯曲线以上的平面部分,不受到锤击和回跳,保持原来的平整。如敲打板料上端(见图2.194(b)),由于板料的回跳,不但影响到平面不平,而且角度也不易弯好。如弯曲线以上部分较短时(见图2.194(c)),用硬木块垫在弯曲处再敲打,弯成直角。

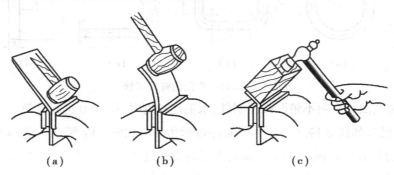

(a)        (b)        (c)

**图2.194 工件在台虎钳上弯形方法**

如工件弯曲部位的长度大于钳口长度2~3倍,而且工件两端又较长,无法在台虎钳上夹持时,可参照如图2.195所示的方法,将一边用压板压紧在有T字槽的平板上,在弯曲处垫上木方条,用力敲打木方条,使其逐渐弯成需要的角度。

弯制各种多直角工件时,可用木垫或金属垫作辅助工具。如图2.196(a)所示的工件,其弯曲顺序如下:先将板料按划线夹入角铁衬内弯成 $A$ 角,如图2.196(b)所示;再用衬垫①弯成 $B$ 角,如图2.196(c)所示;最后用衬垫②弯成 $C$ 角,如图2.196(d)所示。

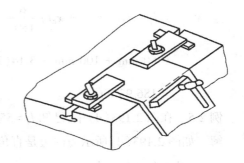

**图2.195 较大工件的弯形方法**

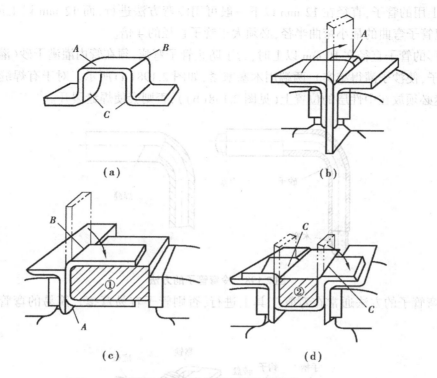

（a）　　　　　　　　　　　　　　（b）

（c）　　　　　　　　　　　　　　（d）

图 2.196　弯多直角形工件顺序

②弯圆弧形工件

先在材料上划好弯曲线，按线夹在台虎钳的两块角铁衬垫里（见图 2.197），用方头手锤的窄头锤击，经过图 2.196（a）、（b）、（c）3 步初步成型，然后在半圆模上修整圆弧（见图 2.197（d）），使形状符合要求。

③弯圆弧和角度结合的工件

如要弯制如图 2.197（a）所示的工件，先在狭长板料上划好弯曲线。弯曲前，先将两端的圆弧和孔加工好。弯曲时，可用衬垫将板料夹在台虎钳内，先将两端的 1,2 两处弯好（见图 2.197（b）），最后在圆钢上弯工件的圆弧，如图 2.197（c）所示。

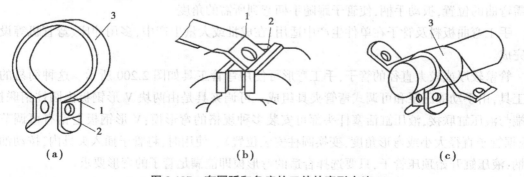

（a）　　　　　　　　　　　　（b）　　　　　　　　　　　　（c）

图 2.197　有圆弧和角度的工件的弯形方法

2)管子的弯形

机器上用的管子,直径在 12 mm 以下一般可用冷弯方法进行,而 12 mm 以上的管子,则用热弯,但管子弯曲的最小弯曲半径,必须大于管子直径的 4 倍。

当弯形的管子直径在 10 mm 以上时,为了防止管子弯瘪,须在管内灌满干砂(灌砂时用木棒敲击管子,使沙子灌得结实),两端用木塞塞紧,如图 2.198(a)所示。对于有焊缝的管子的弯曲,焊缝必须放在中性层的位置上(见图 2.198(b)),否则会使焊缝裂开。

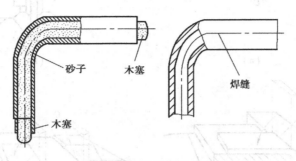

图 2.198 冷弯管子的方法

用冷弯管子的方法通常在弯管工具上进行,否则管子容易弯瘪。简易的弯管工具如图 2.199所示。

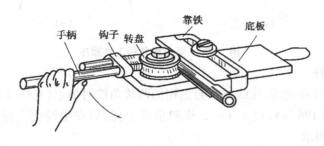

图 2.199 简易手工弯管工具

它由底板、转盘、靠铁、钩子及手柄等组成。转盘圆周上和靠铁侧面上有圆弧槽。圆弧槽按所弯的油管直径而定(最大可制成半径 6 mm)。当转盘和靠铁的位置固定后(两者均可转动,靠铁也可移动)即可使用。使用时,将油管插入转盘和靠铁的圆弧槽中,钩子钩住管子,按所需弯曲的位置,扳动手柄,使管子跟随手柄弯到所需的角度。

手工弯曲板料及管子在单件生产中适用,在成批或大量生产中,多用冲床、弯管机等设备来完成。

管壁较厚或较大直径的管子,手工弯形可使用弯管工具如图 2.200 所示。这种简易的弯管工具,由手动液压泵和可调式弯管夹具组成。可调夹具是由两块 V 形钢板由圆柱销联接;顶端与液压缸联接,液压缸活塞杆头部可安装多种规格的弯形模;V 形钢板上钻有可调节孔(根据管子直径大小或弯形角度,变换圆柱安装位置)。使用时,将管子插入夹具内,按动油泵手柄,液压缸开始顶压管子,只要选择合适的弯形模即能满足管子的弯形要求。

这种夹具除了能弯形管子外,也能对弯曲的管子进行矫正,操作很方便。

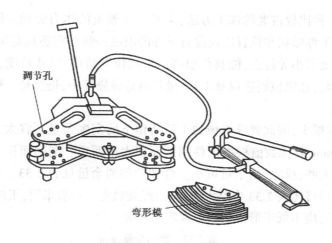

调节孔

弯形模

图 2.200　管壁较厚或大直径的弯管工具

**(4)矫正和弯形产生废品的原因**

1)矫正件表有严重的印痕

产生严重印痕的主要原因是由于锤击时锤子歪斜或锤子表面不光滑以及采用锤击工具不当,如材料较软而锤子过硬等。

2)工件矫正或弯形有开裂现象

主要原因是由于矫正或弯形次数过多,使材料产生冷作硬化现象引起材料开裂。

3)管子弯形有歪斜现象

可能由于工件夹持不正确或未能有效的夹紧,弯形方法不当。

4)管子弯形有瘪痕或焊缝开裂现象

管子弯形半径过小或管内砂未灌满;焊缝开裂主要原因是焊缝弯形的位置放置不当(未在中性层位置弯形)。

# 项目 2.8　刮　削

## 2.8.1　概　述

**(1)刮削的作用**

用刮刀刮除工件表面薄层的加工方法,称为刮削。刮削加工属于精加工。

通过刮削加工后的工件表面,由于多次反复地受到刮刀的推挤和压光作用,因此使工件表面组织变得比原来紧密,并得到较细的表面粗糙度。

精密工件的表面常要求达到较高的几何精度和尺寸精度。在一般机械加工中,如车、刨、铣加工后的表面,不能达到上述精度要求。因此,如机床导轨和滑行面之间、转动的轴和轴承之间的接触面、工具量具的接触面以及密封表面等,常用刮削方法进行加工。同时,由于刮削后的工件表面形成比较均匀的微浅凹坑,给存油创造了良好的条件。

刮削工作是一种比较古老的加工方法,也是一项繁重的体力劳动。但是,由于它所用的工具简单,且不受工件形状和位置以及设备条件的限制;同时,它还具有切削量小、切削力小、产生热量小、装夹变形小等特点,能获得很高的形状位置精度、尺寸精度、接触精度以及较细的表面粗糙度,因此,在机械制造以及工具、量具制造或修理中,仍然是一种重要的手工作业。

**(2)刮削余量**

每次的刮削量很少,因此要求机械加工后所留下的刮削余量不宜太大。刮削前的余量,一般为 0.05~0.4 mm,具体数值根据工件刮削面积大小而定。刮削面积大,由于加工误差也大,故所留余量应大些;反之,则余量可小。合理的刮削余量见表2.33。当工件刚度较差,容易变形时,刮削余量可比表2.33中略大些,可由经验确定。一般来说,工件在刮削前的直线度误差和平面度误差,应不低于形位公差中规定的9级。

表2.33 刮削余量/mm

| 平面的刮削余量 | | | | |
|---|---|---|---|---|
| 平面宽度 | 平面长度 | | | |
| | 100~500 | 500~1 000 | 1 000~2 000 | 2 000~4 000 | 4 000~6 000 |
| 100 以下 | 0.10 | 0.15 | 0.20 | 0.25 | 0.30 |
| 100~500 | 0.15 | 0.20 | 0.25 | 0.30 | 0.40 |
| 孔的刮削余量 | | | | |
| 孔 径 | 孔长 | | |
| | 100 以下 | 100~200 | 200~300 |
| 80 以下 | 0.05 | 0.08 | 0.12 |
| 80~180 | 0.10 | 0.15 | 0.25 |
| 180~360 | 0.15 | 0.20 | 0.35 |

**(3)刮削前的准备工作**

1)工作场地的选择

场地上的光线、室温以及地基都对刮削质量有较大的影响。光线太强或太弱,不仅影响视力,也影响刮削质量。在刮削大型精密工件时,还应选择温度变化小而缓慢的刮削场地,以免因温差变化大而影响其精度的稳定性。在刮削质量大的狭长刮削面时(如车床床身导轨),如场地地基疏松,常会因此而使刮削面变形。因此,在刮削这类机件时,应选择地基坚实的场地。

2)工件的支承

工件安放必须平稳,使刮削时无摇动现象。安放时应选择合理的支承点工件应保持自由状态,不应由于支承而受到附加应力。例如,刮削刚度好、体重、面积大的机器底座接触面(图2.201(a))或大体积的平板等,应用三点支承。为了防止刮削时工件翻倒,可在其中一个交点的两边适当加木块垫实。对细长易变形的工件(见图2.201(b)),应在距两端2/9L处用两点支承。大型工件,如机床床身导轨,刮削时的支承应尽可能与装配时的支承一致,在安放工件的同时,应考虑到工件刮削面位置的高低,必须适合操作者的身高,一般是近腰部上下,这样便于操作者发挥力量。

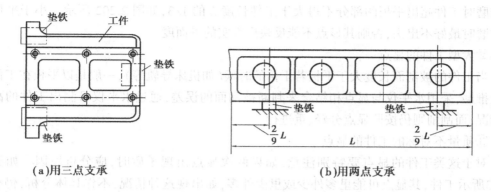

(a)用三点支承　　　　　　　　　(b)用两点支承

图2.201　刮削工件的支承方式

3)工件的准备

应去除工件刮削面的毛刺和锐边倒角,以防止划伤手指。为了不影响显示剂的涂布效果,刮削面上应该擦净油污。

### 2.8.2　显示剂和刮削精度的检查

显点是刮削工作中判断误差的基本方法,称为显示法。显点工作的正确与否,直接关系到刮削的进程和质量。在刮削工作中,往往由于显点不当、判断不准,而浪费工时或造成废品,所以显点是一项十分细致的工作。

**(1)显示剂**

显点时,必须用标准工具或与其相配合的工件,合在一起对研。在其中间涂上一层有颜色的涂料,经过对研,凸起处就显示出点子,根据显点用刮刀刮去。所用的这种涂料称为显示剂。

1)显示剂的种类

①红丹粉

红丹粉成分有两种:一种是氧化铁,呈褐红色称为铁丹;另一种是氧化铅,呈黄色称为铅丹。颗粒较细,使用时,用机油和牛油调和而成。红丹粉广泛用于铸铁和钢的工件上,因为它没有反光、显点清晰—其价格又较低廉,故为最常用的一种。

②蓝油

蓝油是用普鲁士蓝粉和蓖麻油及适量机油调和而成。用蓝油研点小而清楚,故用于精密工件或有色金属和铜合金、铝合金的工件上。有时候为了使研点清楚,与红丹粉同时使用。使用时,将红丹粉涂在工件表面,基准面上涂以蓝油。通常粗刮时红丹粉应调得稀些,精刮时可调得干一些,在工件表面应涂得薄些。涂色时要分布均匀,并要保持清洁,防止切屑和其他杂物或砂粒等渗入,否则推磨时容易划伤工件的表面和基准面。

2)显点方法及注意事项

显点应根据工件的不同形状和被刮面积的大小区别进行。

①中、小型工件的显点

一般是基准平板固定不动，工件被刮面在平板上推磨。如被刮面等于或稍大于平板面，则推磨时工件超出平板的部分不得大于工件长度 $L$ 的 1/3，如图 2.202 所示。小于平板的工件推磨时最好不出头，否则其显点不能反映出真实的平面度。

②大型工件的显点

当工件的被刮面长度大于平板若干倍的时候(如机床导轨等)，一般是以平板在工件被刮面上推磨，采用水平仪与显点相结合来判断被刮面的误差，通过水平仪可测出工件的高低不平情况，而刮削则仍按照显点分轻、重进行。

③质量不对称的工件的显点

对于这类工件的显点要特别注意，如果两次显点出现矛盾时，应分析原因。如类似图 2.203所示工件，其显点可能里多外少或里少外多，如出现这种情况，不作具体分析，仍按显点刮削，那么刮出来的表面很可能中间凸出，因此，如图 2.203 所示，压和托用力要得当，才能反映出正确的显点。

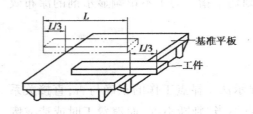

图 2.202　工件在平板上显点

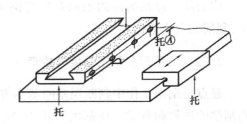

图 2.203　不对称工件显点

④薄板工件的显点

薄板工件因厚度薄，刚性差，容易产生变形，所以只能靠其自重在平板上推磨，即使用手按住推磨，要使受的力均匀分布整个薄板上，以反映其真实的显点；否则，往往会出现中间凹的情况。

**(2)刮削精度的检查**

刮削工作分平面刮削和曲面刮削两种。

平面刮削中，有单个平面的刮削，如平板、平尺、工作台面等；组合平面的刮削，如 V 形导轨面、燕尾导轨面等。曲面刮削中，有圆柱面、圆锥面的刮削，如滑动轴承的圆孔、锥孔、圆柱导轨面等；球面刮削，如自位球面轴承、配合球面等；成形面刮削，如齿条，蜗轮的齿面等。

对刮削面的质量要求，一般包括形状和位置精度、尺寸精度、接触精度及贴合程度、表面粗糙度等。由于工件的工作要求不同，刮削精度的检查方法也有所不同。常用的检查方法有以下两种：

1)以接触一点数目来表示

用边长为 25 mm 的正方形方框，罩在被检查面上，根据在方框内的接触点数目多少来表示(见图 2.204)。各种平面的接触精度其接触点数目见表 2.34。曲面刮削中，较多的是对滑动轴承内孔的刮削。各种不同接触精度的接触点数目见表 2.35。

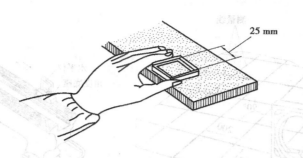

**图** 2.204　**用方框检查接触点**

**表** 2.34　**各种平面接触精度的接触点数**

| 平面种类 | 每边长为 25 mm 正方形面积内的接触点数 | 应用举例 |
|---|---|---|
| 一般平面 | 2~5 | 较粗糙机件的固定接合面 |
| | 5~8 | 一般结合面 |
| | 8~12 | 机器台面、一般基准面、机床导向面、密封结合面 |
| | 12~16 | 机床导轨及导向面、工具基准面、量具接触面 |
| 精密平面 | 16~20 | 精密机床导轨、平尺 |
| | 20~25 | 1 级平板、精密量具 |
| 超精密平面 | >25 | 0 级平板、高精度机床导轨、精密量具 |

**表** 2.35　**滑动轴承的接触点数**

| 轴承直径 $d$/mm | 机床或精密机械主轴轴承 | | | 锻压设备、通用机械的轴承 | | 动力机械、冶金设备的轴承 | |
|---|---|---|---|---|---|---|---|
| | 高精度 | 精密 | 普通 | 重要 | 普通 | 重要 | 普通 |
| | 每边长为 25 mm 的正方形面积内的接触点数 | | | | | | |
| ≤120 | 25 | 20 | 16 | 12 | 8 | 8 | 5 |
| >120 | | 16 | 10 | 8 | 6 | 6 | 2 |

2)用允许的平面度误差和直线度误差表示

工件平面大范围内的平面度误差,以及机床导轨面的直线度误差等,是用方框水平仪来进行检查的,如图 2.205(a)、(b)所示。同时,其接触精度应符合规定的技术要求。

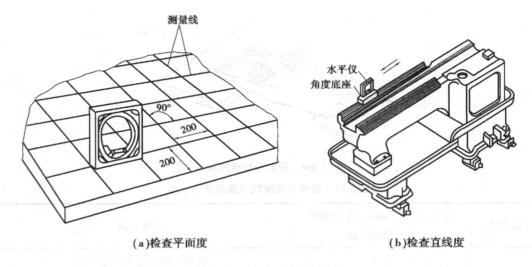

（a）检查平面度 （b）检查直线度

图 2.205 用水平仪检查精度

### 2.8.3 刮削工具

**（1）校准工具**

校准工具是用来研磨接触点和检验刮削面准确性的工具,也称研具。常用的有以下3种:

1）标准平板

标准平板用来检查较宽的平面。标准平板的面积尺寸有多种规格。选用时,它的面积应大于刮削面的 3/4。它的结构和形状如图 2.206 所示。

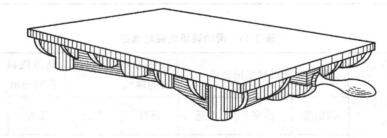

图 2.206 平板的结构和形状

2）检验平尺

检验平尺用来检验狭长的平面。它的形状如图 2.207 所示。图 2.207（a）是桥形平尺,用来检验机床导轨面的直线度误差。图 2.207（b）是工形平尺,它有单面和双面两种。双面的即两面都经过精刮并且互相平行,常用它来检验狭长平面相对位置的正确性。桥形和工形两种平尺,可根据狭长平面的大小和长短,适当采用。

3）角度平尺

角度平尺用来检验两个刮削面成角度的组合平面,如燕尾导轨面。其形状如图 2.207（c）所示,有 55°,60°等。

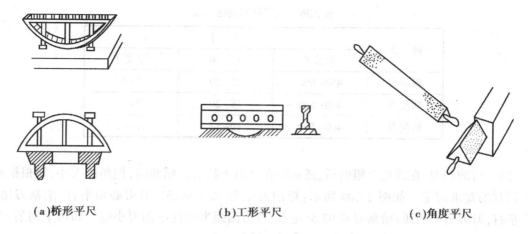

(a)桥形平尺　　　　(b)工形平尺　　　　(c)角度平尺

**图2.207　检查平尺和角度平尺**

各种平尺在不用时,应将其吊起,不便吊起的平尺,应安放平稳,以防变形。

检验曲面刮削的质量,多数是用与其相配合的轴作为校准工具。齿条和蜗轮的齿面,则用与其相啮合的齿轮和蜗杆作为校准工具。

**(2)刮刀**

刮刀是刮削工作中的主要工具,要求刀头部分具有足够的硬度,刃口必须锋利。刮刀一般采用碳素工具钢T10A,T12A或弹性较好的滚动轴承钢GCr15锻制而成,并经热处理淬火和回火,使刀头硬度达到60 HRC左右。当刮削硬度较高的工件表面时,刀头可焊上硬质合金。

根据不同的刮削表面,刮刀可分为平面刮刀和曲面刮刀两大类。

1)平面刮刀(见图2.208)

平面刮刀主要用来刮削平面,如平板、平面导轨、工作台等,也可用来刮削外曲面。按所刮表面精度要求不同,可分为粗刮刀、细刮刀和精刮刀3种。

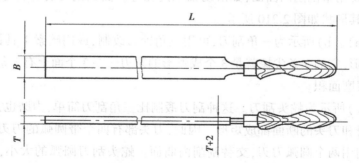

**图2.208　平面刮刀**

刮刀的长短宽窄的选择,由于人体手臂长短的不同,并无严格规定,以使用适当为宜。表2.36为平面刮刀的尺寸,可供参考。

表 2.36　平面刮刀规格/mm

| 种　类 | 尺　寸 | | |
|---|---|---|---|
| | 全长 L | 宽度 B | 厚度 T |
| 粗刮刀 | 450~600 | 25~30 | 3~4 |
| 细刮刀 | 400~600 | 15~20 | 2~3 |
| 精刮刀 | 400~500 | 10~12 | 1.5~2 |

　　淬火后的刮刀,在砂轮上粗磨后,还必须在油石上精磨。精磨时,楔角的大小,应根据粗、细、精刮的要求而定。如图 2.209 所示:粗刮刀尾为 90°~92.5°,刀刃必须平直;细刮刀尾为95°左右,刀刃稍带圆弧;精刮刀成 97.5°左右,刀刃圆弧半径比细刮刀小些。如用于刮削韧性材料,$\beta_o$ 可磨成小于 90°,但这种刮刀只适用于粗刮。

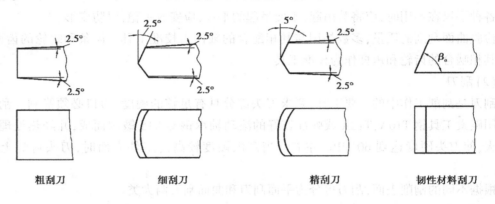

图 2.209　平面刮刀头部形状和角度

　　2)曲面刮刀

　　曲面刮刀主要用来刮削内曲面,如滑动轴承内孔等。曲面刮刀有多种形状,如三角刮刀和蛇头刮刀等。其形状如图 2.210 所示。

　　如图 2.210(a)、(b)所示为三角刮刀,可用三角锉刀改制,或用碳素工具钢锻制。三角刮刀的断面成三角形,它的 3 条尖棱就是 3 个成弧形的刀刃。在 3 个面上有 3 条凹槽,刃磨时既能含油,又减小刃磨面积。

　　如图 2.210(c)所示为蛇头刮刀。这种刮刀锻制比三角刮刀简单,力磨也方便。它与三角刮刀相比,其刀身和刀头的断面都成矩形。因此,刀头部有四个带圆弧的刀刃,在两个平面上也磨有凹槽,可利用两个圆弧刀刃,交替刮削内曲面。蛇头刮刀圆弧的大小,可根据粗、精刮而定。粗刮刀圆弧的曲率半径大,这样接触面积大,刮去的金属面积也较宽大,使工件能很快达到所需形状和尺寸要求。精刮刀圆弧曲率半径小,因而接触面积小,这样便于修刮接触点,而且凹坑刮得较深形成理想的存油空隙,使转动件可以得到充分的润滑。

　　三角刮刀在砂轮上粗磨后,还要在油石上进行精磨。精磨时,在顺着油石长度方向来回移动的同时,还要依刀刃的弧形作上下摆动,磨至弧面光洁、刀刃锋利为止。

（a）三角刮刀　　　（b）三角刮刀　　　（c）舌头刮刀

图2.210　曲面刮刀的形状

蛇头刮刀刃磨时,其刮刀两平面的粗磨和精磨与平面刮刀相同;刮刀两侧圆弧刃的刃磨与三角刮刀的磨法相同。

3)刮削时刮刀角度的变化及其影响

用平面刮刀刮削平面时,刮刀作前后直线运动,刮刀与工件表面形成的角度为(见图2.211(a))

$$\gamma_o = -35° \sim -15°, \alpha_o = 200 \sim 400, \beta_o = 90° \sim 97.5°$$

刮削时,对刮刀施力的大小应根据工件的表面硬度和粗、精刮而定,粗刮施力大,精刮施力小。在施力过程中,刮刀由于受力而产生弹性变形,将导致刮削角度也随之发生变化。变化的情况如图2.211(b)所示。

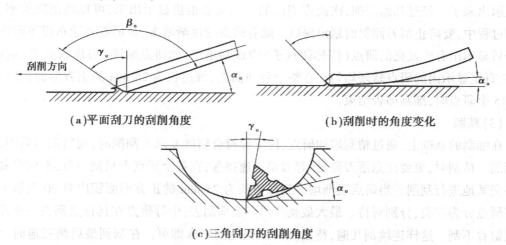

（a）平面刮刀的刮削角度　　　　（b）刮削时的角度变化

（c）三角刮刀的刮削角度

图2.211　刮削的角度

刮削时,由于刮刀前角$\gamma_o$和后角$\alpha_o$逐由大变小,其结果不仅使它具有一定的切削角,而且通过刮刀的前面对刮削表面进行挤压产生压光作用。从而获得较细的表面粗糙度,提高了刮削表面的质量。

用曲面刮刀刮削曲面时,刮刀作螺旋运动。用蛇头刮刀刮削时,与平面刮削相类似。刮刀处于负前角刮削状态。但三角刮刀不一样,而是保持刀刃的正前角来进行刮削,且刮削时的前后角基本保持不变。故刮削后的内孔,其表面粗糙度没有上述用负前角刮削的表面粗糙度细。

### 2.8.4 平面刮削

平面刮削的方法有手刮法和挺括法两种。

刮削可分为粗刮、细刮、精刮及刮花4个步骤进行。

#### (1)粗刮

当工件表面还留有较深的加工刀痕,工件表面严重生锈,或刮削余量较多(如0.2 mm以上)的情况下,都需要进行粗刮。粗刮的目的是用粗刮刀在刮削面上均匀地铲去一层较厚的金属,使其很快去除刀痕、锈斑或过多的余量。因此,刮削时可采用长刮法,刮削的刀迹连成长片。在整个刮削面上要均匀地刮削,刮削方向一般应顺工件长度方向。有的刮削面有平行度要求时,刮削前应先测量一下,根据前道加工所遗留的凹凸误差情况,进行不同量的刮削,消除显著的不平行情况,提高刮削效率。当粗刮到每边长为25 mm的正方形面积内有3~4个研点,点的分布要均匀,粗刮即告结束。

#### (2)细刮

细刮主要是使刮削面进一步改善不平现象,用细刮刀在刮削面上刮去稀疏的大块研点。刮削时,可采用短刮刀法(刀迹长度约为刀刃的宽度)刮削。随着研点的增多,刀迹逐步缩短。在每刮一遍时,须保持一定方向,刮第二遍时要交错刮削,以消除原方向的刀迹,否则刀刃容易在上一遍刀迹上产生滑动,出现的研点会成条状,不能迅速达到精度要求。为了使研点很快增加,在刮削研点时,把研点的周围部分也刮去。这样当最高点刮去后,周围的次高点就容易显示出来了。经过几遍刮削,次高点周围的研点又会很快显示出来,可提高刮削效率。在刮削过程中,要防止刮刀倾斜而划出深痕。随着研点的逐渐增多,显示剂要涂布得薄而均匀。合研后显示出有些发亮的研点(俗称硬点子)应该刮重些,如研点暗淡(俗称软点子)应该刮轻些,直至显示出的研点软硬均匀。在整个刮削面上,每边长为25 mm的正方形面积内出现12~15个研点时,细刮即告结束。

#### (3)精刮

在细刮的基础上,通过精刮增加研点,使工件符合精度要求。刮削时,用精刮刀采用点刮法刮削。精刮时,更要注意落刀要轻,起刀要迅速挑起,在每个研点上只刮一刀,不应重复,并始终交叉地进行刮削。当研点逐渐增多到每边长为25 mm的正方形面积内有20点以上时,可将研点分为三类,分别对待。最大最亮的研点全部刮去;中等研点在其顶点刮去一小片;小研点留着不刮。这样连续刮几遍,待出现的点数达到要求即可。在刮到最后两三遍时,交叉刀迹大小应该一致,排列应该整齐,以增加刮削面美观。

在不同的刮削步骤中,每刮一刀的深度,应该适当控制。刀迹的深度,可从刀迹的度上反映出来。因此,可从控制刀迹宽度来控制刀迹深度。当左手对刮刀的压力大,刮后的刀迹则宽而深。粗刮时,可加大力气铲刮,但刀迹宽度也只能是刃口长度的2/3~3/4,否则刀刃的两侧容易陷入刮削面造成沟纹。细刮时,刮削面逐渐趋于平整,刀迹宽度是刃口长度的1/3~1/2。刀迹过宽也会影响到单位面积内的研点数。精刮时,刀迹宽度则应更狭,长度更短。

如刮削面有孔或螺孔时,应控制刮刀不要直接用力在孔口刮过,以免将孔口刮低,刮削面上螺孔周围的研点应该硬些。如果刮削面上有狭窄边框时,应掌握刮刀的刮削方向与窄边所成的角度小于 30°,以防将牢边刮低。这对于有密封要求的结合面,如静压导轨面等尤为重要。

**(4)刮花**

刮花的目的:一是单纯为了刮削面美观;二是为了能使滑动件之间形成良好的润滑条件。同时,还可根据花纹的消失多少来判断平面的磨损程度。在接触精度要求高、研点要求多的工件上,不应该刮成大块花纹,否则不能达到所要求的刮削精度。一般常见的花纹有以下3 种:

1)斜纹花纹

斜纹花纹就是小方块(见图 2.212(a))。它是用精刮刀与工件边成 45°角的方向刮成。花纹的大小视刮削面大小而定。刮削面大,刀花可大些;刮削面狭小,刀花可小些。为了排列整齐和大小一致,可用软铅笔划成格子,一个方向刮完再刮另一个方向。

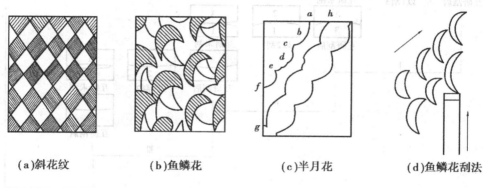

(a)斜花纹　　　　(b)鱼鳞花　　　　(c)半月花　　　　(d)鱼鳞花刮法

**图 2.212　刮花的花纹**

2)鱼鳞花纹

鱼鳞花纹常称为鱼鳞片。刮削方法如图 2.212(d)所示,先用刮刀的右边(或左边)与工件接触,再用左手把刮刀逐渐压平并同时逐渐向前推进,即随着左手在向下压的同时,还要把刮刀有规律地扭动一下,扭动结束即推动结束,立即起刀,这样就完成一个花纹。如此连续地推扭,就能刮出如图 2.212(b)所示的鱼鳞花纹来。如果要从交叉两个方向都能看到花纹的反光就应该从两个方向起刮。

3)半月花纹

在刮这种半月花纹时,刮刀与工件成 45°角左右。刮刀除了推挤外,还要靠手腕的力量扭动。以图 2.212(c)中一段半月花纹 *edc* 为例,刮前半段 *ed* 时,将刮刀从左向右推挤,而后半段如靠手腕的扭动来完成。连续刮下去就能刮出 *a* 到 *f* 一行整齐的花纹。刮 *g* 到 *h* 一行则相反,前半段从右向左推挤,后半段靠手腕从左向右扭动。这种刮花操作,要有熟练的技巧才能进行。

除了上述的 3 种常见花纹外,还有其他的多种花纹。需要时,可作进一步的观察和练习。

### 2.8.5 原始平板刮削法

平板是基本的检验工具,要求非常精密。刮削一块平板可以在标准平板上用合研显点方法刮削,如缺少标准平板,则可以用3块平板互研互刮的方法,刮成精密的平板。用后一种方法刮成的平板,称为原始平板。

原始平板的刮研可按正研刮削和对角研刮削两个步骤进行。

**(1)正研刮削的方法**

先将3块平板单独进行粗刮,去除机械加工的刀痕和锈斑等。然后将3块平板分别编号为1,2,3,按编号顺序进行刮削。其刮削方法如图2.213所示。

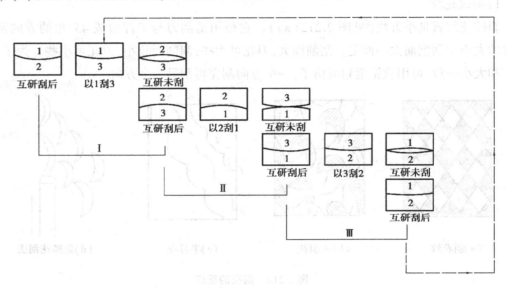

**图 2.213 原始平板正研刮法**

1)1次循环

先设1号平板为基准,与2号平板互研互刮,使1,2号平板贴合。再将3号平板与1号平板互研,单刮3号平板,使之相互贴合。然后,2号与3号平板互研互刮,这时,2号与3号平板的不平程度略有改善。这种按顺序有规则地互研互刮或单刮,称为一次循环(如图2.213中的Ⅰ)。

2)2次循环

在上一次2号与3号平板互研互刮的基础上,按顺序以2号平板为基准,1号与2号平板互研,单刮1号平板,然后3号与1号平板互研互刮。这时,3号与1号平板的不平程度进一步得到改善(如图2.213中的Ⅱ)。

3)3次循环

在上一次的基础上,顺序以3号为基准,2号与3号平板互研,单刮2号平板,然后1号与2号平板互研互刮。这时,1号与2号平板的不平程度又进一步得到改善(如图2.213中Ⅲ)。

以后重复至1,仍以1号平板为基准刮3号。按上述3个顺序依次循环进行刮削,平面度误差逐渐减小,如果循环次数越多,则平板越精密。到最后,在3块平板中任取两块合研,都无凹凸,每块平板上的接触点,都在边长为 25 mm 正方形面积内有 12 点左右时,正研刮削即告一段落。

**(2)对角研刮削的方法**

在上述正研过程中,往往会在平板对角部位上产生如图 2.214(a)所示的平面扭曲现象,即 AB 对角高,而 CD 对角低,而且 3 块高低位置相同,即同向扭曲。这种现象是由于在正研中,平板的高处(+)正好和平板的低处(-)重合而造成(见图 2.214(b))。要了解是否存在扭曲现象,可采用如图 2.214(c)所示的对角研方法来检查(对角研只局限于正方形或长宽尺寸相差不大的平板,长条形的平板则不适合)。经合研后,会明显地显示出来(见图 2.214(d))。根据研点修刮,直至研点分布均匀和消除扭曲,使 3 块平板相互之间,无论是直研、调头研、对角研,研点情况完全相同,点数符合要求为止。

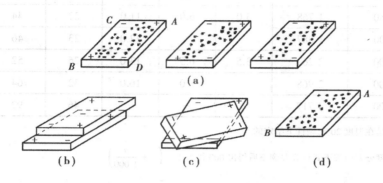

图 2.214　平板的扭曲现象

有时,为了使大面积的平板符合平面度要求,可用方框水平仪来配合测量,检查平板各个部位在垂直面内的直线度误差。按测得的误差大小,分别轻重进行修刮,以达到精度等级要求。

目前通用平板的精度分 000,00,0,1,2,3 这 6 个等级,国家标准按不同规格,规定不同精度要求。常用平板精度及其平面度公差值见表 2.37(GB 4986—25)。

表 2.37　平板平面度公差值/mm

| 规格 L × W /(mm×mm) | 对角线 d/mm | 精度等级 | | | | | |
|---|---|---|---|---|---|---|---|
| | | 000 | 00 | 0 | 1 | 2 | 3 |
| 160×100 | 189 | 1.5 | 2.5 | 5.0 | 10 | — | — |
| 160×100 | 226 | | | | | | |
| 250×160 | 297 | | 3.0 | 5.5 | 11 | | |
| 250×250 | 353 | | | | | 22 | |
| 400×250 | 472 | 1.5 | 3.0 | 6.0 | 12 | 24 | — |

续表

| 规格 $L \times W$ /(mm×mm) | 对角线 $d$/mm | 精度等级 | | | | | |
|---|---|---|---|---|---|---|---|
| | | 000 | 00 | 0 | 1 | 2 | 3 |
| 400×400 | 566 | 2.0 | 3.5 | 6.3 | 13 | 25 | 62 |
| 630×400 | 746 | | | 7.0 | 14 | 28 | 70 |
| 630×630 | 891 | | | 8.0 | 16 | 30 | 75 |
| 800×800 | 1 131 | | | 9.0 | 17 | 34 | 85 |
| 1 000×630 | 1 182 | 2.5 | 4.5 | | 18 | 35 | 87 |
| 1 000×1 000 | 1 414 | | 5.0 | 10.0 | 20 | 39 | 96 |
| 1 250×1 250 | 1 768 | 3.0 | 6.0 | 11.0 | 22 | 44 | 111 |
| 1 600×1 000 | 1 887 | | | 12.0 | 23 | 46 | 115 |
| 1 600×1 600 | 2 262 | 3.5 | 6.5 | 13.0 | 26 | 52 | 130 |
| 2 500×1 600 | 2 968 | | 8.0 | 16.0 | 32 | 64 | 158 |
| 4 000×2 500 | 4 717 | | — | | 46 | 92 | 228 |

注:1.表中数值是在温度 20 ℃条件下给定的。

2.表中平面度公差值按下式计算并圆整后得出 000 级为 $1 \times \left(1 + \dfrac{d}{1\ 000}\right)$。

### 2.8.6 曲面刮削

曲面刮削和平面刮削的原理一样,但刮削方法不同。曲面刮削时,是用曲面刮刀在曲面内作螺旋运动。刮削时,用力不可太大,否则容易发生抖动,表面产生振痕。每刮一遍之后,下一遍刀迹应交叉进行,即左手使刮刀作左右螺旋方向运动。刀迹与孔中心线约成 45°交叉刮削可避免刮削面产生波纹,接触点也不会成为条状。

研点常用标准轴(也称工艺轴)或与其相配合的轴,作内曲面显点的校准工具。校准时将蓝油均匀地涂布在轴的圆周面上,或用红丹粉涂布在轴承孔表面,用轴在轴承孔回旋转,显示接触点(见图 2.215),根据接触点进行刮削。

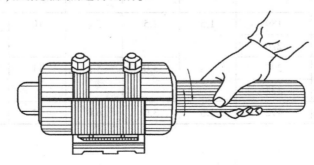

图 2.215 内曲面的显点方法

内孔刮削精度的要求,也是以边长为 25 mm×25 mm 的正方形面积内的接触点数而定(见表 2.34)。但接触点的分布,应该根据轴在轴承内的工作情况合理分布,以获得良好的工作效果。例如,在轴承长度方向上,中间接触点可以少些,在 6~8 点;而前后端则要求在 10~15 点。在轴承圆周方向上,受力大的部位,接触点应较密,以减少磨损,使轴承在负荷情况下保持其几何精度。

### 2.8.7 刮削面缺陷的分析

刮削是一种精密加工,每刮一刀去除的余量很少,故一般不易产生废品。但在刮削有配合公差要求的工件时,尺寸刮小了,也会产生废品。例如,牛头刨床的摆杆与滑块的配合,滑块尺寸刮小了就成废品。因此,应经常对工件进行测量和试配。

在刮削中,刮削面也很容易产生缺陷,常见的缺陷和产生原因见表 2.38。

表 2.38  刮削面缺陷的分析

| 缺陷形式 | 特 征 | 产生原因 |
|---|---|---|
| 深凹痕 | 刮削面研点局部稀少或刀迹与显示研点高低相差太多 | 1.粗刮时用力不均、局部落刀太重或多次刀迹重叠<br>2.切削刃磨得过于弧形 |
| 撕 痕 | 刮削面上有粗糙的条状刮痕,较正常刀迹深 | 1.切削刃不光洁和不锋利<br>2.切削刃有缺口或裂纹 |
| 振 痕 | 刮削面上出现有规则的波纹 | 多次同向刮削,刀迹没有交叉 |
| 划 道 | 刮削面上划出深浅不一的直线 | 研点时夹有砂粒、铁屑等杂质,或显示剂不清洁 |
| 刮削面精度不准确 | 显点情况无规律的改变且捉摸不定 | 1.推磨研点时压力不均,研具伸出工件太多,按出现的假点刮削造成<br>2.研具本身不准确 |

## 项目 2.9  研  磨

用研磨工具和研磨剂,从工件上研去一层极薄表面层的精加工方法,称为研磨。

### 2.9.1  研磨目的

#### (1)能得到精确的尺寸

各种加工方法所能达到的精度是有一定限度的。随着工业的发展,对零件精度要求也在不断提高,因此有些零件必须经过精细的加工,才能达到很高的精度要求。零件经研磨后的尺寸误差一般可控制为 0.001~0.005 mm。

**（2）能提高工件的形位精度**

用一般的机械加工方法是很难获得精确的几何形状和相对位置要求。零件经过研磨后，形位误差可控制在 0.005 mm 范围内。

**（3）能获得极细的表面粗糙度**

工件加工面的表面粗糙度是由采用的加工方法决定的。表 2.39 为各种不同加工方法所能获得的表面粗糙度。

表 2.39　各种加工方法所得表面粗糙度的比较

| 加工方法 | 加工情况 | 表面放大的情况 | 表面粗糙度 $R_a/\mu m$ |
|---|---|---|---|
| 车 | 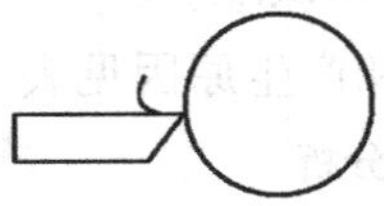 |  | 80~1.5 |
| 磨 | 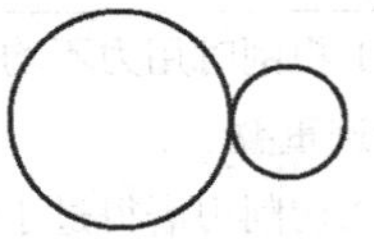 | 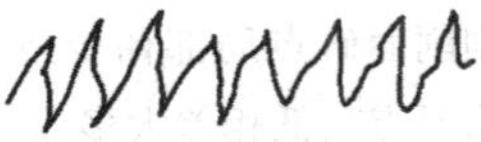 | 5~0.4 |
| 压光 | 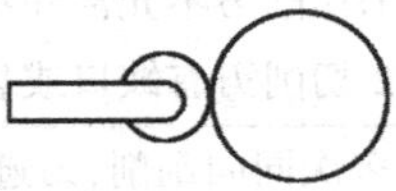 |  | 2.5~0.1 |
| 珩磨 |  |  | 1.0~0.1 |
| 研磨 |  |  | 0.2~0.05 |

由表 2.39 可知，经过研磨加工后的表面粗糙度最细。一般情况下表面粗糙度可达 $R_a 0.05 \sim 0.20\ \mu m$，最细可达到 $R_a 0.006\ \mu m$。

另外，经研磨的零件，由于有准确的几何形状和很细的表面粗糙度，零件的耐磨性、抗腐蚀性和疲劳强度也都相应得到提高，从而延长了零件的使用寿命。

研磨有手工研磨和机械研磨。特别是手工操作效率低、成本高，所以只有当零件允许的形状误差小于 0.005 mm，尺寸公差小于 0.01 mm 时，才用研磨方法加工。

### 2.9.2　研磨原理

研磨是以物理和化学作用除去零件表层金属的一种加工方法。

一般所用的研磨工具（简称研具）的材料硬度比被研零件的低。研磨时，涂在研具表面的磨料，在受到压力后嵌入研具表面成为无数刀刃。由于研具和零件作复杂的相对运动，使磨料对零件产生微量的切削与挤压,在零件表面上去除极薄的一层金属。这是研磨原理中的物理作用。

有的研磨剂还起化学作用。例如,采用易使金属氧化的氧化铬和硬脂酸配制的研磨剂时,使被研表面与空气接触后,很快形成一层氧化膜,氧化膜由于本身的特性又容易被磨掉,因此,在研磨过程中,氧化膜迅速地形成(化学作用),而又不断地被磨掉(物理作用),从而提高了研磨的效率。

### 2.9.3　研磨加工余量

研磨是一种切削量很小的精密加工方法,所以留的研磨余量不能过大。通常可从以下 3个方面来考虑留研磨余量:

①根据被研工件的几何形状和尺寸精度要求。

②根据上道加工工序的加工质量。

③根据实际情况考虑,如具有双面、多面和位置精度要求很高的零件,在预加工中又无工艺装备保证其质量,其研磨余量应适当多留些。

研磨面积较大或形状复杂且精度要求高的工件,研磨余量取较大值,100 mm 的长度内约留 0.015 mm 或更少些。

通常研磨余量为 0.005~0.03 mm 较适宜。有时,研磨余量就留在工件的尺寸公差以内。

### 2.9.4　研磨工具

研具是研磨加工中保证被研零件几何精度的重要因素,因此对研具的材料、精度和表面粗糙度都有较高的要求。

研具材料的组织结构应细密均匀,避免使研具产生不均匀磨损而影响零件的质量。其表面硬度应稍低于被研零件,使研磨剂中的微小磨粒容易嵌入研具表面,而不易嵌入零件表面。但不可太软,否则会全部嵌进研具而失去研磨作用。应有较好的耐磨性,保证被研零件获得较高的尺寸和形状精度。

灰铸铁是常用的研具材料,它强度较高,不易变形,润滑性能好,磨耗较慢,硬度适中,便于加工,且研磨剂易于涂布均匀,因此研磨的效果较好。

球墨铸铁的耐磨性更好,且比灰铸铁更容易嵌存磨粒。因此,用球墨铸铁制作的研具,精度保持性更好。

除上述两种常用的研具材料外,对一些特殊的研磨对象,还有采用软钢、铜、巴氏合金和铅等来制作研具。由于软钢和铜韧性较好,不易折断,故常作为小型研具的材料。巴氏合金和铅很软,主要用于抛光铜合金制成的精密轴瓦或研磨软质零件。

研具的形状和结构按加工对象和要求不同,常有板条形研具、圆柱和圆锥形研具及异形研具。其中,还可分可调和不可调两种形式。

### 2.9.5　研磨剂

研磨剂是由磨料和研磨液调和而成的混合剂。

**(1) 磨料**

磨料在研磨中起切削作用。研磨加工的效率、精度和表面粗糙度,都与磨料有密切关系。常用的磨料有以下3类:

1) 刚玉类磨料

刚玉类磨料主要用于碳素工具钢、合金工具钢、高速钢和铸铁工件的研磨。这类磨料能磨硬度60HRC以上的工件。

2) 碳化物磨料

碳化物磨料其硬度高于刚玉类磨料。除了可研磨一般钢制件外,主要用来研磨硬质合金、陶瓷与硬铬之类的高硬度工件。

3) 金刚石磨料

金刚石磨料分人造和天然的两种。它的切削能力比刚玉类、碳化物磨料都高,实用效果也好。但由于价格昂贵,一般只用于硬质合金、硬铬、宝石、玛瑙及陶瓷等高硬度工件的精研磨加工。

磨料的系列与用途见表2.40。

表2.40 磨料的系列与用途

| 系 列 | 磨料名称 | 代 号 | 特 性 | 适用范围 |
|---|---|---|---|---|
| 刚玉 | 棕刚玉 | A | 棕褐色。硬度高,韧性大,价格便宜 | 粗精研磨钢、铸铁、黄铜 |
| | 白刚玉 | WA | 白色。硬度比棕刚玉高,韧性比棕刚玉差 | 精研磨淬火钢、高速钢、高碳钢及薄壁零件 |
| | 铬刚玉 | PA | 玫瑰红或紫红色。韧性比白刚玉高,磨削表面质量好 | 研磨量具、仪表零件及高精度表面 |
| | 单晶刚玉 | SA | 淡黄色或白色。硬度和韧性比白刚玉高 | 研磨不锈钢、高钒高速钢等强度高、韧性大的材料 |
| 碳化物 | 黑碳化硅 | C | 黑色有光泽。硬度比白刚玉高,性脆而锋利,导热性和导电性良好 | 研磨铸铁、黄铜、铝、耐火材料及非金属材料 |
| | 绿碳化硅 | GC | 绿色。硬度和脆性比黑碳化硅高,具有良好的导热性和导电性 | 研磨硬质合金、硬铬、宝石、陶瓷、玻璃等材料 |
| | 碳化硼 | DC | 灰黑色。硬度仅次于金刚石,耐磨性好 | 精研磨和抛光硬质合金、人造宝石等硬质材料 |
| 金刚石 | 人造金刚石 | JR | 无色透明或淡黄色、黄绿色或黑色。硬度高,比天然金刚石略脆,表面粗糙 | 粗、精研磨硬质合金、人造宝石、半导体等高硬度脆性材料 |
| | 天然金刚石 | JT | 硬度最高,价格昂贵 | |
| 其他 | 氧化铁 | | 红色至暗红色,比氧化铬软 | 精研磨或抛光钢、铁、玻璃等材料 |
| | 氧化铬 | | 深绿色 | |

磨料粒度按颗粒尺寸分为 41 个号。其中磨粉类有 4#,5#,…,240#共 27 种,粒度号数大,磨料细;微粉类有 W63,W50,…,W0.5 共 14 种,这一组号数大,磨料粗。

在选用时应根据精度高低来选取。

常用的研磨粉见表 2.41。

表 2.41　常用的研磨粉

| 研磨粉号数 | 研磨加工类别 | 可达到的表面粗糙度 $R_a/\mu m$ | 研磨粉号数 | 研磨加工类别 | 可达到的表面粗糙度 $R_a/\mu m$ |
|---|---|---|---|---|---|
| 100#—240# | 用于最初的研磨加工 | | W14—W7 | 用于半粗研磨加工 | 0.1~0.05 |
| W40—W20 | 用于粗研磨加工 | 0.2~0.1 | W5 以下 | 用于精细研磨加工 | 0.05 以上 |

### (2) 研磨液

研磨液在研磨加工中起到调和磨料、冷却和润滑的作用。

研磨液的质量高低和选用是否正确,直接关系着研磨加工的效果。一般要求具备以下条件:

1) 有一定的黏度和稀释能力

磨料通过研磨液的调和,均布在研具表面以后,与研具表面应有一定的黏附性;否则,磨料就不能对工件产生切削作用。同时,研磨液对磨料有稀释能力,特别是积团状的磨料颗粒,在使用之前,必须经过研磨液的稀释或淀选。越精密的研磨,对磨料的稀释与淀选越重要。

2) 有良好的润滑和冷却作用

研磨液在研磨过程中,能起到良好的润滑和冷却作用。

3) 对工件无腐蚀性,且不影响人体健康

选用研磨液首先应考虑以不损害操作者的皮肤和健康为原则,而且易于清洗干净。

常用的研磨液有煤油、汽油、L-AN15 与 L-AN32 全损耗系统用油、工业用甘油、透平油以及熟猪油等。此外,根据需要在研磨液中再加入适量的石蜡、蜂蜡等填料和黏性较大而氧化作用较强的油酸、脂肪酸、硬脂酸等,则研磨效果更好。

### 2.9.6　研磨方法

研磨分手工研磨和机械研磨两种。手工研磨时,要使工件表面各处都受到均匀的切削,应选择合理的运动轨迹,这对提高研磨效率、工件的表面质量和研具的寿命都有直接的影响。

### (1) 手工研磨运动轨迹的形式

手工研磨的运动轨迹一般采用直线、直线与摆动、螺旋线、8 字形和仿 8 字形等几种。不论哪一种轨迹的研磨运动,其共同特点是工件的被加工面与研具工作面作相密合的平行运动。这样的研磨运动既能获得比较理想的研磨效果,又能保持研具的均匀磨损,提高研具的寿命。

1) 直线研磨运动轨迹

直线研磨运动的轨迹由于不能相互交叉,容易直线重叠。使工件难以得到细的表面粗糙度,但可获得较高的几何精度。因此,它适用于有阶台的狭长平面的研磨。

2)摆动式直线研磨运动轨迹

由于某些量具的研磨(如研磨双斜面直尺、90°角尺的侧面以及圆弧测量面等)主要的要求是平面度,因此,可采用摆动式直线研磨运动,即在左右摆动的同时,作直线往复移动。

3)螺旋形研磨运动轨迹

研磨圆片或圆柱形工件的端面等,采用螺旋式研磨运动,能获得较细的表面粗糙度和较好的平面度。其运动轨迹如图 2.216 所示。

4)8 字形或仿 8 字形研磨运动轨迹

研磨小平面工件,通常都采用 8 字形或仿 8 字形研磨运动。其轨迹如图 2.217 所示,能使相互研磨的面保持均匀接触,既有利于提高工件的研磨质量,又可使研具保持均匀地磨损。

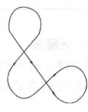

图 2.216　螺旋形研磨运动轨迹　　　　图 2.217　8 字形或仿 8 字形研磨运动轨迹

以上 4 种研磨运动的轨迹,应根据工件被研磨面的形状特点合理选用。下面分别叙述几种不同研磨面的研磨方法。

**(2)平面研磨**

平面的研磨一般是在非常平整的研磨平板(研具)上进行的。

研磨平板分有槽的和光滑的两种。粗研时,应该在有槽的研磨平板上进行(见图 2.218(a))。因为在有槽的研板上,容易使工件压平。粗研时,就不会使表面磨成凸弧面。精研时,则应在光滑的研磨平板上进行(见图 2.218(b))。

研磨前,先用煤油或汽油把研磨平板的工作表面清洗干净并擦干,再在研磨平板上涂上适当的研磨剂,然后把工件需研磨的表面(已去除毛刺并清洗过)合在研板上。沿研磨平板的全部表面(使研磨平板的磨损均匀),以 8 字形(见图 2.219)或螺旋形的旋转和直线运动相结合的方式进行研磨,并不断地变更工件的运动方向。由于周期性的运动,使磨料不断在新的方向起作用,工件就能较快达到所需要的精度要求。

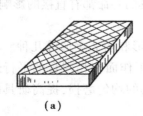

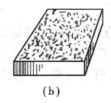

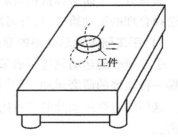

(a)　　　　　　　　　(b)

图 2.218　研磨用研板　　　　　　　　图 2.219　用 8 字形运动研磨平面

在研磨过程中,研磨的压力和速度对研磨效率和质量有很大影响。若压力太大,研去的金属就多,表面粗糙,甚至会发生因磨料压碎而使表面划伤。对较小的硬工件或粗研磨时,可用较大的压力、较低的速度进行研磨,而大工件或精研时就应用较小的压力、较快的速度进行研磨。有时,由于工件自身太重或接触面较大,互相贴合后的摩擦阻力大。为了减小研磨时的推动力,可加些润滑油或硬脂酸起润滑作用。在研磨中,使金属块和工件紧紧地靠在一起,并跟工件一起研磨(见图 2.220(a)),以保持侧面和平面的垂直,防止倾斜和产生圆角。按这种被研磨面的形状特点,应采用直线研磨运动轨迹。如工件的数量较多,则可采用 C 形夹头,把几块工件夹在一起进行研磨。这样加大了接触面,研磨时不会歪斜,也提高了效率。如图 2.220(b)所示的 90°角尺的刀口要研成 $R \leqslant 0.2$ mm 的圆弧面。这时,则可采用摆动式直线研磨的运动轨迹。

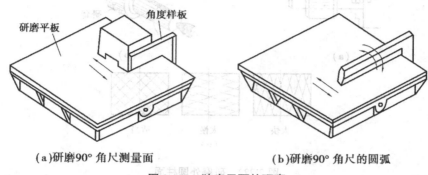

(a)研磨90°角尺测量面　　　　(b)研磨90°角尺的圆弧

图 2.220　狭窄平面的研磨

### (3)圆柱面的研磨

圆柱面的研磨一般都以手工与机器的配合运动进行研磨。圆柱面分有外圆柱面的研磨和圆柱孔的研磨。现就两种研磨方法分别叙述如下:

1)研磨外圆柱面

研磨外圆柱面一般是在车床或钻床上用研套对工件进行研磨。研套的内径应比工件的外径略大 0.025~0.05 mm。研套的形式做成如图 2.221 所示的可调节式。其结构是:中间有开口的研套,外圈上有调节螺钉(见图 2.221(a))。当研磨一段时间后,若研套内径磨损,可拧紧调节螺钉,使研套的孔径缩小来达到所需要的间隙。如图 2.221(b)所示的研套,由研套和外壳组成。中间的研套有一开口的通槽,在外径的 3 等分部位开有两通槽,以便用螺钉调整孔径的大小,并用定位螺钉来固定研套,以保证研磨工作的进行。研套的长度一般为孔径的 1~2 倍。

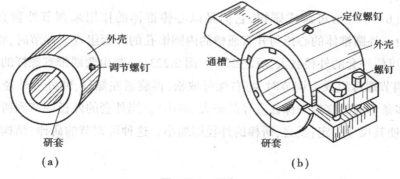

图 2.221　研套

在研磨外圆柱面时,工件可由车床带动,在工件上均匀涂上研磨剂,套上研套(其松紧程度,应以手用力能转动为宜)。通过工件的旋转运动和研套在工件上沿轴线方向作往复运动进行研磨(见图2.222(a)、(b))。一般工件的转速在直径小于80 mm时,为100 r/min;直径大于100 mm时,为50 r/min。研套往复运动的速度,只是根据工件在研套上研磨出来的网纹来控制(见图2.222(c))。当往复运动的速度适当时,工件上研磨出来的网纹成45°交叉线;太快了,网纹与工件轴线夹角较小;太慢了,网纹与工件轴线夹角就较大。研磨往复运动的速度不论太快还是太慢,都影响工件的精度和耐磨性。

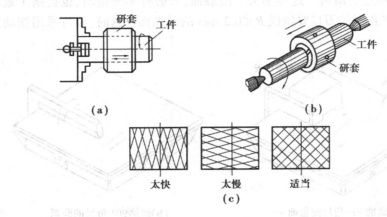

图 2.222　研磨外圆柱面

在研磨过程中,如果由于上道工序的加工误差,造成工件直径大小不一时(在研磨时可感觉到,直径大的部位移动研套感到比较紧,而小的部位感到比较松),可在直径大的部位多研磨几次,一直到尺寸完全一样为止。研磨一段时间后,应将工件调头再研磨,这样能使轴容易得到准确的几何形状。同时,研套的磨耗也比较均匀。

2)内圆柱面的研磨

它与外圆柱面的研磨恰恰相反,是将工件套在研棒上进行的。研棒的外径应较工件内径小0.01~0.025 mm。研棒的形式一般有如图2.223所示的固定式和可调节式两种。

图2.223(a)为固定式研棒。它是在圆柱体上开有环形槽或螺旋槽,以存研磨剂。这种形式研棒,常要做成几根不同的直径,磨损后就不能用了。但因其结构简单,常在单件生产和机器修理中使用。

图2.223(b)、(c)为可调式研棒,它们是以心棒锥体的作用来调节外套直径的。如图2.223(b)是由一外圆锥体的心棒与开有通槽的内圆锥孔的外套组成。调节时,将心棒按箭头方向敲紧,即可使外套的外径胀大,反之缩小。图2.223(c)是由两端带有螺杆的锥体、内圆锥外套和两个调节螺母组成。调节时,将右螺母放松,再旋紧左螺母,使外套外径胀大(外套上开有3条或多条不通的穿槽来保证直径的胀大、缩小)。当外套的外径调节到所需的尺寸后,拧紧右螺母,使其尺寸固定;反之,研棒的外径即缩小。这种可调节的研棒,结构比较完善,应用较广。

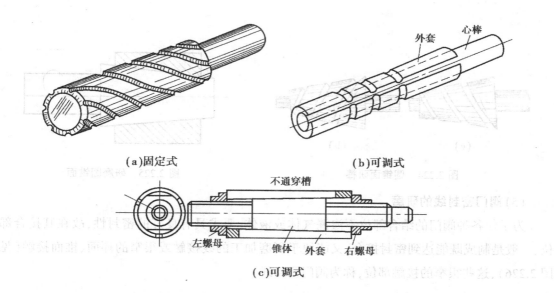

（a）固定式　　　　　　　　　　（b）可调式

（c）可调式

**图2.223　研棒形式**

研棒的工作部分（即带内锥孔的套）的长度，应大于工件长度。太长会影响工件的研磨精度，具体可根据工件长度而定。一般情况下，是工件长度的 1.5~2 倍。

圆柱孔的研磨是将研棒夹在车床卡盘外（大直径的长研棒，另一端用尾座顶尖顶住），把工件套在研棒上进行研磨。

在调节研棒时与工件的配合要适当，配合太紧，易将孔面拉毛；配合太松，孔会研磨成椭圆形。一般研棒直径应比被研孔小 0.010~0.025 mm。研磨时，如工件的两端有过多的研磨剂被挤出时，应及时擦掉，否则会使孔口扩大，研磨成喇叭口形状。如孔口要求精度很高，可将研棒的两端，用砂布擦得略小一些，避免孔口扩大。研磨后，因工件有热量，应待其冷却至室温后再进行测量。

**（4）圆锥面的研磨**

工件圆锥表面（包括圆锥孔和外圆锥面）的研磨，研磨用的研棒（套）工作部分的长度应是工件研磨长度的 1.5 倍左右，锥度必须与工件锥度相同。其结构有固定式和可调式两种。

固定式研棒开有左向的螺旋槽（见图 2.224（a））和右向的螺旋槽（见图 2.224（b））两种。可调式的研棒（环）其结构原理和圆柱面可调式研棒（套）相同。

研磨时，一般在车床或钻床上进行，转动方向应和研棒的螺旋方向相适应（见图 2.224）。在研棒或研套上均匀地涂上一层研磨剂，插入工件锥孔中或套进工件的外锥表面旋转 4~5 圈后，将研具稍微拔出一些，然后再推入研磨（见图 2.225）。研磨到接近要求的精度时，取下研具，擦干研具和工件被磨表面的研磨剂，重复套上研磨（起抛光作用），一直到被加工表面呈银灰色或发光为止。有些工件是直接用彼此接触的表面进行研磨来达到的，不必使用研具。例如，分配阀和阀门的研磨，就是以彼此的接触表面进行研磨的。

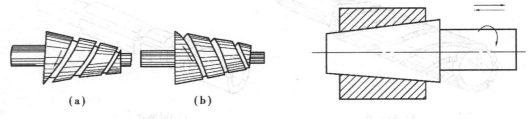

图 2.224　圆锥面研棒　　　　　　图 2.225　研磨圆锥面

(5) 阀门密封线的研磨

为了使各种阀门的结合部位不渗漏气体或液体,要求具有良好的密封性,故在其接合部位,一般是制成既能达到密封接合,又能便于研磨加工的线接触或很窄的环面、锥面接触(见图 2.226),这些很窄的接触部位,称为阀门密封线。

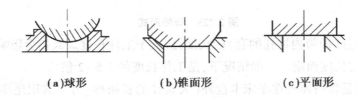

(a)球形　　　　　　(b)锥面形　　　　　　(c)平面形

图 2.226　阀门密封线的形式

研磨阀门密封线的方法,多数是用阀盘与阀座直接互相研磨的。由于阀盘和阀座配合类型的不同,可采用不同的研磨方法。

图 2.227(a)为气阀,图 2.227(b)为柴油机喷油器。它们的锥形阀门密封线是采用螺旋形研磨的方法进行研磨的。

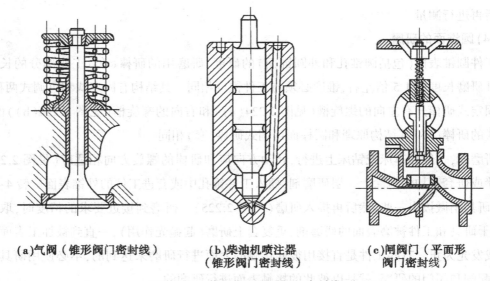

(a)气阀（锥形阀门密封线）　　　(b)柴油机喷注器　　　　(c)闸阀门（平面形
　　　　　　　　　　　　　　　　（锥形阀门密封线）　　　　　阀门密封线）

图 2.227　锥形和平面形阀门密封线

### 2.9.7　研磨注意事项和研磨缺陷的分析

#### (1)研磨中应注意的事项

研磨后工件表面质量的好坏,除与选用研磨剂及研磨的方法有关外,还与研磨工作中的清洁与否有很大关系。若在研磨中忽视了清洁工作,轻则使工件表面拉毛,影响表面粗糙度,严重的则拉出深痕而造成废品。因此,在研磨的整个过程中,必须重视清洁工作,才能研磨出高质量的工件表面。同时研磨后应及时将工件清洗干净并采取防锈措施。

#### (2)研磨时产生废品的形式、原因及防止方法

表 2.42 为研磨中常产生的废品形式、原因和防止的方法。

表 2.42　研磨时产生废品的形式、原因及防止方法

| 废品形式 | 废品产生原因 | 防止方法 |
|---|---|---|
| 表面不光洁 | 1.磨料过粗<br>2.研磨液不当<br>3.研磨剂涂得太薄 | 1.正确选用磨料<br>2.正确选用研磨液<br>3.研磨剂涂布应适当 |
| 表面拉毛 | 研磨剂中混入杂质 | 重视并做好清洁工作 |
| 平面成凸形或孔口扩大 | 1.研磨剂涂得太厚<br>2.孔口或工件边缘被挤出的研磨剂未擦去就继续研磨<br>3.研棒伸出孔口太长 | 1.研磨剂应涂得适当<br>2.被挤出的研磨剂应擦去后再研磨<br>3.研棒伸出长度应适当 |
| 孔成椭圆形或有锥度 | 1.研磨时没有更换方向<br>2.研磨时没有调头研 | 1.研磨时应变换方向<br>2.研磨时应调头研 |
| 薄形工件拱曲变形 | 1.工件发热了仍继续研磨<br>2.装夹不正确引起变形 | 1.不使工件温度超过 50 ℃,发热后应暂停研磨<br>2.装夹要稳定,不能夹得太紧 |

# 模块 **3**

## 装配基础知识

### 项目 3.1　装配工艺概述

将若干个零件(包括自制的、外购的、外协的)结合成部件或将若干个零部件结合成最终产品的过程,称为装配;前者称为部装,后者称为总装。

装配工作是产品制造过程中的最后一道工序,装配工作的好坏对整个产品的质量起着决定性的作用。零件间的配合不符合规定的技术要求,机器就不可能正常工作;零部件之间、机构之间的相互位置不正确,有的影响机器的工作性能,有的甚至无法工作;在装配过程中,不重视清洁、粗枝大叶、乱敲粗装,不按工艺要求装配,也绝不可能装配出合格的产品。装配质量差的机器,精度低、性能差、消耗大、寿命短,将造成很大的浪费。相反,虽然某些零部件的精度并不很高,但经过仔细的装配、精确的调整后,仍可能装配出性能良好的产品来。因此,装配工作是一项非常重要的工作,必须认真做好。

机器装配工作是将零部件联接、安装并通过调整工作,使装配的机器达到规定的技术要求。零件之间的联接和部件的安装都是按规定的技术要求进行的。因此,熟悉和掌握各种联接件的基本要求及规范的操作方法,是完成产品装配质量的保证。

#### 3.1.1　装配工作的重要性

装配工作是产品制造工艺过程中的后期工作。它包括各种装配准备工作、部装、总装、调整、检验及试机等工作。装配质量的好坏对整个产品的质量起着决定性的作用。通过装配才能形成最终产品,并保证它具有规定的精度及设计所定的使用功能以及质量要求。如果装配不当,不重视清理工作,不按工艺技术要求装配,即使所有零件加工质量都合格,也不一定能够装配出合格的、优质的产品。这种装配质量较差的产品,精度低、性能差、功率损耗大、寿命短、不受用户的欢迎。相反,虽然某些零部件的质量并不很高,但经过仔细地修配和精确地调整后,仍能装配出性能良好的产品。因此,装配工作是一项非常重要而细致的工作,必须认真按照产品装配图,制订出合理的装配工艺规程,采用新的装配工艺,以提高装配精度。达到质量优、费用少、效率高的要求。

### 3.1.2　装配工艺过程

产品的装配工艺过程由以下 4 个部分组成:

**(1)装配前的准备工作**

①研究和熟悉产品装配图、工艺文件及技术要求;了解产品的结构、零件的作用以及相互的联接关系,并对装配零部件配套的品种及其数量加以检查。

②确定装配的方法、顺序和准备所需要的工具。

③对装配零件进行清洗和清理,去掉零件上的毛刺、锈蚀、切屑、油污及其他脏物,以获得所需的清洁度。

④对有些零部件还需进行刮削等修配工作,有的要进行平衡试验、渗漏试验和气密性试验等。

**(2)装配**

装配工作比较复杂的产品,其装配工作常分为部装和总装两个过程。由于产品的复杂程度和装配组织的形式不同,部装工作的内容也不一样。一般来说,凡是将两个以上的零件组合在一起,或将零件与几个组件(或称组合件)结合在一起,成为一个装配单元的装配工作,都可称为部装。

把产品划分成若干装配单元是保证缩短装配周期的基本措施。因为划分为若干个装配单元后,可在装配工作上组织平行装配作业,扩大装配工作面,而且能使装配按流水线组织生产,或便于协作生产。同时,各装配单元能预先调整试验,各部分以比较完善的状态送去总装,有利于保证产品质量。

产品的总装通常是在工厂的装配车间(或装配工段)内进行。但在某些场合下(如重型机床、大型汽轮机和大型泵等),产品在制造厂内只进行部装工作,而在产品安装的现场进行总装工作。

**(3)调整、精度检验和试机**

①调整工作。是调节零件或机构的相互位置、配合间隙、结合松紧等。其目的是使机构或机器工作协调,如轴承间隙、镶条位置、蜗轮轴向位置的调整等。

②精度检验。包括工作精度检验、几何精度检验等。

③试机。包括机构或机器运转的灵活性、工作温升、密封性、振动、噪声、转速、功率及效率等方面的检查。

**(4)喷漆、涂油、装箱**

喷漆是为了防止不加工面的锈蚀和使机器外表美观;涂油是使工作表面及零件已加工表面不生锈;装箱是为了便于运输。它们也都需结合装配工序进行。

### 3.1.3　装配工作的组织形式

随着产品生产类型和复杂程度的不同,装配工作的组织形式也不同。机器装配的生产类型,大致可分为单件生产、成批生产和大量生产3种。生产类型与装配工作的组织形式、配工艺方法、工艺过程、工艺装备、手工操作等方面有着本质上的联系,并起着支配装配工作的重要作用。

**(1)单件生产及其装配组织**

单个地制造不同结构的产品,并且很少重复,甚至完全不重复,这种生产方式称为单件生产。单件生产的装配工作多在固定地点装配,由一个工人或一组工人,从开始到结束把产品的装配工作进行到底。这种组织形式的装配周期长,占地面积大,需要大量的工具和装备,要求修配和调整工作较多,互换件较少,故要求工人有较高的操作技能。在产品结构不十分复杂的小批生产中,也有采用这种组织形式的。

**(2)成批生产及其装配组织**

产品分批交替投产,每隔一定时期后将成批地制造相同的产品,这种生产方式称为成批生产。成批生产时的装配工作通常分成部装和总装,每个部件由一个或一组工人来完成,然后进行总装。如果零件预先经过选择分组,则零件可采用部分互换的装配,因此,有条件组织流水线生产。这种组织形式的装配效率较高,如机床的装配属于此类。

**(3)大量生产及其装配组织**

产品的制造数量很庞大,每个工作地点经常重复地完成某一工序,并且有严格的节奏性,这种生产方式称为大量生产。在大量生产中,把产品的装配过程首先划分为主要部件、主要组件,并在此基础上再进一步划分为部件、组件的装配,使每一工序只由一个工人来完成。在这样的组织下,只有当从事装配工作的全体工人,都按顺序完成了他们所担负的装配工序以后,才能装配出产品。工作对象(部件或组件)在装配过程中,有顺序地由一个工人转移给另一个工人,这种转移可以是装配对象的移动,也可由工人移动,通常把这种装配组织形式称为流水装配法。为了保证装配工作的连续性,在装配线所有工作位置上,完成工序的时间都应相等或互成倍数。在流动装配时,可利用传送带、滚道或轨道上行走的小车来运送装配对象,如汽车、拖拉机的装配线就属此类。在大量生产中,由于广泛采用互换性原则并且使装配工作工序化、机械化、自动化,因而装配质量好、装配效率高、占地面积小,生产周期短,是一种较先进的装配组织形式。

### 3.1.4 装配工艺规程

装配工艺规程是规定装配全部部件和整个产品的工艺过程,以及所使用的设备和工夹具等的技术文件。一般来说,上工艺规程是生产实践和科学实验的总结,是符合"多、快、好、省"原则的,是提高产品质量和提高劳动生产率的必要措施,也是组织生产的重要依据。执行工艺规程,能使生产有条理地进行,并能合理使用劳动力和工艺装备,降低生产成本。工艺规程所规定的内容随着生产的发展,也要不断改革。但是,它又是指导性的技术文件,必须采取严格的科学态度,要慎重、严肃地对待。

装配工艺过程通常按工序和工步的顺序编制。由一个工人或一组工人在不更换设备或地点的情况下完成的装配工作,称为装配工序。用同一工具和附具,不改变工作方法,并在固定的位置上连续完成的装配工作,称为装配工步。总装和部装都是由若干个装配工序所组成。在一个装配工序中可包括一个或几个装配工步。

# 项目 3.2  装配时零件的清理和清洗

在装配过程中,零件的清理和清洗工作对提高装配质量,延长产品使用寿命都有重要意义。特别对于轴承、精密配合件、液压元件、密封件以及有特殊清洗要求的零件等更为重要。如装配主轴部件时,若清理和清洗工作不严格,将会造成轴承温升过高,并过早丧失其精度;对于相对滑动的导轨副,也会因摩擦面间有砂粒、切屑等而加速磨损,甚至会出现导轨副"咬合"等严重事故。因此,在装配过程中必须认真做好这项工作。

## 3.2.1  零部件的清理

装配前,对零件上残存的型砂、铁锈、切屑、研磨剂、油漆灰砂等必须用钢丝刷、毛刷、皮风箱或压缩空气等清除干净,绝不允许有油污、脏物和切屑存在,并应倒钝锐边和去毛刺。有些铸件及钣金件还必须先打腻子和喷漆后才能装配(如变速箱、机体等内部喷淡色油漆)。

对于孔、槽、沟及其他容易存留杂物的地方,应特别仔细地清理。外购件、液压元件、电器及其系统均应先经过单独试验或检查合格后,才能投入装配。

在装配时,各配钻孔应符合装配图和工艺规定要求,不得偏斜。要及时和彻底地清除在钻、铰或攻螺纹等加工时所产生的切屑。对重要的配合表面,在清理时,应注意保持所要求的精度和表面粗糙度,且不准对表面粗糙度值 $R_a 1.6~\mu m$ 以下的表面使用锉刀加工,必要时在取得检验员的同意下,可用 0 号砂布修饰。

装好的并经检查合格的组件或部件必须加以防护盖罩,以防止水、气、污物及其他脏物进入部件内部。

## 3.2.2  零件的清洗

零件的清洗过程是一种复杂的表面化学物理现象。

### (1)零件的清洗方法

在单件和小批生产中,零件可在洗涤槽内用抹布擦洗或进行冲洗。在成批或大量生产中,常用洗涤机清洗零件。如图 3.1 所示为适用于成批生产中清洗小型零件的固定式喷嘴喷洗装置。如图 3.2 所示为一种比较理想的超声波清洗装置。它利用高频率的超声波,使清洗液振动从而出现大量空穴气泡,并逐渐长大。然后突然闭合,闭合时会产生自中心向外的微激波,压力可达几十甚至几百兆帕促使零件上所黏附的油垢剥落。同时,空穴气泡的强烈振荡,加强和加速了清洗液对油垢的乳化作用和增溶作用,提高了清洗能力。

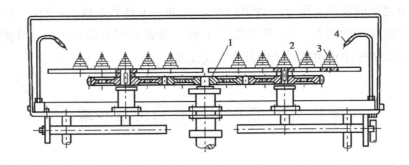

图 3.1　固定式喷嘴喷洗装置
1—传动主轴;2—转盘;3—工件;4—喷嘴

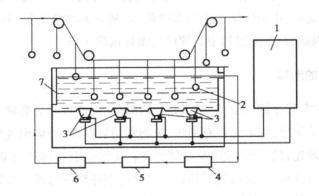

图 3.2　超声波清洗装置示意图
1—超声波发声器;2—零件;3—换能器;4—过滤器;
5—泵;6—加热器;7—清洗器

超声波清洗主要用于清洗精度要求较高的零件,尤其是经精密加工、几何形状较复杂的零件,如光学零件、精密传动的零部件、微型轴承和精密轴承等。对零件上的小孔、深孔、不通孔、凹槽等也能获得较好的清洗效果。

**(2)常用的清洗液**

常用的清洗液有汽油、煤油、轻柴油及水剂清洗液。它们的性能如下:

①工业汽油主要用于清洗油脂、污垢和黏附的机械杂质、适用于清洗较精密的零部件。航空汽油用于清洗质量要求较高的零件。对橡胶制品,严禁用汽油,以防发胀变形。

②煤油和轻柴油的应用与汽油相似,但清洗能力不及汽油,清洗后干得较慢,但比汽油安全。

③水剂清洗液是金属清洗剂起主要作用的水溶液,金属清洗剂占 4%以下,其余是水。金属清洗剂主要是非离子表面活性剂。具有清洗力强,应用工艺简单,多种滴洗方法都可适用,并有较好的稳定性、缓蚀性,无毒,不燃,使用安全,以及成本低等特点。常用的有 6501,6503,105 清洗剂等。

## 项目 3.3　螺纹联接件的装配方法

螺纹联接是一种可拆卸的固定联接。它具有结构简单、联接可靠、装拆方便等优点,故在固定联接中应用广泛。螺纹联接可分为普通螺纹联接和特殊螺纹联接两大类。由螺栓、螺母或螺钉构成的联接,称为普通螺纹联接;除此以外的螺纹联接零件构成的联接,称为特殊螺纹联接。

### 3.3.1　对螺纹联接装配的技术要求

#### (1)保证有一定的拧紧力矩

为了达到螺纹联接可靠而紧固的目的,必须保证螺纹副具有一定的摩擦力矩,所以在螺纹联接装配时应保证有一定的拧紧力矩,使螺纹副产生足够的预紧力。

拧紧力矩的大小与零件材料预紧力的大小及螺纹直径有关,其数据可从装配工艺文件中找到。规定预紧力的螺纹联接,常用控制转矩法、控制螺纹伸长法和控制扭角法来保证预紧力的准确性。对于预紧力无严格要求的螺纹联接,可使用普通扳手、风动扳手或电动扳手拧紧,凭操作者的经验来判断预紧力是否适当。

下面介绍 3 种控制预紧力的方法。

1)控制转矩法

应使用指针式扭力扳手,使预紧力达到给定值。如图 3.3 所示为指针式扭 3 扳手。它有一个长的弹性扳手杆 5,一端装着手柄 1,另一端装有带四方头或六角头的柱体 3,四方头或六角头上套装一个可更换的套筒,用钢球 4 卡住。在柱体 3 上还装有一个长指针 2,刻度板 7 固定在柄座上,刻度单位为 N·m。在工作时,扳手杆 5 和刻度板一起向旋转的方向弯曲,因此,指针尖 6 就在刻度板上指出拧紧力矩的大小。

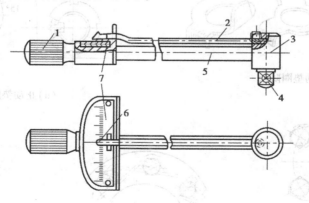

**图 3.3　指针式扭力扳手**
1—手柄;2—长指针;3—柱体;4—钢球;5—弹性杆;
6—指针尖;7—刻度板

2）控制螺栓伸长法

如图3.4所示，螺母拧紧前，螺栓的原始长度为 $L_1$，根据预紧力拧紧后，螺栓的长度变为 $L_2$，测定 $L_1$ 和 $L_2$，便可确定拧紧力矩是否符合要求。

3）控制螺母扭角法

此法是通过控制螺母拧紧时，应转过的角度来控制预紧力的大小。其原理和测量螺栓伸长法相似，即在螺母拧紧到各被联接件消除间隙时，测得转角 $\varphi_1$，再拧一个扭转角 $\varphi_2$，通过测量 $\varphi_1$ 和 $\varphi_2$ 来确定预紧力。

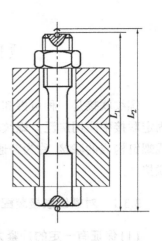

**（2）有可靠的防松装置**

螺纹联接一般都有自锁性，在受静载荷和工作温度变化不大时，不会自行松脱。但在冲击，振动或变载荷作用下，以及工作温度变化很大时，为了确保联接可靠，防止松动，必须采取有效的防松措施。

图3.4　螺栓伸长测量

螺纹防松装置有很多种，如图3.5所示。这里再补充两种防松方法：

（a）双螺母防松

（b）弹簧垫圈防松

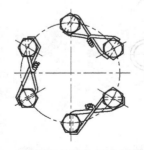

（c）止动垫圈防松

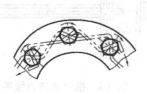

（d）止动垫圈防松

（e）串联钢丝防松（图中假想线的串联方向是错误的）

（f）串联钢丝防松（图中假想线的串联方向是错误的）

（g）开口销与带槽螺母防松

图3.5　螺纹防松装置

1）点铆法防松

当螺钉或螺母被拧紧后，用点铆法可防止螺钉或螺母松动。如图 3.6 所示为点铆中心在螺钉头直径上。如图 3.7 所示为采用在螺母的侧面上点铆。当 $d>8$ mm 时，点 3 点，$d\leq 8$ mm 时，点两点。

这种方法防松较可靠，但拆卸后联接零件不能再用，故仅用于特殊需要的联接。

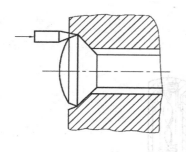

图 3.6　在螺钉上点铆

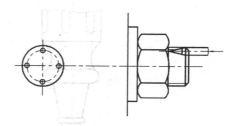

图 3.7　在螺母侧面点铆

2）黏结法防松

在螺纹的接触表面涂上厌氧性黏结剂（在没有氧气的情况下才能固化），拧紧螺母后，黏结剂硬化、效果良好。

### 3.3.2　螺纹联接装拆工具

由于螺纹联接中螺栓、螺钉、螺母的种类较多，因而装拆工具也很多。装配时，应根据具体情况合理选用。

**（1）螺钉旋具**

螺钉旋具用于拧紧或松开头部带沟槽的螺钉。它的工作部分用碳素工具钢制成，并经淬硬。常用的螺钉旋具如下：

1）一字槽螺钉旋具（见图 3.8）

这种螺钉旋具由木柄 1、刀体 2 和刀口 3 组成。它的规格用刀体部分的长度代表。常用的有 100 mm（4in），150 mm（6in），200 mm（8in），300 mm（12in），400 mm（16in）等几种，根据螺钉直径和沟槽宽来选用。

图 3.8　一字槽螺钉旋具

1—木柄；2—刀体；3—刀口

2）其他螺钉旋具

弯头螺钉旋具（见图 3.9（a））用于螺钉头顶部空间受到限制的场合；十字槽螺钉旋具（见图 3.9（b））用于拧紧头部带十字槽的螺钉，在较大的拧紧力下，也不易从槽中滑出；快速螺钉旋具用于拧紧小螺钉，工作时推压手柄，使螺旋杆通过来复孔而转动，从而加快装拆速度（见图 3.9（c））。

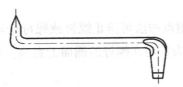

（a）双弯头螺钉旋具

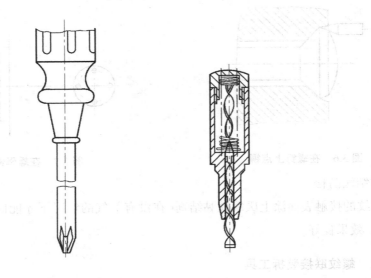

（b）十字槽螺钉旋具　　　　　（c）快速螺钉旋具

图 3.9　其他螺钉旋具

**（2）扳手**

扳手用来拧紧六角形、正方形螺钉和各种螺母。它用工具钢、合金钢或可锻铸铁制成，其开口要求光洁和略硬耐磨。扳手有通用的、专用的和特殊的 3 类。

1）活扳手（通用扳手）

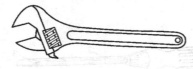

图 3.10　活扳手

它是由扳手体和固定钳口、活动钳口及蜗杆组成（见图 3.10）。其开口的尺寸能在一定范围内调节。它的规格见表 3.1。

表 3.1　活扳手规格

| 长度 | 米制/mm | 100 | 150 | 200 | 250 | 300 | 375 | 450 | 600 |
|---|---|---|---|---|---|---|---|---|---|
| | 英制/in | 4 | 6 | 8 | 10 | 12 | 15 | 18 | 24 |
| 开口最大宽度 $W$/mm | | 14 | 19 | 24 | 30 | 36 | 46 | 55 | 65 |

使用活扳手时，应让固定钳口受主要作用力（见图 3.11），否则容易损坏活动钳口及蜗杆。不同规格的螺母（或螺钉）应选用相应规格的活扳手，扳手手柄的长度不可任意接长，以免拧

紧力矩太大而损坏扳手或螺钉。活扳手的工作效率不高,活动钳口容易歪斜,往往会损伤螺母或螺钉的头部。

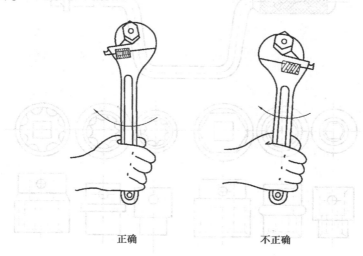

正确　　　　　　　不正确

图 3.11　活扳手的使用

2)专用扳手

专用扳手只能扳动一种规格的螺母或螺钉。根据其用途的不同可分下列 5 种:

①呆扳手

呆扳手如图 3.12 所示,用于装拆六角形或四方头的螺母或螺钉。它有单头和双头之分。它的开口尺寸是与螺母或螺钉的对边间距的尺寸相适应的,并按标准尺寸做成一套。常用的有 10 件一套的双头呆扳手。

②整体扳手

整体扳手如图 3.13 所示,有正方形、六角形、十二角形(梅花扳手)等几种。其中,以梅花扳手应用最广泛。它只要转过 30°,就可改换扳动的方向,所以在狭窄的地方工作比较方便。

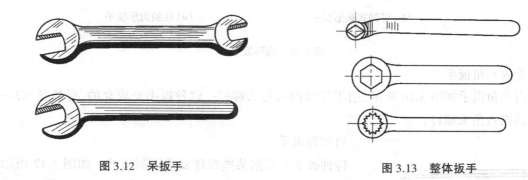

图 3.12　呆扳手　　　　　　　　　　图 3.13　整体扳手

③成套套筒扳手

成套套筒扳手如图 3.14 所示,是由一套尺寸不等的梅花套筒组成,使用时,弓形的手柄可连续转动,工作效率高。

④钩形扳手

钩形扳手如图 3.15 所示,有好多种形式,用来装拆圆螺母。

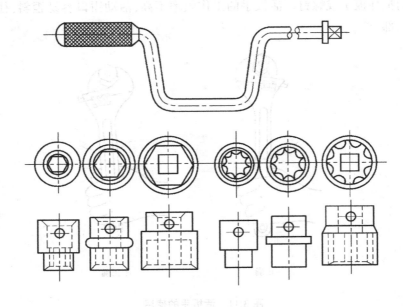

图 3.14　成套套筒扳手

(a)钩形扳手

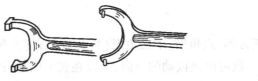

(b)可调式钩形扳手

(c)柱销钩形扳手

图 3.15　钩形扳手

⑤内六角扳手

内六角扳手如图 3.16 所示,用于拧紧内六角头螺钉。这种扳手是成套的,可拧紧 M3—M24 的内六角头螺钉。

3)特种扳手

特种扳手是根据某些特殊要求而制造的。如图 3.17 所示为棘轮扳手。它适用在狭窄的地方。工作时,棘爪 1 就在弹簧 2 的作用下进入内六角套筒 3 的缺口(棘轮)内,套筒便跟着转动;当反向转动手柄时,棘爪就从套筒缺口的斜面上滑过去,因而螺母(或螺钉)不会随着反转。松开螺母将扳手翻转 180°使用即可。

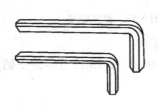

图 3.16　内六角扳手

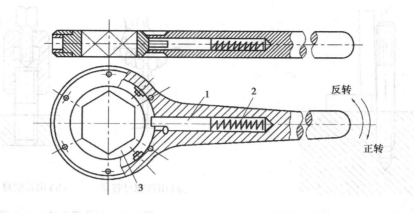

**图 3.17    特种扳手**

1—棘爪;2—弹簧;3—内六角套筒

### 3.3.3    螺纹联接的装配工艺

**(1) 双头螺柱的装配要点**

①应保证双头螺柱与机体螺纹的配合有足够的紧固性(即在装拆螺母的过程中,双头螺柱不能有任何松动现象)。为此,螺柱的紧固端应采用过渡配合,保证配合后中径有一定过盈量;也可采用图 3.18 所示的台肩式或利用最后几圈较浅的螺纹,以达到配合的紧固性。当螺柱装入软材料机体时,其过盈量要适当大些。

②双头螺柱的轴线必须与机体表面垂直,通常用 90°角尺进行检验(见图 3.19)。当双头螺柱的轴线有较小的偏斜时,可把螺柱拧出来,用丝锥校正螺孔,或把装入的双头螺柱校正到垂直位置;如偏斜较大时,不得强行校正,以免影响联接的可靠性。

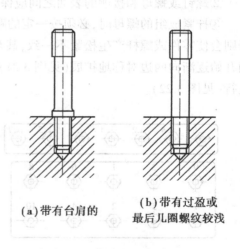

**(a) 带有台肩的**    **(b) 带有过盈或
                              最后几圈螺纹较浅**

**图 3.18    双头螺柱的紧固形式**

③装入双头螺柱时,必须用油润滑,以免拧入时产生咬住现象,同时可使今后拆卸更换较为方便。拧紧双头螺柱的专用工具如图 3.18 所示。

如图 3.20(a) 所示为用两个螺母拧紧法。首先将两个螺母相互锁紧在双头螺柱上,然后扳动上面的一个螺母,把双头螺柱拧入螺孔中。

如图 3.20(b) 所示为使用长螺母的拧紧法。用止动螺钉来阻止长螺母和双头螺柱之间的相对运动,然后扳动长螺母,这样双头螺柱即可拧入。要松掉螺母时,先使止动螺钉回松,就可旋下螺母。

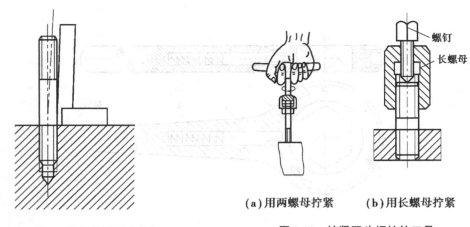

图 3.19　用 90°角尺检验双头螺柱
　　　　　垂直度误差

**(a)用两螺母拧紧**　　**(b)用长螺母拧紧**

图 3.20　拧紧双头螺柱的工具

**(2)螺母和螺钉的装配要点**

①螺钉或螺母与贴合的表面要光洁、平整,贴合处的表面应经过加工,否则容易使联接件松动或使螺钉弯曲。

②螺钉或螺母和接触的表面之间应保持清洁,螺孔内的脏物应清理干净。

③拧紧成组的螺母时,必须按一定的顺序进行,并做到分次逐步拧紧(一般分 3 次拧紧),否则会使零件或螺杆产生松紧不一致,甚至变形。在拧紧长方形布置的成组螺母时,应从中间开始逐渐向两边对称地扩展(见图 3.21);在拧紧方形或圆形布置的成组螺母时,必须对称进行(见图 3.22)。

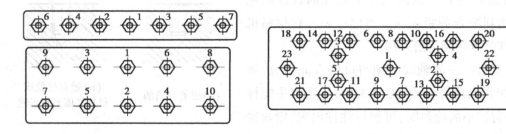

图 3.21　拧紧长方形布置的成组螺母顺序

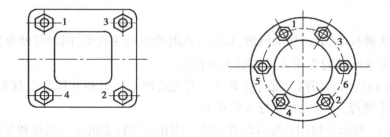

图 3.22　拧紧方形、圆形布置的成组螺母的顺序

④装配在同一位置的螺钉,应保证长短一致,松紧均匀。

⑤主要部位的螺钉必须按一定的拧紧力矩来拧紧(可应用扭力扳手紧固)。因为拧紧力矩太大时,会出现螺栓或螺钉被拉长甚至断裂和机件变形现象。螺钉在工作中发生断裂,常常可能引起严重事故。拧紧力矩太小时,则不可能保证机器工作的可靠性,表 3.2 所示可供操作者参考。

表 3.2　M6~ ,M24 螺栓的拧紧力矩

| 螺纹公称尺寸 $d$/mm | 施加在扳手上的拧紧力矩 $M$/(N·m) | 操作要领 | 螺纹公称尺寸 $d$/mm | 施加在扳手上的拧紧力矩 $M$/(N·m) | 操作要领 |
|---|---|---|---|---|---|
| M6 | 3.5 | 只加腕力 | M16 | 71 | 加全身力 |
| M8 | 8.3 | 加腕力和肘力 | M20 | 137 | 压上全身质量 |
| M10 | 16.4 | 加全身臂力 | M24 | 235 | 压上全身质量 |
| M12 | 28.5 | 加上半身力 | | | |

⑥联接件在工作中有振动或冲击时,为了防止螺钉和螺母松动,必须采用可靠的防松装置。

# 项目 3.4　销联接的装配

销主要用来固定两个(或两个以上)零件之间的相对位置(见图 3.23(a)、(b)),也用于联接零件(见图 3.23(c)),并可传递不大的载荷,还可作为安全装置中的过载剪断元件(见图3.23(d))。

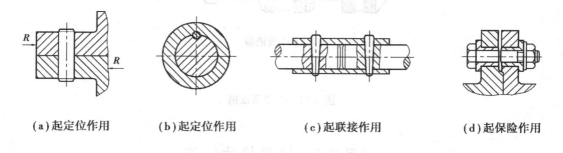

(a)起定位作用　　(b)起定位作用　　(c)起联接作用　　(d)起保险作用

图 3.23　销联接

销的结构简单,装拆方便,在各种固定联接中应用很广。但经过铰削的圆柱销孔,多次装拆后会降低定位的精度和联接的紧固。

销可分为圆柱销、圆锥销及异形销(如轴销、开口销、槽销等)。大多数销用 35 钢、45 钢制造,其形状和尺寸都已标准化、系列化。下面主要介绍前两种销的装配工艺。

圆柱销依靠少量过盈固定在孔中,用以固定零件、传递动力或作定位元件。国家标准中规定有若干不同直径的圆柱销,每种销可按 n6,g6,h8 和 h9 4 种偏差制造,根据不同的配合要

求选用。圆柱销不宜多次装拆,否则将降低配合精度。

用圆柱销定位时,为了保证联接质量,通常被联接件的两孔应同时钻铰,并使孔壁表面粗糙度值达到 $R_a1.6\ \mu m$。装配时,在销子上涂上机油,用铜棒垫在销子端面上,把销子打入孔中,也可用 C 形夹头将销子压入销孔。

圆锥销具有 1∶50 的锥度,定位准确,装拆方便,在横向力作用下可保证自锁,一般多用作定位,常用于要求经常装拆的场合。

圆锥销以小头直径和长度代表其规格,钻孔时按小头直径选用钻头。

装配时,被联接的两孔也应同时钻铰,但必须控制孔径,一般用试装法测定,以销钉能自由插入孔中的长度约占销子长度的 80% 为宜。用锤敲入后,销钉头应与被联接件表面齐平或露出不超过倒棱值。开尾圆锥销打入销孔后,末端可稍张开,以防止松脱。

拆卸圆锥销时,可从小头向外敲击。有螺尾的圆锥销可用螺母旋出(见图 3.24(a))。拆卸带内螺纹的圆锥销时(见图 3.24(b)),可用如图 3.24(c)所示的拔销器拔出。

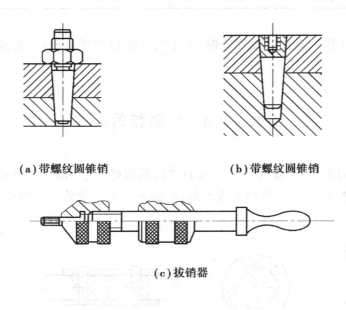

(a)带螺纹圆锥销　　　　　　　　(b)带螺纹圆锥销

(c)拔销器

**图 3.24　拆卸圆锥销**

## 项目 3.5　键联接的装配

键常用来联接轴和周向固定轴上的零件,并在传动中传递力矩。如轴上装有的齿轮、带轮、联轴器或其他零件都是通过键来传递力矩。键联接具有结构简单、工作可靠、装拆方便等优点,因此在机器传动机构中应用很广。

键联接根据工作要求,可分为松联接、紧联接和花键联接等多种形式。

### 3.5.1　松键联接的装配

松键联接所用的键有普通平键、半圆键、导向平键及滑键等。其特点是:靠键的侧面来传递力矩,只能对轴上零件作轴向固定,而不能承受轴向力。轴上零件的轴向固定,要靠紧定螺钉、定位环等定位零件来实现。松键联接能保证轴与轴上零件有较高的同轴度,在精密联接中应用较多。

松键联接的装配技术要求是:保证键与键槽的配合要求。键与轴槽和轮毂槽的配合性质一般取决于机构的工作要求。常用的见表 3.3。

表 3.3　键宽 b 的配合公差带

| 配合公差带 ＼ 松紧程度 键的类型 | 较松键联接 | | | 一般键联接 | | | 较紧键联接 | | |
|---|---|---|---|---|---|---|---|---|---|
| | 键 | 轴 | 毂 | 键 | 轴 | 毂 | 键 | 轴 | 毂 |
| 平键<br>(GB/T 1096—2003)<br>半圆键<br>(GB/T 1099—2003)<br>薄型平键<br>(GB/T 1099—2003) | h9 | H9 | D10 | h9 | N9 | Js9 | h9 | p9 | P9 |

由于键是标准件,松键配合非特殊情况装配时一般不允许修键,键与轴槽的配合采用过盈配合,与轮毂槽的配合是槽的极限尺寸来保证。

**(1)普通平键联接装配**

普通平键是在机械结构中应用最为广泛的键,如图 3.25 所示。它是一种标准件。双圆头键,其长度尺寸多为标准长度,装配时一般不需要或少量修正长度。长键,它的厚度和宽度也是根据标准轧制的键,装配时由钳工根据需要配作键的形状和长度。半圆头键,用于不封闭的键槽。

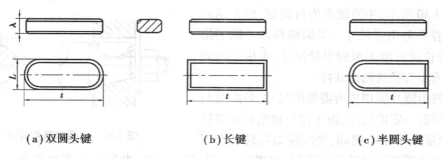

(a)双圆头键　　　　(b)长键　　　　(c)半圆头键

图 3.25　普通平键

普通平键联接如图 3.26 所示,采用双圆头键配作。双圆头键配作时应注意,圆头与键槽两端圆弧应留有 0.3~0.5 mm 的间隙,如图 3.27 所示;否则,键的圆头与键槽两端有过盈配合时,会引起配作轴弯曲变形。平键与轴上键槽配合应有一定的过盈量(由图样技术精度保证),配键时不要使轴槽两侧外径上有隆现象(过盈量过大所致),以免装配时引起零件内孔拉毛现象;键配作时,应注意键与轴上零件配合,顶部应留有一定的间隙(下同)以免引起配合件变形而影响传递精度。

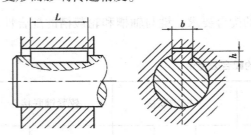

图 3.26　普通平键装配

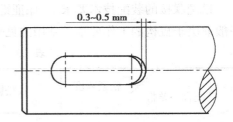

图 3.27　平键配作要求

### (2)导向键和滑键联接装配

导向键主要用于轴上零件经常需要作轴向移动(如滑移齿轮等),且传递力矩较大的场合。为了防止平键与轴槽产生松动,造成键槽两侧产生回口,影响传递动力的性能。键与轴槽配合后用螺钉进行固定,以增加平键配合稳定性,如图 3.28 所示。

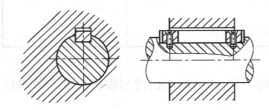

图 3.28　导向键联接

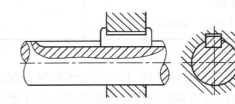

图 3.29　滑键联接

如图 3.29 所示为滑键装配形式。将键银嵌在轮毂槽内固定,与轮毂一起作轴向移动,一般用于滑移齿轮的联接。键与轮槽配作时键槽两侧与轮毂宽度尺寸配合间隙不宜太大;否则,会使齿轮啮合位置定位不正确。这种结构多用于轮毂移动距离较大的场合。

### (3)半圆键联接装配

如图 3.30 所示,半圆键多为自制键,经车制后平面磨床磨平至相应尺寸。半圆键与轴半圆形槽相配,键的长度近似于圆的半径尺寸,多用于轴的圆锥部位或小直径的轴键联接。

半圆键由圆片锯切成所需要的尺寸,装配时与轮廓槽底留有一定的间隙,由于键与轴槽是圆弧接触,能绕槽底曲率中心摆动,装配轮毂零件时会因

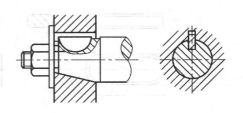

图 3.30　半圆键联接装配

轮毂推进使半圆键沿圆瓜形面挠起,阻碍轮毂继推进。因此,装配时待零件推进一半时敲平半圆键后才能使轮毂装配到位。

### 3.5.2　紧键联接装配

紧键联接主要指楔键联接。楔键联接分为普通楔键和钩头楔键两种,如图 3.31(a)所示。楔键的上下两面是工作面,键的上表面和轮毂槽的底面各有 1∶100 的斜度,键侧与键槽有一定的微量间隙。装配时需打入,靠过盈作用传递扭矩。紧键联接还能轴向固定零件和传递单方向轴向力,但易使轴上零件与轴的配合产生偏心和歪斜,多用于对中性要求不高,转速较低的场合。

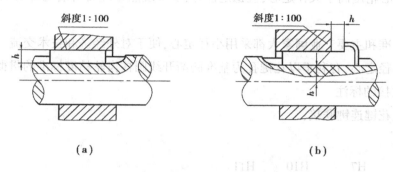

（a）　　　　　　　　　　　（b）

**图 3.31　楔键联接装配**

如图 3.31(b)所示为钩头楔键固定联接装配形式。钩头楔键与楔键一样也有 1∶100 的斜度,楔键的楔角较小有很好的自锁条件,打入后有较好的自锁性。因此,楔键常用于不需要经常拆卸的场合,对于需要经常调整或装配位置比较宽敞的场合,则采用钩头形楔键。

钩头形楔键的特点是,装拆比较方便。装配时,可从钩头处敲入轮毂槽;拆卸时,只要用撬杠从钩头处撬出即可。适用于位置比较宽敞并需要定期进行调整的构件。

楔键装配中轮毂与轴能否牢固地联接是装配的关键,楔键斜平面与轮毂槽底平面的接触精度优劣决定了联接的牢固性。因此,装配前需要对斜楔平面与轮毂槽底平面的配合情况进行检查和修正。可用涂色法来检查接触精度,用刮削方法修正楔键与轮毂槽底的配合精度。

### 3.5.3　花键联接装配

花键联接具有承载能力高、传递扭矩大、同轴度和导向性好以及对轴强度削弱小等特点,但制造成本高。适用于大载荷和同轴度要求较高的联接,在机床和汽车工业中应用广泛。

按工作方式,花键联接有静联接和动联接两种;按齿廓形状,花键可分为矩形花键、渐开线花键及三角花键 3 种。矩形花键因加工方便,应用最为广泛。

**(1)矩形花键的结构特点**

1)矩形花键的基本尺寸

矩形花键的基本尺寸包括键数、小径、大径及键宽等,如图 3.32 所示。

①键数 $N$。花键轴的齿数或花键孔的键槽数。矩形

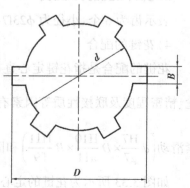

**图 3.32　矩形花键基本尺寸**

花键的键数为偶数,常用范围 4~20。

②小径 $d$ 和大径 $D$。花键配合时的最小、最大直径,如图 3.32 所示。

③键宽 $B$。键或槽的基本尺寸。

2)花键的定心方式

花键定心方式即保证内、外花键同轴度的方法。GB 1144—1987 只规定了小径定心一种定心方式。其理由是:

①小径定心精度高于大径定心,且稳定性好,易实现热处理后磨削花键的工艺,可获得较高精度。

②国际标准和主要工业国家大都采用小径定心,便于对外经济和技术交流。

③采用小径定心,有利于以花键孔为基准的渐开线圆柱齿轮精度标准的贯彻。

3)花键联接的标注

①配图上花键连键联接:

例如:

$$6 \times 23 \, \frac{H7}{f7} \times 26 \, \frac{H10}{a11} \times 6 \, \frac{H11}{d10}$$

- 键宽尺寸及配合代号
- 大径尺寸及配合代号
- 小径尺寸及配合代号
- 键数

②零件图上内外花键标注:

例如:

6×23H7×26H10×6H11

表示键槽为 6 个、小径为 $\phi$3H7、大径为 $\phi$26H10、键宽为 6H11 的内花键。

例如:

6×23f7×26a11×6d10

表示齿为 6 个、小径为 $\phi$23f7、大径为 $\phi$6a11、键宽为 6d11 的外花键。

4)花键的配合

花键的配合是指花键定心直径、非定心直径及键宽的配合。花键的配合性质与花键的用途、精密程度及联接性质等因素有关,详见有关手册。常见的有滑动 $\left(d \, \dfrac{H7}{f7} \times D \, \dfrac{H10}{a11} \times B \, \dfrac{H11}{d10}\right)$、紧滑动 $\left(d \, \dfrac{H7}{g7} \times D \, \dfrac{H10}{a11} \times B \, \dfrac{H11}{f9}\right)$ 和固定 $\left(d \, \dfrac{H7}{f7} \times D \, \dfrac{H10}{a11} \times B \, \dfrac{H11}{h10}\right)$ 3 种。

如图 3.33 所示为花键的定心方式。国标规定中矩形花键是以小径联接为标准,但在实际生产中企业继续使用旧国标花键大径定心的也较普遍,尤其在机床制造业中。其主要原因是因为花键轴的花键大径尺寸,通过磨削容易掌握配合尺寸,而轮毂内花键槽通过拉削工艺中拉刀外径尺寸来保证,配合尺寸容易控制,也能满足花键的定心要求。

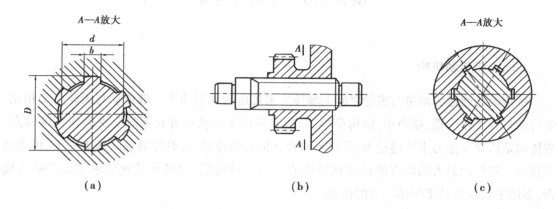

**图 3.33　花键轴的配合方法**

新旧矩形花键的规格代号不同,旧标准在键齿数后用"$D$""$d$"或"$b$"表示其定心方法,用"-"号隔开,后面按外径、内径、键宽顺序用"×"号分别联接,并同时标注其公差代号,如图 11.17(a)所示。装配时,应按照图样上的技术要求进行装配。

**（2）花键联接的装配要点**

1）静联接花键装配

套件应在花键轴上固定,故有少量过盈,装配时可用铜棒轻轻打入,但不得过紧,以防止拉伤配合表面。如果过盈较大,则应将套件加热(80~120 ℃)后进行装配。

2）动联接花键装配

套件在花键轴上可自由滑动,没有阻滞现象,但也不能过松,用手摆动套件时,不应感觉有明显的周向间隙。

3）花键的修整

拉削后热处理的内花键可用花键推刀修整,以消除因热处理产生的微量缩小变形,也可用涂色法修整,以达技术要求。

4）花键副的检验

装配后的花键副应检查花键轴与被联接零件的同轴度或垂直度要求。

如图 3.34 所示为平键与花键装配中常用结构。两个齿轮通过平键联接固定在花键套上,花键套与花键轴配合,由六角螺栓将齿轮固定在花键轴上,与花键轴组成一体。

可通过测量齿轮分度圆上齿槽径向圆跳动和齿轮端面跳动误差来保证装配质量。

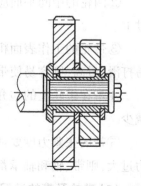

**图 3.34　键、花键装配**

# 项目 3.6　带及链传动

### 3.6.1　带传动机构

带传动是通过传动带与带轮之间的摩擦力来传递运动和动力。带传动与齿轮传动相比，带传动具有工作平稳、噪声小、结构简单、制造容易以及过载打滑起到安全保险作用的特点。带传动是依靠摩擦力来传递动力，所以不能保证恒定的传动比，对传动轴的压力较大，传动效率较低。带传动最大的优点能适应两轴中心距较大的传动，以及传动比要求不太严格的场合，多用于机械传动系统第一节的传动。

带有多种型号，按带的断面形状可分为 V 带传动、平带传动和齿形带（同步带）传动 3 种，如图 3.35 所示。

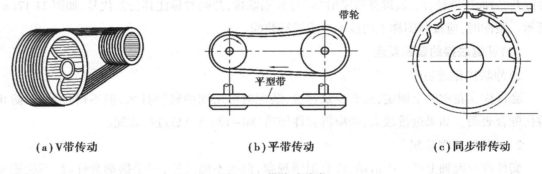

（a）V带传动　　　　　　　（b）平带传动　　　　　　　（c）同步带传动

**图 3.35　带传动种类**

**（1）带传动机构的技术要求**

①带轮装入轴上后应没有歪斜和跳动，带轮装配后的径向跳动量一般控制为（0.000 25～0.000 5）$d$；端面跳动量控制在（0.000 5～0.000 1）$d$（$d$ 为带轮直径）。

②两轮的中间平面应重合，其倾斜角和轴向偏移量不超过规定的要求。一般倾斜角不超过 1°。

③带轮的工作表面粗糙度值应控制在 $R_a$3.2～6.3 μm。工作表面粗糙度值过小，带传动容易打滑；过高，则容易使带工作时摩擦过热而加剧磨损。

④带在带轮上的包角不能太小。V 带的包角不能小于 120°，否则容易打滑，使传递力减少。

⑤带的张紧力度要适当。张紧力过小，带在传递中容易打滑、不能传递一定的功率；张紧力过大，则带、轴和轴承都将加速磨损，同时也降低了传动效率。

**（2）带轮及带的装配**

带轮安装方式有多种，固定的方式也有所不同，如图 3.36 所示。

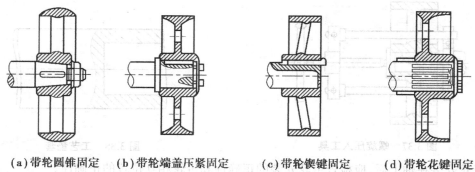

（a）带轮圆锥固定　（b）带轮端盖压紧固定　（c）带轮锲键固定　（d）带轮花键固定

图 3.36 带轮安装形式

1）带轮安装在圆锥轴头上

带轮安装在圆锥形轴头上，如图 3.36（a）所示。带轮锥孔与锥轴配合传递力矩大，有较好的定心作用，装配后的径向跳动和端面跳动值比较小。

带轮锥孔与锥形轴头配合的密合程度对装配质量影响较大。因此，装配前应检查锥孔与锥轴的接触精度，涂色检查接触斑点必须达到 75%以上，应靠近大端处，否则应经过钳工刮削或修磨予以保证。

2）带轮安装在圆柱轴头上

如图 3.36（b）所示，结构上利用轴肩和垫圈固定。带轮圆柱孔与轴颈配合应有一定的过盈量。装配时，应注意带轮与轴颈配合不宜过松，装配后轴头端面不应露出带轮端面，否则传递力矩都作用在平键上，降低了带轮和传动轴的使用寿命。

3）带轮用楔键固定在圆柱轴头上

如图 3.36（c）所示，利用楔键斜面进行固定的机构。装配要点是楔键与轮槽底面接触精度必须达到 75%以上，否则带轮传动时的振动容易使楔键滑出造成安全事故。

楔键装配应通过刮削使键与轮槽底面接触斑点达到规定的要求，以增加楔键与轮槽的锁紧力。

4）带轮安装在花键轴头上

如图 3.36（d）所示，带轮与花键轴头配合的特点是定位精度好、传递力矩大、装拆方便。花键装配如遇到配合过盈量较大时，可用无刃拉刀或用砂布修正，不宜用手工修锉花键，以免损坏花键的定位精度。

安装带轮前，应清除安装面上毛刺和污物，并涂上少量润滑油。装配时，用木锤子敲击装入（敲击时，注意不要直接敲击轮槽处，以免损坏带轮），用螺旋压入工具将带轮压到轴上，如图 3.37 所示。

对于在轴上空转或有卸荷装置的带轮，装配时应先将轴套或轴承压入轮毂孔中，然后再装到轴上。装配时，不宜采用木锤子直接敲入以防木屑落入轴承内。轴承装配应使用工艺垫套（见如图 3.38），将垫套垫在轴承内环端面上，锤子敲击工艺垫套将轴承装入，或用螺旋工具压入装配。

187

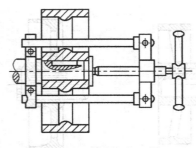

图 3.37 螺旋压入工具

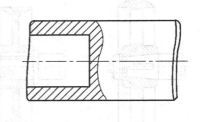

图 3.38 工艺垫套

带轮安装在轴上后,应检查带轮安装的正确性和带轮相互位置的正确性。

带轮装配的正确性可用划线盘或用百分表检查带轮的径向跳动和端面跳动,如图 3.39所示。

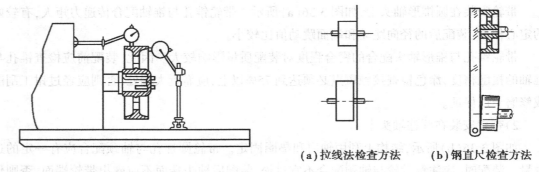

图 3.39 带轮装配质量检查

(a)拉线法检查方法  (b)钢直尺检查方法

图 3.40 带轮装配位置检查

带轮相互位置的正确性可用钢直尺或拉线方法进行检查。如中心距不大的可用钢直尺检查轮廓端平面,如图3.40(b)所示。

若中心距较大的带轮可采用拉线法进行检查。如图3.40(a)所示,带轮安装位置不正确,会使带张紧不均匀,使带加快磨损,影响带的使用寿命,如图3.41所示。通过对某一带轮位置的调整使两带轮处于同一垂直平面。

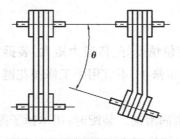

图 3.41 带轮两轴线调整要求

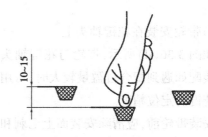

图 3.42 带安装调整

5)V 带装配方法

①带装配时先将中心距缩小,待带套入带轮后再逐步调整带的松紧,带的松紧程度调整如图 3.42 所示。调节时,用拇指压下带时手感应有一定的张力,压下 10～15 mm 后手感明显有重感,手松后能立即复原为宜。由于使用 V 带的型号和带轮直径不同,带的张紧程度也有所不同,V 带的初拉力见表 3.4。V 带的初拉力的大小与带的初拉力和带的根数有关,一根带

的初拉力可按表 3.4 确定。

表 3.4　V 带的初拉力

| 型　号 | Z | | A | | B | | C | | D | | E | |
|---|---|---|---|---|---|---|---|---|---|---|---|---|
| 小带轮计算<br>直径/mm | $68\sim80$ | $\geqslant90$ | $90\sim$<br>$112$ | $\geqslant120$ | $125\sim$<br>$150$ | $\geqslant180$ | $200\sim$<br>$224$ | $\geqslant250$ | $315$ | $\geqslant355$ | $500$ | $\geqslant560$ |
| 初效力 $f_0$/N | 55 | 70 | 100 | 120 | 165 | 210 | 275 | 350 | 580 | 700 | 850 | 1 050 |

V 带张紧力也可按如图 3.43 所示的方法用衡器(俗称弹簧秤)测量。其中, $y$ 为带的下垂度, $Q$ 为作用力,它们之间的近似关系为

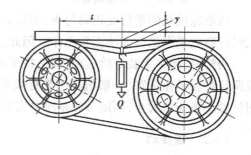

$$y = \frac{QL}{2f_0}$$

式中　$y$——下垂度;

　　　$Q$——作用力,N;

　　　$L$——测定点的距离;

　　　$f_0$——带的初拉力。

图 3.43　带张紧力衡器测量法

②带的张紧力的调整。对于带传动系统没有调整机构。常采用张紧轮机构。张紧轮主要与带的工作面接触,装配要求与带轮相同。如图 3.44 所示为张紧轮安装方法。V 带型的张紧轮的轮槽与 V 带的工作面接触,张紧轮安装在带的非受力一侧方向,调整张力使带的摩擦力增加。

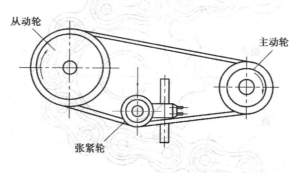

从动轮　主动轮

张紧轮

图 3.44　张紧轮装配

③V 带传动用多根带时,应选择长度基本一致的带,以保证每根带传递动力一致及减缓带传动中的振动影响。

**(3)平带、齿形带装配**

平带轮装配应保证两带轮装配位置的正确,平带工作时带应在带轮宽度的中间位置,如图 3.45 所示。如图 3.46 所示为齿形(同步带)传动。

189

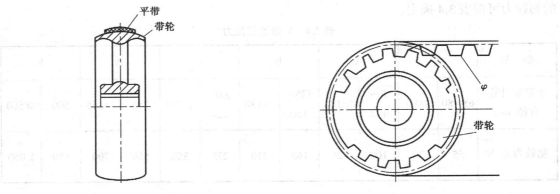

| 图 3.45　平带安装要求 | 图 3.46　同步带安装 |

两带轮轴线的平行度正确与否,不仅影响平带或齿形带的使用寿命,如果平行度误差较大时将造成带滑出而无法正常工作。因此,带轮装配后调整工作非常重要。

调整时,将平带装好后盘动带轮,视平带的位置是否有滑移甚至滑出的可能,通过微调装置调整带轮机座位置(一般机构中都有微调装置),多次转动带轮,带转动位置始终在带轮中间位置不再变化为止,固定带轮基座并安装好防护罩才能试车,以免带滑出造成伤人事故。

### 3.6.2　链传动

链传动机构通过链和链轮的啮合来传递运动和动力,如图 3.47 所示。链传动与带传动比较,其结构紧凑,对轴的径向压力较小,承载能力大,传动效率高,但链传动时的振动、冲击和噪声较大,链节磨损后链条容易拉长,引起脱链现象。

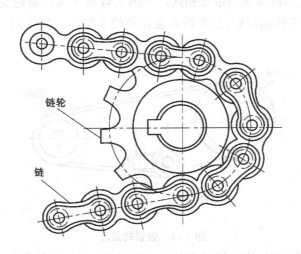

图 3.47　链传动

常用的链传动有套筒滚子链和齿形链两种。套筒滚子链的结构如图 3.48 所示。它由外链板、销轴、内链板、套筒及滚子组成,联接成所需要的长度。外链板和内链板上的孔距尺寸就是链的节距,短节距的链为精密滚子链,通过与链轮啮合传递运动。链传动能保证准确的平均传动比,适用于远距离的传动要求,尤其适合温度变化较大和工作环境较差的场合。

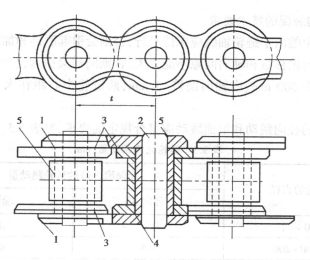

图 3.48  套筒滚子链的组成

1—外链板;2—销轴;3—内链板;4—套筒;5—滚子

传动链还可装上附件(水平翼板)可作输送工件用的输送链,如图 3.49 所示。链传动的速度一般为 12~40 m/min。

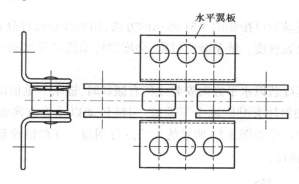

图 3.49  链安装水平翼

如图 3.50 所示为齿形链。齿形链的传动特点是传动速度高、噪声小、载荷均匀、运动平稳等特点。齿形链由导片和多片齿形板联接组成。它有外导片和内导片两种结构(图 3.50 为内导片结构)。齿形链可组合成不同宽度的要求,常用于链宽>25~30 mm 的传动机构,传动力矩大。

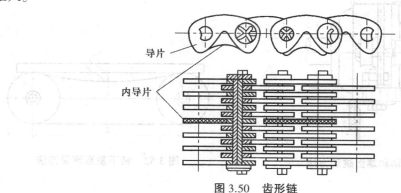

图 3.50  齿形链

191

**(1)链传动机构装配的技术要求**

①链传动机构中的两个链轮轴线应保持平行,否则会引起脱链和加剧链和链轮的磨损。

②两链轮的轴向偏移量和轴向间隙不能太大,否则同样会引起链的加剧磨损。轴向偏移量以两链轮中心距在 500 mm、内轴向偏移<1 mm,两链轮中心距在大于 500 mm、轴向偏移<2 mm的范围内。

③链轮装配后的径向跳动和端面跳动应符合规定的要求,见表 3.5。

表 3.5　链轮允许跳动量/mm

| 链轮的直径 | 套筒滚子链的链轮跳动量 | |
| --- | --- | --- |
| | 径向 $\delta$ | 端面 $a$ |
| 100 以下 | 0.25 | 0.3 |
| >100~200 | 0.5 | 0.5 |
| >200~300 | 0.75 | 0.8 |
| >300~400 | 1.0 | 1.0 |
| 400 以下 | 1.2 | 1.5 |

链轮装配后的跳动量可按如图 3.51 所示的方法,用划线盘或百分表进行检查。

④链条装配的松紧程度。链条装配过紧,会增加传动载荷和加剧磨损;链条过松,传动中会出现弹跳或脱落。

传动链的松紧程度若以水平方向安装或稍有倾斜时,链条下垂值应小于 20%$L$($L$ 为两轮中心距);链条安装倾斜较大时应减少下垂值;当链传动以垂直方向安装时,$f$ 值应<0.2%$L$。传动链松紧程度调整可按如图 3.52 所示的方法进行测量。在两链轮轮缘上放置一平尺或钢直尺,测量链下垂的挠度。

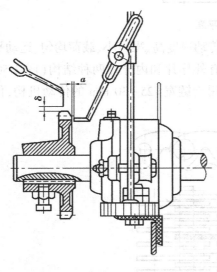

图 3.51　链轮径跳动和端面跳动方法

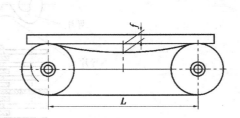

图 3.52　链下垂直测量方法

### (2)链传动机构装配

链轮装配方法与带轮装配方法相同。链轮在轴上固定方法有:用键联接后用定位螺钉定位固定,并用螺母锁紧,如图 3.53(a)所示;用锥销固定,如图 3.53(b)所示。链轮安装后应按如图 3.53 所示的方法进行检查。

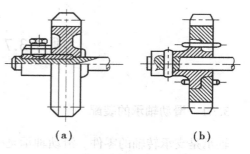

**(a)**　　　　**(b)**

**图 3.53　链轮安装方法**

链条装配时,可按中心距尺寸可将链条的长度进行增减,需要增加或减少链的节数只要将销轴打出重新联接所需要的链节。当节数为偶数时,可接上一个链节。当链节为奇数时,若不能按一个链接安装时,可采用过渡链节(即半节链),如图 3.54(d)所示。如图 3.54(c)所示为过渡链节的联接方法。过渡节适用于调节范围较小的场合。

链节固定有多种方式,大节距套筒滚子链用开口销联接,如图 3.54(a)所示。小节距套筒滚子链用卡簧片将活动销固定,如图 3.54(b)所示。用卡簧片联接时,应注意必须使其开口端的方向与链的运动方向相反,以免运转中受到碰撞而脱落。

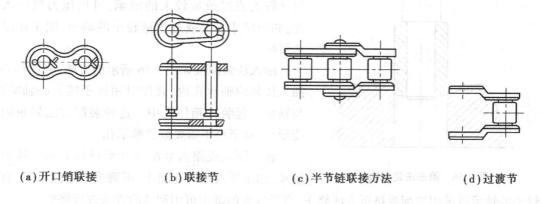

**(a)开口销联接**　　　**(b)联接节**　　　**(c)半节链联接方法**　　　**(d)过渡节**

**图 3.54　链接头**

链条安装时,可将链条先套在链轮上,并按如图 3.55(a)所示的方法,将专用拉紧工具弯形脚套在两端链条孔中,拧紧翼形螺母使两端链接近节距,插入联接节用卡簧固定。如图 3.55(b)所示为用拉紧工具安装齿形链的方法。

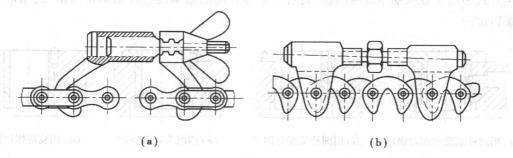

**(a)**　　　　　　　　　**(b)**

**图 3.55　链的联接方法**

## 项目 3.7 轴承的装配

### 3.7.1 滑动轴承的装配

轴承是支承转轴的零件。滑动轴承是一种滑动摩擦的轴承。它主要特点是：工作平稳、可靠、无噪声，滑动轴承的润滑油膜具有减振的能力，故能承受较大的冲击载荷。由于采用液体润滑大大减少轴承的摩擦磨损，对于高速运转的机械，有着十分重要的意义。

**(1)滑动轴承的装配方法**

滑动轴承装配主要保证轴径与轴承孔之间获得所需要的工作游隙和良好的接触精度，使轴在轴承中运转平稳。

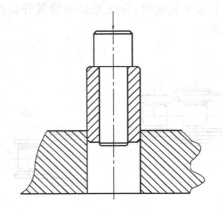

整体式向心滑动轴承(俗称轴套)的装配，根据配合尺寸或过盈量大小来选择装配的方法。如果轴承尺寸较大或过盈量较大的轴承，可用压力机压入装配；如果尺寸不大或过盈量较小的轴承，则采用敲入法装配。

敲入法装配按如图 3.56 所示的方法，将同径心轴插入待装的轴承孔内，装配时用锤子锤击心轴端部，与轴承一起装入箱体孔中。这种装配方法轴承内孔变形小，甚至可不需要修整轴承孔。

**图 3.56　锤击法装配轴承**

轴承压入或敲入装配后变形量较大的整体滑动轴承，轴承压入后内孔缩小、不圆或产生圆锥时，直径较小的轴承可采用铰削或挤压方法修正，直径较大的轴承可用刮削的方法进行修整。

对负荷较重的滑动轴承(轴套)为防止轴承工作时产生转动，需要将轴承进行固定。固定的方式应根据轴承的结构特点选择合适的定位方式，如图 3.57 所示。如图 3.57(a)所示的定位方式是通过箱体孔长度中间和轴承径方向同时钻出定位孔，用圆柱端紧定螺钉定位，这种定位方式多用于轴承壁厚较薄的轴承；对于壁厚较厚的轴承也可将轴承钻出锥坑，用锥端紧定螺钉定位。

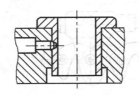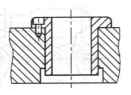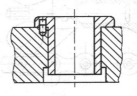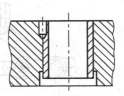

**(a)用圆柱端紧定螺钉固定　(b)用圆柱头螺钉固定　(c)用沉头螺钉固定　(d)用骑缝螺钉固定**

**图 3.57　轴承的固定方式**

如图 3.57(b)所示,轴承端面台肩上用多个圆柱头螺钉固定并用锥销定位。

如图 3.57(c)所示,在轴承端面台肩上用沉头螺钉定位,沉头螺钉 90° 圆锥部分定位性能比圆柱头螺钉好,可不用锥销定位。

如图 3.57(d)所示,无台肩的轴承(圆柱套),箱体孔周围又没有钻定位孔的条件,此时可采用骑缝螺钉固定的方式。

轴承定固定方式应根据图样上规定的要求进行固定。图样上没有规定但实际工作中会发生问题时,可根据实际情况选择合适的固定方式。

**(2)主轴轴承的装配方法**

主轴轴承的结构不同,装配工艺也有所不同。如图 3.58(a)所示为机床外锥内柱式主轴轴承。它的结构特点是:圆锥形外径与轴承座配合,圆柱内孔与主轴轴径配合。轴承外径上开有 5 条等分槽,其中有 1 条槽是铣穿的槽(轴承调整间隙用,见图 3.58(b)),轴承间隙调整后槽中装入垫片(垫片用吸潮小的硬木或层压板),与轴承形成一整体以增加轴承的刚度。轴承两端车有锯齿形螺纹(或 T 形螺纹)与螺母 4,5 配合可调整轴承的工作间隙(轴向位置)。

主轴轴承需要通过刮削来保证接触精度口外锥内柱轴承刮削工作,首先将轴承外锥与轴承座配刮至要求(接触斑点在 12 点/25 mm×25 mm 以上);内孔刮削时,将轴承装入轴承座内(见图 3.58(a)),并在后轴承座内装入工艺套定心,将主轴插入轴承和工艺套孔内调整螺母 4,5 研点,与主轴配刮至要求(内孔接触斑点要求在 16 点/25 mm×25 mm 以上)。轴承承配刮好后,调整工作间隙(间隙为 0.03~0.04 mm),根据轴承槽宽配作垫片厚度尺寸。轴承装配前,应严格清洗后装入垫片,按顺序装配主轴上的所有零件。

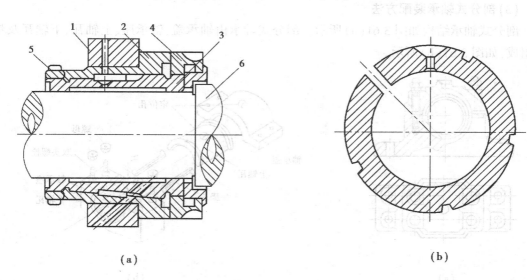

(a)　　　　　　　　　　　　　　　　(b)

**图 3.58　外椎内柱式滑动轴承**

1—箱体;2—轴承座;3—轴承;4,5—螺母;6—主轴

如图 3.59 所示为外柱内锥式滑动轴承。它主要用于机床主轴轴承。这种轴承结构特点是外径不需要修刮(外径由机械加工保证),直接将轴承压入轴承座内(与轴承座有微量的过

盈量)。轴承压入方法如图3.60所示。轴承压入前用木锤子将轴承轻轻敲入待装孔端,并将带有螺孔的压板垫入箱体孔后端面,螺杆上套入垫圈或推力轴承后旋入压板螺孔中,使垫圈或推力轴承与滑动轴承端面贴平,转动压入工具手柄将轴承压入轴承座内。这种压入方式轴承变形量小,对中心好,压入时轴承外径不会损伤。

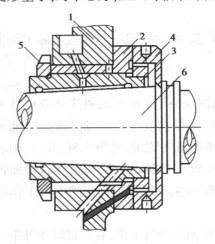

图 3.59 外柱内椎滑动轴承

1—箱体;2—轴承座;3—轴承;4,5—螺母;6 主轴

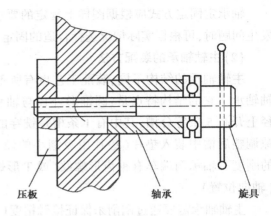

图 3.60 轴承压入工具

外柱内锥式轴承是整体式轴承,轴承的间隙是通过调整螺母4,5来确定轴承的轴向位置,达到调整间隙的目的。

轴承内锥孔与主轴配刮至要求,轴承刮削方法和要求与外锥内柱轴承孔相同。

**(3)剖分式轴承装配方法**

剖分式轴承结构如图3.61(a)所示。剖分式轴承由轴承盖、轴承座、上轴瓦、下轴瓦及垫片组成,如图3.61(b)所示。

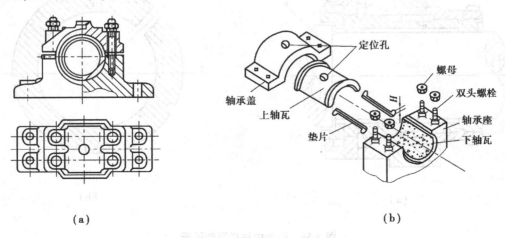

(a)　　　　　　　　　　　(b)

图 3.61 剖分式轴承

轴承上瓦与轴承盖配合、下瓦与轴承座配合应有良好的密合性,并用柱套插入定位孔中固定上轴瓦与轴承盖的位置。

轴承刮前用工艺轴或工作轴放入轴瓦内,调整前后轴承的工作位置并固定轴承座。刮削轴承内孔时,将轴承盖和底座合上,前后轴承同时刮削至要求,刮削完成后修正垫片厚度尺寸来调整轴承间隙,滑动轴承游隙一般按$(0.000\ 1\sim0.000\ 3)d$调整,或按设备的技术要求规定的值进行调整。

### 3.7.2　滚动轴承装配

滚动轴承是一种滚动摩擦的轴承。它由外圈、内圈、滚动体及保持器 4 部分组成。它具有摩擦小、效率高、轴向尺寸小、装拆方便等特点,是一种标准化、系列化的轴承,适应各种结构的支承,广泛用于各种机械的传动系统。

**(1)滚动轴承的装配要求**

滚动轴承装配时应注意以下 6 点:

①轴承装配前应严格进行清洗保持清洁,轴承不宜用棉纱等织物擦除轴承污垢,以防止杂物进入轴承内。

②滚动轴承装配时,应将轴承标有代号的端面装在可见部位,以便以后更换轴承时能方便地看清轴承的型号。

③轴承装配在轴上和壳体孔中,应没有歪斜和卡住现象。轴颈或壳体孔台肩处无退屑槽时,装配时应注意台肩处圆弧半径应小于轴承的圆弧半径。

④为了保证滚动轴承工作时有一定的热胀伸长余地,在同轴的两个轴承中,必须有一个轴承外环可在热胀时产生轴向移动(非分离式轴承),分离式轴承如圆锥滚子轴承应进行二次调整,即装配后进行粗调间隙可适当大些,试车时达到工作温度后进行第二次调整。以免轴或轴承因温度升高而产生附加应力。

⑤推力轴承的两个圈分为松、紧两种配合。装配时,应注意松圈和紧圈的装配位置不能搞错,紧圈应装在轴肩端面处,松圈应装在壳体孔端面方向,否则轴运转后将会使轴和壳体端面损坏。

⑥轴承装配后,盘动工作轴应转动灵活,无阻滞现象,并有适当的工作游隙,方能试车,运转时应无振动和噪声。

**(2)滚动轴承的润滑**

滚动轴承为了维持长期良好的工作状态,轴承的润滑非常重要,良好的润滑不仅能减少轴承的摩擦磨损,同时还能吸收和减少振动、降低噪声等作用,使轴承保持较好的工作状态。

滚动轴承的润滑剂有润滑油、润滑脂和固体润滑剂 3 类。轴承的润滑应根据轴承的工作性质、转速、工作环境及精度要求,应选择合适的润滑方式。

①油润滑润

油润滑方式根据工作轴的结构特点、转速高低和负载大小有多种润滑方式。

A.油浴润滑

对于在低速或中速(≤500 r/min)工作的轴承,油润滑一般采用油浴润滑方式,如图 3.62(a)所示。水平方向安装的轴承,油面应在轴承下面滚动体的 1/3～1/2 位置,对垂直安装的轴,油面应在轴承滚动体 1/2～2/3 位置,如图 3.62(b)所示。

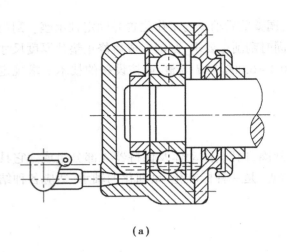
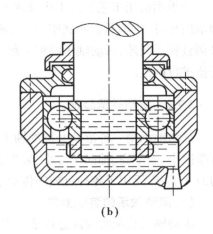

(a)                                  (b)

图 3.62   油浴润滑

B.滴油润滑

工作在较高速度的轴承(>1 000 r/min),采用给油器或油线滴润滑。滚动轴承的润滑不需要大量的润滑油,它只要在滚导上经常保持薄薄一层润滑油即能满足工作要求,过多的润滑油不仅不能使轴承产生散热作用,反而会因轴承滚动体的搅拌作用产生大量的热能,使工作轴的工况变差。润滑油过多或过少,都会引起轴承温度上升。滴油润滑的流量一般按 60~70 滴/min 为宜。

少量的润滑油能保证轴承所需的润滑要求,减少了轴承的搅拌作用,有利于降低轴承的温升。

如图 3.63(a) 所示为针阀式油杯滴油润滑结构图。如图 3.63(b) 所示为针阀式玻璃油杯。润滑油灌入杯内后,通过油杯上部的调节螺母,调节针阀的位置来控制油液的流量,并可通过透明玻璃罩透视杯内的油液的流量和使用情况,便于及时添加润滑油。

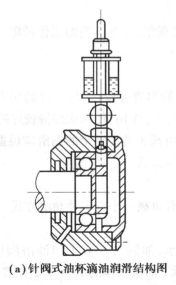
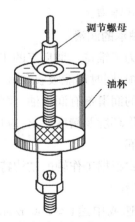

(a)针阀式油杯滴油润滑结构图            (b)针阀式玻璃油杯

图 3.63   滴油润滑

对于箱体内有给油槽的结构,一般采用油线(毛线)引入滴油的方式,通过传动齿轮将油飞溅进入油槽通过油线将油滴入轴承。

C.循环润滑

有专门的供给油系统(由油泵供油)可采用循环式润滑,当油进入轴承润滑后油液返回油池冷却、过滤后重新输入轴承润滑,如图 3.64 所示。循环供油的流量按 0.5~1.5/7 min 为宜。

D.油雾润滑

处于高速(10 000 r/min 以上)或重载的轴承,常将润滑油雾化后润滑,如图 3.65 所示。润滑油与不含水分的压缩空气混合后,通过喷雾发生器,将润滑油雾化吹向轴承工作部位,能有效地降低轴承的温升并达到润滑的目的。

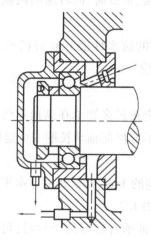

图 3.64　循环润滑

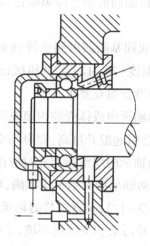

图 3.65　油雾润滑

②润滑脂润

滑润脂一般用于转速和温度不很高的轴承润滑,润滑脂具有不易渗漏、不需要经常添加且密封装置简单、能防潮、维护保养比较方便等优点。其缺点是稀稠易受温度变化,轴承散热效果较差。润滑脂适应各种不同工作要求的场合,使用时应合理选择润滑脂的型号和填充方法。

常用润滑脂的品种有钙基、钠基、锂基及各种混合剂。

a.钙基润滑脂种类繁多是使用最多的一种润滑脂,其色泽呈淡黄色或褐色。分为 1—4 号。

1 号钙基润滑脂适用于温度≤55 ℃,轻负荷自动给脂的轴承,以及气温较低的地区的小型机械,轴承内径在 20~140 mm,潮湿有水环境,转速 1 500~5 000 r/min 的轴承润滑。

2 号钙基润滑脂适用于中小型滚动轴承,以及冶金、运输、采矿设备中温度≤55 ℃的轻负荷、高速机械的摩擦部位,轴承内径在 20~140 mm,潮湿有水环境,转速 1 500~3 000 r/min 的轴承润滑。

3 号钙基润滑脂适用于中型电机的滚动轴承,发动机及其他温度在 60 ℃以下中等负荷中转速的机械摩擦部位,轴承内径在 20~140 mm,潮湿有水环境,转速<300 r/min 的轴承润滑。

4 号钙基润滑脂适用于汽车、水泵的轴承、重负荷自动机械的轴承,发电机、纺织机及其他温度≤60 ℃重负荷、低速的机械,轴承内径在 20~140 mm,潮湿有水环境,转速<300 r/min 的轴承润滑。

b.合成钙基润滑脂色泽为深黄色或暗褐色,具有良好的润滑性能和抗水作用,适用于工业、农业、交通运输等机械设备的润滑,使用温度不高于 60 ℃的工作环境。

c.石墨钙基润滑脂用于压延机人字齿轮、汽车弹簧、起重机齿轮转盘、矿山机械、绞车和钢丝绳等高负荷、低速的粗糙机械润滑。

d.钠基润滑脂色泽深黄色或暗褐色,使用于温度不高于 110 ℃,且无水分及潮湿的工业、农业等机械。

4 号高温润滑脂色泽黑绿色,温度为 140~160 ℃的高温、重负荷、低转速的机械摩擦部位的润滑。

e.合成锂基脂润滑脂色泽浅褐色或暗褐色,具有一定的抗水性能和较好的机械稳定性能,用于温度-20~120 ℃的机械设备的滚动和滑动摩擦部位。

③润滑脂填充要求

滚动轴承内或体壳腔内填充润滑脂量必须适当,若填充量过多轴承在高速运转时散热条件较差,会引起温升过高,润滑脂变稀会引起润滑脂泄漏,不能保证轴承长期安全运转。

滚动轴承的润滑脂填充时应注意以下 3 点:

a.滚动轴承润滑脂不应填满,填充量应在轴承内部空间的 1/3~1/2 即可。水平安装的轴承填充 1/3~1/2;垂直安装的轴承填充上侧的 1/3 或下侧的 1/2。

b.容易污染和潮湿的环境,工作在中速或低速的轴承,轴承有较好的密封时,可将轴承和轴承盖里的全部空间填满。

c.高速轴承的润滑脂不应填满,应填充至 1/3 或更少为宜,并在装填润滑脂前先将轴承放在润滑油中浸泡一下,以免在启动时因润滑脂不足而使轴承加速磨损。

**(3)滚动轴承的装配和拆卸方法**

1)滚动轴承的装配方法

滚动轴承装配方法有锤击法装配、压入法装配和温差法装配等方法。装配时,应根据生产条件、批量和轴承的精度,合理选择装配的方法。

①锤击法装配

锤击法装配使用工具简单、方便、装配效率较高,但轴承的装配精度不高,适用于一般精度的轴承装配。

锤击法装配是利用锤子锤击垫棒将轴承装配到轴上或壳体孔中,如图 3.66 所示。

如图 3.66(a)所示,装配前先将轴承轻轻地锤入轴颈上,然后将垫棒垫在轴承内圈端面上,锤子轻轻锤击垫棒轴顶部,使作用力于轴线均匀地作用在轴承内圈端面上,将轴承安装在轴颈上。

如图 3.66(b)所示,垫棒垫在轴承外圈端面上,锤子作用力通过垫棒作用在轴承外圈端面上,将轴承敲入壳体孔中。

如图 3.66(c)所示,垫棒端面同时与轴承外圈和内圈端面接触,锤子的作用力同时加在轴承外圈和内圈端面上,使轴承的内外圈同时敲入轴颈和壳体孔中。避免了锤击力作用在某一圈的端面上,通过滚动体过渡到另一圈上,这样不仅会影响轴承的装配位置的质量甚至会使轴承的精度下降。

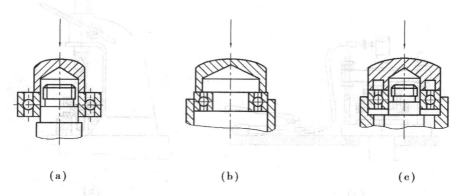

图 3.66 锤击法工艺垫套轴承装配

敲击法装配使用的垫棒是车制成不通孔的棒料,内孔直径应大于轴颈直径,不宜用实心的垫棒。

轴承装配不允许用锤子直接敲击轴承端面进行装配,也不宜通过铜棒或铝棒垫入敲击一个方向装配,这种装配方法不仅质量差,甚至还会损坏轴或壳体孔的配合表面。如图 3.67(a)所示,锤子锤击垫棒作用力在轴承单一方向,锤击时会因单一方向作用力使轴承倾斜前进。这种方法不仅影响轴承安装质量和效率,同时由于单一方向作用力使轴承内圈在轴颈上产生压痕使装配后的轴承内圈产生不规则变形,或轴承装入后有可能出现如图 3.67(b)所示的情况,轴承未能安装到位的现象而影响装配质量。

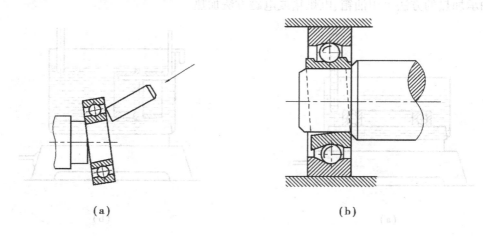

图 3.67 单一方向锤击垫棒装配的影响

②压入法装配

压入法装配是通过手动机械或液力传动工具将轴承压入轴或壳体孔中。如图 3.68(a)所示为大直径轴承装配方法。液压压力机适合大直径轴承的装配。装配时,将轴安置在夹具上,利用液压装置施力于工艺套圈上将轴承压入轴颈。如图中 3.68(b)所示为中小型轴承装配。它利用机械压力机压入轴承。

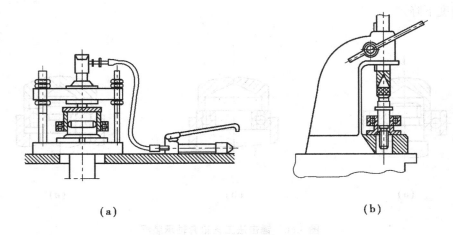

(a)                           (b)

图 3.68　压力机装配轴承

压入法装配轴承受压时没有冲击力,压入力均匀分布在轴承圈端面上,装配质量比敲击法好。

③温差法装配

温差法装配是通过将轴承加热或制冷,使内圈热胀或外圈冷缩的装配方法。装配时,通过内外圈尺寸变化直接将轴承放入待装轴上或壳体孔中。温差法装配的轴承定位精确、质量高,尤其对精密、高精度轴承的装配,是唯一行之有效的装配方法。

A.轴承加热装配的方法(见图 3.69)

轴承加热的方法可用油箱、电烘箱或电磁方法加热。

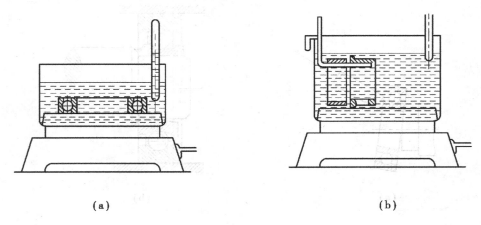

(a)                           (b)

图 3.69　轴承加热油箱

油箱加热为最简便的方法,适合小批量的轴承装配,轴承加热时不能直接放在油箱底上加热,以免轴承受热不均匀或有脏物嵌入轴承内。

　　加热时应将轴承放在油箱网格上,如图 3.69(a)所示。网格与箱底应有一定的距离,较小轴承可按如图 3.69(b)所示的悬挂式加热。轴承加热到 80~100 ℃,取出后立即将热胀的轴承放入轴上即可,热胀法装配几乎不需要施力装配,装配后的轴承温度恢复到室温后,即能固定在轴上。

　　B.轴承冷缩装配方法

　　轴承冷缩装配方法是主要针对轴承外圈的装配。装配前,将轴承放入制冷剂中制冷,经冷缩的轴承装配非常方便,装配时只需将轴承放入壳体孔中即可,待轴承冷却至室温时便固定在壳体孔中,装配十分方便,尤其适用于分离式结构的轴承外圈的装配。

　　轴承制冷的方法可通过固体二氧化碳(干冰)、液氮或制冷设备制冷。

　　批量不大的轴承装配可采用固体二氧化碳和保温箱保温制冷,装配前只要将轴承用清洁的纸或布包好埋入干冰中,用保温箱保温 1~2 h 即可装配。这种制冷方式简便,成本低,但制冷时可能有杂质嵌入轴承内,需要有保洁措施。批量较大的零件制冷,可采用制冷设备,制冷设备的制冷效果要比干冰、保温箱的好,制冷清洁,只是投入购置设备的费用较高。

　　2)滚动轴承拆卸方法

　　滚动轴承更换拆卸常用的方法有锤击法、压出法和拉出法等方法。

　　①用锤击法拆卸

　　轴承与轴分离拆卸,将轴承放在有孔的平台上垫实垫块,用木锤子锤击轴端拆卸轴承,如图 3.70(a)所示。如图 3.70(b)所示的结构上有防尘盖的可直接将轴承外圈敲出,无防尘盖的可用垫棒将其轻轻敲出。

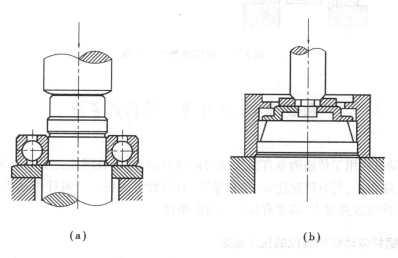

(a)　　　　　　　　　　　　　　(b)

**图 3.70　用锤击法拆卸轴承图**

　　②用拉出器(拉马)拆卸

　　轴承与轴分离拆卸可用拉出器拉出轴承,如图 3.71 所示。图 3.71(a)为双杆拉出器,图 3.71(b)为三杆拉出器。拉出器螺杆端部与轴端不直接接触,在拉出器螺杆中心孔与轴端中心孔之间放入一钢球,使拉出器能较好的定位,同时旋转拉出器螺杆时也省力。

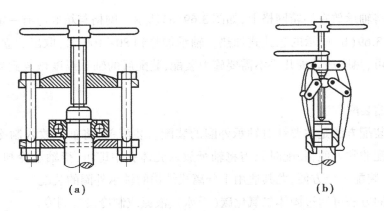

**图 3.71　用拉出器拆卸轴承**

螺调整好两杆或三杆拉杆脚距离,使弯脚与轴承内圈端面接触,转动螺杆拉杆脚的力均匀地作用在轴承上取出轴承。

③用拔销器拆卸

当轴与轴承需要从箱体中拆卸时,可利用轴端内螺纹与拔销器联接,用作用力圈撞击受力圈拉出,使轴承与轴分离如图 3.72 所示。

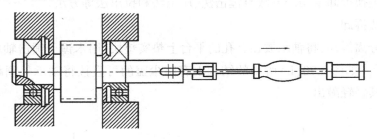

**图 3.72　用拔销器拆卸轴承**

# 项目 3.8　蜗杆传动机构的装配

蜗杆传动机构用于传递两垂直交叉轴的运动和动力,以及降速比要求较大的传动机构。它传动平稳、噪声小,具有降速比大、结构紧凑、自锁性好等特点。蜗杆传动机构缺点是传动效率较低,工作时发热量大,需要有良好的润滑条件。

### 3.8.1　蜗杆传动机构装配的技术要求

蜗杆传动机构装配的技术要求如下:
①蜗杆轴心线应与蜗轮轴心线垂直。
②蜗杆的轴心线应在蜗轮轮齿的对称中心平面内。
③蜗杆、蜗轮间的中心距要准确。
④适当的齿侧隙和正确的接触斑点。

### 3.8.2 蜗杆副的装配要点

如图 3.73 所示为典型的蜗杆蜗轮减速机构。它由蜗杆和蜗轮组成。蜗杆轴上叶轮起降温作用。

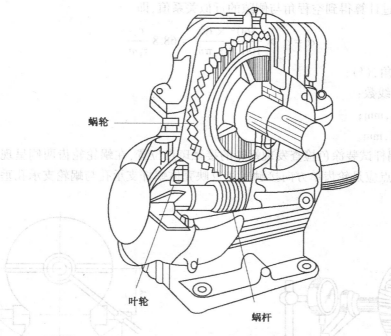

蜗轮

叶轮

蜗杆

图 3.73 典型的蜗杆蜗轮减速机构

蜗杆、蜗轮装配程序是：首先装蜗轮后装蜗杆，然后调整蜗轮的轴向位置。蜗轮的轴向位置可通过改变蜗轮轴上的调整垫圈厚度进行调整。蜗杆、蜗轮减速箱装配通常需要进行试装调整，确定蜗轮与蜗杆有正确的位置才能装配。

蜗轮试装(放置好调整垫圈)应用涂色法检查蜗轮装配位置是否正确，如图 3.74 所示。将显示剂(红丹或钛青蓝)涂在蜗杆的螺旋面上，转动蜗杆，根据蜗轮轮齿上的接触斑点位置来判断。蜗轮正确位置的接触斑点应在轮齿中部稍偏向蜗杆旋出方向。正确的安装位置如图 3.74(a) 所示。如图 3.74(b) 所示表示蜗轮位置偏右；如图 3.74(c) 所示表示蜗轮的位置偏左。因此，图 3.74(b)、(c) 两种情况都应重新调整蜗轮的位置。

(a)正确位置          (b)蜗轮位置偏右          (c)蜗轮位置偏左

图 3.74 蜗杆啮合接触斑点检查

由于蜗杆传动机构的特点,齿侧隙检查不能使用塞尺和压铅法检查,对一些不太重要的传动机构,可根据经验手动蜗杆的空程量来判断侧隙大小。

对于要求较高的传动机构,可用百分表测量检查蜗杆副啮合侧隙,如图3.75所示,将装配后的蜗杆固定,在蜗轮输出轴上装一测量杆,百分表测头指于测量杆上,转动蜗轮,百分表上的读数差值,可通过计算得到空程角与侧隙的近似关系值,即

$$\alpha = c_n \times \frac{360° \times 60}{100 \times z_1 \pi m} = 68.8 \frac{c_n}{z_1 m}$$

式中　　$\alpha$——空程角,(′);

$z_1$——蜗杆线数;

$m$——模数,mm;

$c_n$——侧隙,mm。

如果蜗轮和蜗杆试装涂色检查发现蜗轮的接触斑点位置,在蜗轮轮齿两侧呈现异向偏接触(正常的接触斑点应是轮齿单方向接触),则反映壳体蜗杆支承孔与蜗轮支承孔垂直度误差较大。

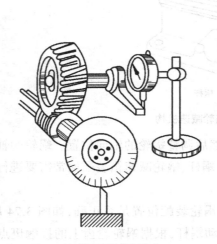

图3.75　蜗杆副侧隙检查

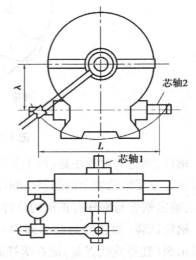

图3.76　蜗杆箱垂直度检查

如果蜗轮轮齿接触斑点偏向于轮齿的齿顶或齿根部位,则反映蜗杆与蜗轮间的中心距偏大或偏小,可对壳体孔进行检查或镶偏心套予以修正。

如图3.76所示为蜗杆箱体两孔垂直度检查。检查时,分别将芯轴1,2插入箱体孔中,在蜗轮芯轴1上一端安装百分表架,表测头与芯轴2接触,转动芯轴1,百分表上的读数差值,即是两轴线的不垂直度值。

蜗杆箱体两孔中心距的测量按如图3.77所示的方法。将3个千斤顶安置在平板上,并将箱体置于3个千斤顶上,高度游标尺量爪上安装杠杆百分表作零位校正,调整千斤顶使芯轴2与平板表面平行,记录高度游标尺上读数值,然后将高度游标尺上杠杆表头移置芯轴1同一方向上测量,调整高度游标尺,使杠杆表置于零位(与芯轴2同一读数值)。此时,高度游标尺上的读数差值即为中心距实际尺寸(芯轴1,2不同径时,应加或减去差值)。

如果箱体孔中心距或垂直度超差较多时,则应将壳体孔重新镗孔,镶套予以修正。

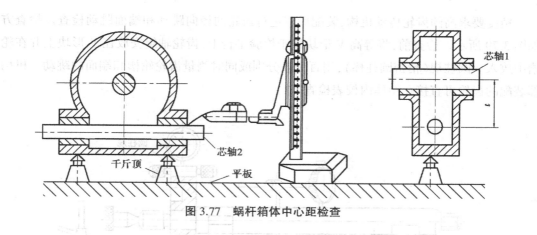

图 3.77 蜗杆箱体中心距检查

# 项目 3.9 齿轮传动机构的装配

齿轮传动是机械上使用最多的传动方式。它是依靠轮齿间的啮合来传递运动和力矩。

### 3.9.1 齿轮装配的技术要求

①齿轮孔与轴的配合应满足使用要求。固定在轴颈的齿轮通常与轴有少量的过盈配合，装配时需要加一定外力压装在轴上，装配后齿轮不得有偏心或歪斜；滑移齿轮装配后，不应有啃住和阻滞现象，多空套在轴上的齿轮配合间隙和轴向窜动不能过大或有晃动现象。

②保证齿轮装配后有一定的接触面积、正确的啮合接触部位和合理的齿侧隙。

③齿轮副啮合轴向位置应符合技术要求,两齿轮啮合轴向位置错位不得大于规定值 $a$。

### 3.9.2 圆柱齿轮传动机构装配

#### (1) 齿轮与轴的装配

齿轮在轴上结合方式,如图 3.78 所示。如图 3.78(a)所示为齿轮与轴通过半圆键联接,并由螺母固定;如图 3.78(b)所示为齿轮与花键轴联接,由螺母进行固定。

如图 3.78(c)所示为齿轮通过轴台肩用螺栓联接固定;如图 3.78(d)所示为齿轮锥孔与锥轴半圆键联接固定;如图 3.78(e)所示为齿轮与花键轴滑动配合。

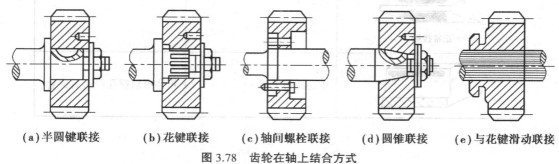

(a)半圆键联接　　(b)花键联接　　(c)轴间螺栓联接　　(d)圆锥联接　　(e)与花键滑动联接

图 3.78 齿轮在轴上结合方式

　　精度要求高的齿轮传动机构,装配后应进行齿轮的径向跳动和端面跳动检查。检查方法如图 3.79 所示。检查前,将等高 V 形块置于检验平台上,齿轮轴组安放在 V 形块上并在轮齿槽中放入一圆柱规(精密圆柱棒),用百分表分别或同时测量齿轮轮槽和端面的跳动。机构内部装配的齿轮可直接在箱体内校表检查。

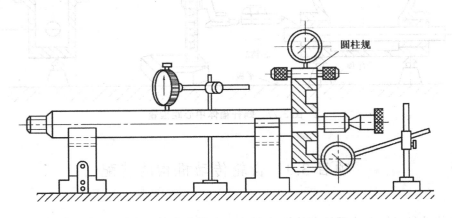

**图 3.79　齿轮装配后径向跳动和端面跳动检查方法**

　　圆锥配合的齿轮装配前应进行圆锥配合接触精度检查。涂色检查接触斑点面积不少于75%,且应近锥孔大端处。接触精度不能达到要求,可采用刮削或研磨进行修正。装配后轴端与齿轮端面应有一定的间隙。

　　花键轴上滑移的齿轮应能自由移动无阻滞现象。如果齿轮轮齿因淬火后引起花键孔变形时,不宜用修锉的方法修正,可用无刃花键拉刀推挤修正。

**(2)圆柱齿轮装配质量检查**

齿轮装配质量可通过齿轮的啮合接触斑点及齿轮的啮合侧隙正确与否来检查。

1)圆柱齿轮啮合质量检查

齿轮正常接触斑点应在全齿宽及轮齿分度圆处,通过涂色检查接触斑点的分布情况能判断产生误差的原因。表 3.6 为齿轮接触斑点可能出现的情况及解决的方法。

**表 3.6　直齿圆柱齿轮接触斑点及调整方法**

| 接触斑点 | 原因分析 | 调整方法 |
|---|---|---|
| 正常接触 |  |  |
|  | 中心距过大 | 箱体重新镗孔修正后镶套 |

续表

| 接触斑点 | 原因分析 | 调整方法 |
| --- | --- | --- |
| 中心距过小 | （同上） |
| 同向偏接触 | 两轮轴线不平行 | （同上） |
| 异向偏接触 | 两轮轴线歪斜 | （同上） |
| 单面偏接触 | 两轮轴线不平行同时歪斜 | （同上） |
| 游离接触 | 齿轮歪斜与回转轴线不垂直，或轴承工作游隙过大 | 重新装配或调整轴承工作游隙 |

2）齿侧隙检查

齿轮传动的除了要有良好接触精度外，需要有合适的齿侧隙，齿侧隙是保证齿轮正常工作的重要条件之一。

直齿圆柱齿轮装配后齿侧隙检查方法有压铅法和校表法两种。

①压铅丝法检查齿侧隙

压铅法检查如图 3.80 所示方法。在齿面沿齿宽两端平行放置 2~4 条铅丝（可使用电工用保险丝，铅丝直径不宜超过最小侧隙的 4 倍），转动齿轮测量被压扁软铅丝后最薄处的尺寸，测量所得值即为齿侧隙的实际值。

②用百分表检查齿侧隙

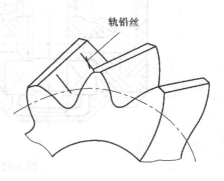

图 3.80  压铅丝法

如图 3.81 所示为百分表测量直齿圆柱齿轮的齿侧隙方法。测量时，固定一齿轮，将百分表测头与另一齿轮的齿面接触（也可用杠杆表触头直接接触齿面测量），盘动被测齿轮从一侧啮合齿面到另一侧啮合齿面，百分表上的读数差值，即为齿侧隙。

如图 3.81 所示为斜齿轮的侧隙测量方法。在被测齿轮上装一夹紧杆 1，将百分表 2 测头与夹紧杆 1 接触，盘动被测齿轮，百分表上的读数差 $C$ 值，通过计算得出齿侧隙 $C_n$ 值，即

$$C_n = C \frac{R}{L}$$

式中　$C$——百分表的读数差值；

　　　$R$——未被固定齿轮的分度圆半径；

　　　$L$——百分表触头至齿轮回转中心距离。

### 3.9.3　圆锥齿轮机构的装配

装配圆锥齿轮常遇到的工作内容是：两齿轮轴的轴向定位和齿侧隙调整工作。圆锥齿轮装配如图 3.82 所示。两齿轮轴的轴向定位通过调整垫圈厚度尺寸来确定两锥齿轮轴的轴向位置。装配时，可根据需要固定某一齿轮轴，调整另一齿轮轴的轴向位置。

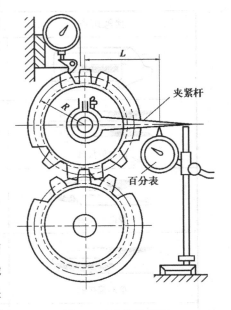

图 3.81　校表法测量

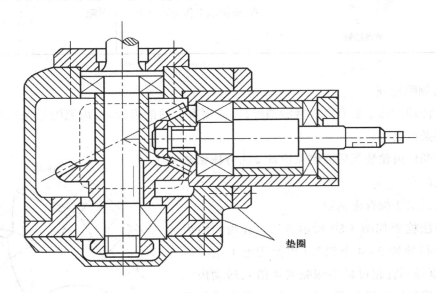

图 3.82　直齿圆锥齿轮装配图

### （1）以安装距离调整

若大锥齿轮轴作为锥齿轮副的从动轴，与另一往上齿轮啮合有轴向位置要求时，小齿轮轴向定位则以与大齿轮轴的"安装距离"（小齿轮基准面至大齿轮轴的距离）为调整依据，如图 3.83 所示。

210

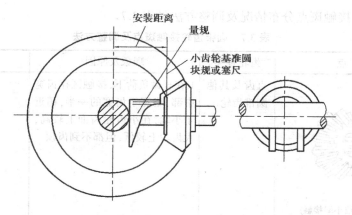

图 3.83　锥齿轮距离调整方法

若小齿轮轴轴向位置固定,大齿轮的轴向位置,可调整齿侧隙来决定其轴向位置,如图 3.84 所示。调整时,将百分表测头置于大齿轮齿面上,固定小齿轮,盘动大齿轮并调整大齿轮轴轴向位置,使百分表上的读数差至要求的齿侧隙值。

**(2)以背锥面作基准调整**

调整两锥齿轴轴向位置时,通过调整两轴的垫圈厚度尺寸,将两锥齿轮背锥面对齐,即能保证合理的齿侧隙,如图 3.82所示。

直齿圆锥齿轮的法面侧隙 $C_n$ 与齿轮轴向调整量 $X$ 的近似关系为

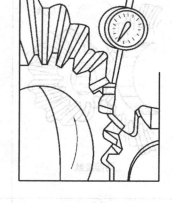

$$C_n = 2X \sin \alpha \sin \delta$$

式中　$\alpha$——压力角;

$\delta$——锥角;

$X$——齿轮轴向调整量。

图 3.84　锥齿轮齿侧隙测量方法

圆锥齿轮传动的啮合情况检查与圆柱齿轮相似,也是采用涂色检查。锥齿轮啮合接触斑点要求在空载时,轮齿的接触斑点应靠近锥齿轮的小端(见图 3.85(a)),以保证工作时轮齿在全齿宽上能均匀地接触(见图 3.85(b)),避免重负荷时大端区应力集中造成锥齿轮快速磨损。

(a)无载荷　　　　　　　　　　　　　(b)满载荷

图 3.85　锥齿接触斑点

圆锥齿轮的接触斑点分布情况及调整方法见表3.7。

表 3.7　圆锥齿轮接触斑点及调整方法

| 接触斑点 | 齿轮种类 | 现象及原因 | 调整方法 |
|---|---|---|---|
|  正常接触(中部偏小端接触) | 直齿及其他圆锥齿轮 | 1.在轻微负荷下,接触区在齿宽中部,略宽于齿宽的一半,稍近于小端,在小齿轮齿面上较高,大齿轮上较低,但都不到齿顶 | |
| 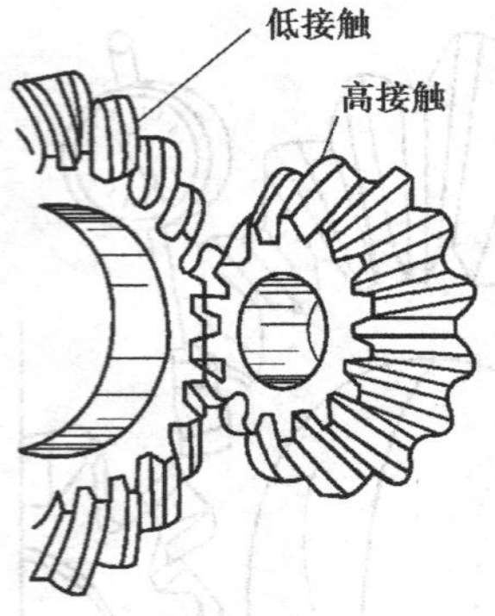 高低接触 | 直齿锥齿轮 | 2.小齿轮接触区太高,大齿轮太低(见左图),由于小齿轮轴向定位有误差 | 小齿轮沿轴向移出,如侧隙过大,可将大齿轮沿轴向移动 |
| | | 3.小齿轮接触太低,大齿轮太高,原因同2,但误差方向相反 | 小齿轮沿轴向移进,如侧隙过小,则将大齿轮沿轴向移出 |
| | | 4.在同一齿轮的一侧接触区高,另一侧低。如小齿轮定位正确且侧隙正常,则为加工不良所致 | 装配无法调整,需调换零件。若只作单向传动,可按2或3调整,可考虑另一齿侧的接触情况 |
| 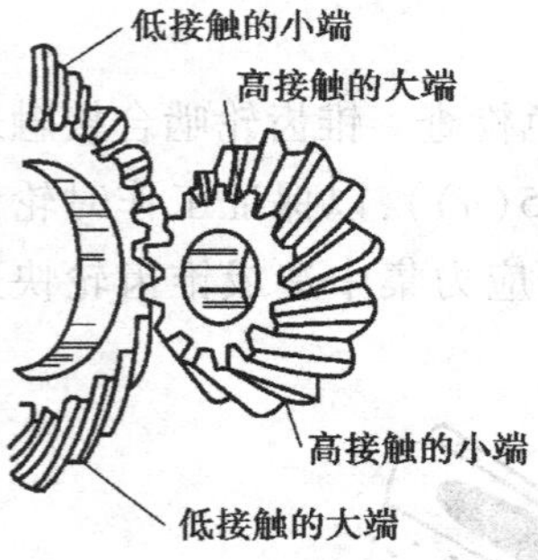 高低接触 | 螺旋锥齿轮 | 5.小齿轮接触区高,大齿轮接触区低。由于齿宽方向曲率关系,小齿轮凸侧略偏大端,大齿轮则相反。主要由于小齿轮轴向定位有误差 | 调整方法同2 |
| | | 6.小齿轮接触区低,大齿轮高,现象与5相反,原则相同 | 调整方法同3 |
| | | 7.在同一齿的一侧接触区高,而在另一侧接触区低,如小齿轮定位正确且侧隙正常,则为加工不良所致 | 调整方法同4 |

| 接触斑点 | 齿轮种类 | 现象及原因 | 调整方法 |
|---|---|---|---|
| 小端接触<br>同向偏接触 | 直齿及圆锥齿 | 8.两齿轮的齿两侧同在小端接触，由于轴线交角太大 | 不能用一般方法调整，必要时修刮轴瓦 |
| | | 9.同在大端接触。由于轴线交角太小 | |
| 大端接触<br>小端接触<br>异向偏接触 | 直齿锥齿轮及螺旋锥齿轮 | 10.大小齿轮在齿的一侧接触于大端，另一侧接触于小端，原因是两轴心线有偏移 | 应检查零件加工误差，必要时修刮轴瓦 |

# 模块 **4**

# 模具装配工艺

模具装配是制造过程的最后阶段,装配质量将影响模具的精度、寿命和各部分的功能。同时,模具装配阶段的工作量较大,又将影响模具的生产制造周期和生产成本。因此,模具装配是模具制造中的重要环节。

## 项目 4.1 模具装配概述

### 4.1.1 装配的目的和内容

模具装配过程是按照模具技术要求和各零件间的相互关系,将合格的零件联接固定为组件、部件,直至装配成合格的模具。它可分为组件装配和总装配等。

模具装配内容包括选择装配基准、组件装配、调整、修配、研磨抛光、检验和试冲(试压)等环节,通过装配达到模具各项精度指标和技术要求。通过模具装配和试冲(试压)也将考核制件成形工艺、模具设计方案和模具工艺编制等工作的正确性和合理性。在模具装配阶段发现的各种技术质量问题,必须采取有效措施妥善解决,满足试制成形的需要。

模具装配工艺规程是指导模具装配的技术文件,也是制订模具生产计划和进行生产技术准备的依据。模具装配工艺规程的制订根据模具种类和复杂程度,各单位的生产组织形式和习惯作法等具体情况可简可繁。模具装配工艺规程包括:模具零件和组件的装配顺序,装配基准的确定,装配工艺方法和技术要求,装配工序的划分以及关键工序的详细说明,必备的二级工具和设备,检验方法和验收条件,等等。

### 4.1.2 装配精度要求

模具装配的精度包括以下 4 个方面:

**（1）相关零件的位置精度**

例如,定位销孔与型孔的位置精度;上下模之间,定、动模之间的位置精度;型腔,型孔与型芯之间的位置精度,等等。

**（2）相关零件的运动精度**

它包括直线运动精度、圆周运动精度及传动精度。例如,导柱和导套之间的配合状态,顶块和卸料装置的运动是否灵活可靠,进料装置的送料精度等。

**（3）相关零件的配合精度**

例如,相互配合零件间的间隙和过盈程度是否符合技术要求。

**（4）相关零件的接触精度**

例如,模具分型面的接触状态如何,间隙大小是否符合技术要求,弯曲模的上下成型表面的吻合一致性,拉深模定位套外表面与凹模进料表面的吻合程度,等等。

# 项目 4.2　装配尺寸链

## 4.2.1　装配尺寸链的概念

装配的精度要求与影响该精度的尺寸构成的尺寸链,称为装配尺寸链。如图 4.1(a)所示为落料冲模的工作部分。装配时,要求保证凸模、凹模冲裁间隙。

根据相关尺寸绘出尺寸链图,如图 4.1(b)所示。

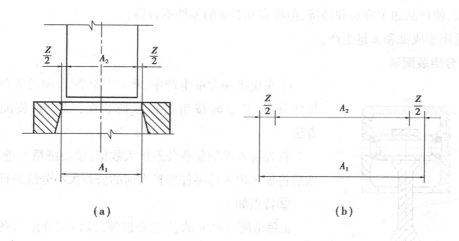

（a）　　　　　　　　　　　　　　　（b）

**图 4.1　凸模、凹模的冲裁间隙**

## 4.2.2　用极值法解装配尺寸链

与工艺尺寸链的极值解法相类似。

以如图 4.1 所示的落料冲模为例。其中，$A_1$ 为增环，$A_2$ 为减环。计算封闭的基本尺寸为

$$A_{\sum} = Z = \sum_{i=1}^{m} \overrightarrow{A_i} - \sum_{i=m+1}^{n-1} \overleftarrow{A_i} = 29.74 \text{ mm} - 29.64 \text{ mm} = 0.10 \text{ mm}$$

计算封闭环的上下偏差为

$$ESA_{\sum} = \sum_{i=1}^{m} ES\overrightarrow{A_i} - \sum_{i=m+1}^{n-1} EI\overleftarrow{A_i} = + 0.024 \text{ mm} - (-0.016 \text{ mm}) = 0.04 \text{ mm}$$

$$EIA_{\sum} = \sum_{i=1}^{m} EI\overrightarrow{A_i} - \sum_{i=m+1}^{n-1} ES\overleftarrow{A_i} = 0$$

求出冲裁间隙的尺寸及偏差为 $0.10^{+0.040}_{0}$ mm，能满足 $Z_{min} = 0.10$ mm，$Z_{max} = 0.14$ mm。

### 4.2.3 装配方法及其应用范围

**(1)互换装配法**

1)完全互换法

①在装配时,各配合零件不经修理、选择和调整即可达到装配的精度要求,则

$$T_{\sum} \geqslant T_1 + T_2 + \cdots + T_{n-1} = \sum_{i=1}^{n-1} T_i$$

②特点是:装配简单,对工人技术要求不高,装配质量稳定,易于流水作业,生产率高,产品维修方便;但其零件加工困难。试用范围广。

2)不完全互换法

按 $T_{\sum} = \sqrt{\sum_{i=1}^{n-1} T_i^2}$ 确定装配尺寸链中各组成零件的尺寸公差,可使尺寸链中各组成环的公差增大,使产品加工容易和经济,但将有 0.27% 的零件不合格。

它适用于成批和大量生产。

**(2)分组装配法**

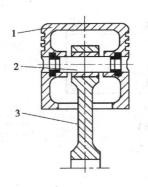

①在成批和大量生产中,将产品各配合副的零件按实测尺寸分组,装配时按组进行互换装配,以达到装配精度的方法。

首先将零件的制造公差扩大数倍,按经济精度进行加工,然后将加工出来的零件按扩大前的公差大小分组进行装配。

②特点如下:

a.每组配合尺寸的公差要相等,以保证分组后各组的配合精度和配合性质都能达到原来的设计要求。

b.分组不宜过多。

c.不宜用于组成环很多的装配尺寸链,一般 $n<4$。

如图 4.2 所示为活塞和连杆组装图。

图 4.2 活塞和连杆组装图

1—活塞;2—活塞销;3—连杆

**（3）修配装配法**

在装配时修去指定零件上的预留修配量以达到装配精度的方法，称为修配法。

1）按件修配法

在装配尺寸链的组成环中，预先指定一个零件作为修配件（修配环）。装配时，再用切削加工改变该零件的尺寸，以到达装配精度要求，如图4.3所示。

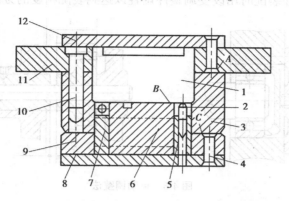

图 4.3　热固性塑料压模

1—上型芯；2—嵌件螺杆；3—凹模；4—铆钉；5—型芯拼块；6—下型芯；
7—型芯拼块；8,12—支承板；9—下固定板；10—导柱；11—上固定板

2）合并加工修配法

把两个或两个以上的零件装配在一起后，再进行机械加工，以达到装配精度要求，如图4.4所示。

3）自身加工修配法

用产品自身所具有的加工能力对修配进行加工达到装配精度的方法，称为自身加工修配法，如图 4.5所示。

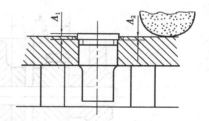

图 4.4　磨凸模和固定板的上平面

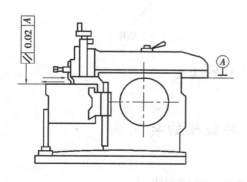

（a）刨床工作台的加工

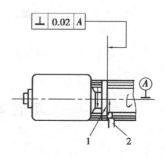

（b）车床花盘的车削加工

图 4.5　自身加工修配法

**（4）调整装配法**

调整装配法是指在装配时用改变产品中可调整零件的相对位置或选用合适的调整以达到装配精度的方法。

1）可动调整法

可动调整法是指在装配时用改变调整件位置以达到装配精度的方法,如图4.6所示。

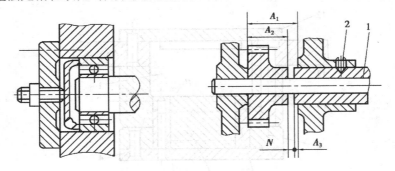

**图4.6　可动调整法**

1—调整套筒;2—定位螺钉

2）固定调整法

固定调整法是指在装配过程中选用合适的调整件以达到装配精度的方法,如图4.7所示。

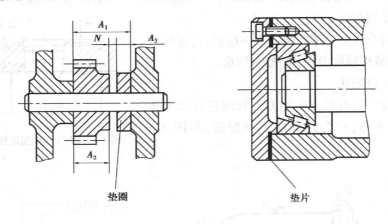

垫圈　　　　垫片

**图4.7　固定调整法**

# 项目4.3　冲裁模的装配

以如图4.8所示的冲裁模为例,说明冲裁模的装配方法。

## 4.3.1　冲裁模装配的技术要求

冲裁模装配的技术要求如下:

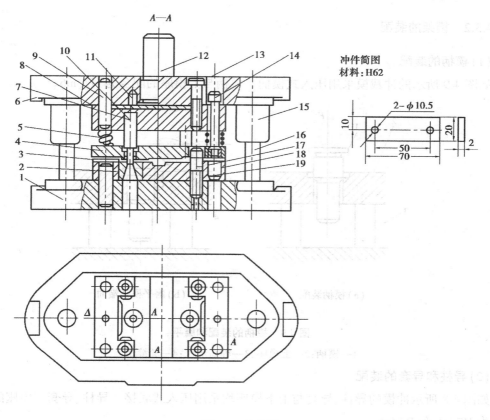

**图 4.8  冲裁模**

1—下模座;2—凹模;3—定位板;4—弹压卸料板;5—弹簧;6—上模座;7,18—固定板;8—垫板;

9,11,19—销钉;10—凸模;12—模柄;13,17—螺钉;14—卸料螺钉;15—导套;16—导柱

①装配好的冲模,其闭合高度应符合设计要求。

②模柄装入上模座后,其轴心线对上模座上平面的垂直度误差,在全长范围内不大于 0.05 mm。

③导柱和导套装配后,其轴心线应分别垂直度于下模座的底平面和上模座的上平面。

④上模座的上平面应与下模座的底平面平行。

⑤装入模架的每对导柱和导套的配合间隙值应符合规定要求。

⑥装配好的模架,其上模座沿导柱上下移动应平稳,无阻滞现象。

⑦装配后的导柱,其固定端面与下模座下平面应保留 1~2 mm 距离。选用 B 型导套时,装配后其固定端面低于上模座上平面 1~2 mm。

⑧凸模和凹模的配合间隙应符合设计要求,沿整个刃口轮廓应均匀一致。

⑨定位装置要保证定位正确可靠。

⑩卸料及顶件装置灵活、正确,出料孔畅通无阻,保证制件及废料不卡在冲模内。

⑪模具应在生产现场进行试验,冲出的制件应符合设计要求。

### 4.3.2 模架的装配

**(1)模柄的装配**

如图 4.9 所示的冲裁模采用压入式模柄。模柄与上模座的配合为 H7/m6。

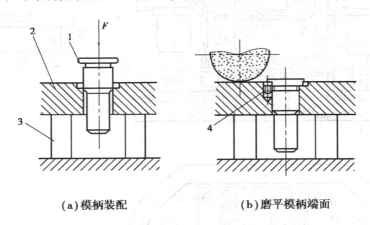

(a)模柄装配      (b)磨平模柄端面

**图 4.9 模柄的装配和磨平**

1—模柄;2—上模座;3—等高垫铁;4—骑缝销

**(2)导柱和导套的装配**

如图 4.8 所示冲模的导柱、导套与上下模座均采用压入式联接。导柱、导套与模座的配合分别为 H7/r6 和 R7/r6。

1)导柱的装配

压入时,要注意校正导柱对模座底面的垂直度。导柱装配后的垂直度误差采用比较测量进行检验,如图 4.10 所示。

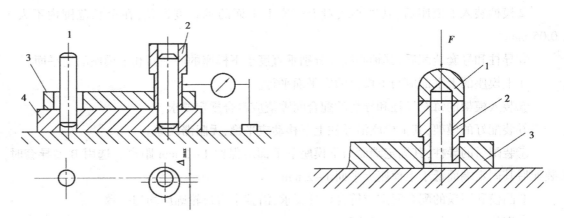

**图 4.10 导柱、导套的装配**

1—帽形垫块;2—导套;3—上模座;4—下模座

2）导套的装配

导套的装配如图 4.10 所示。

将装配好导柱和导套的模座组合在一起，按要求检测被测表面，如图 4.11 所示。

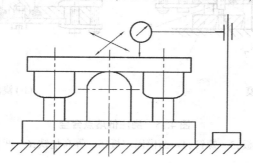

图 4.11　模架平行度的检查

### 4.3.3　凹模和凸模的装配

凹模与固定板的配合长采用 H7/n6，或 H7/m6。

凸模与固定板的配合长采用 H7/n6，或 H7/m6。

凸模的装配如图 4.12 所示。

在平面磨床上，将凸模的上端面和固定板一起磨平，如图 4.13 所示。

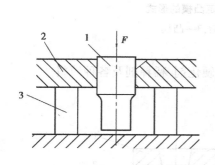

图 4.12　凸模装配

1—凸模；2—固定板；3—等高垫块

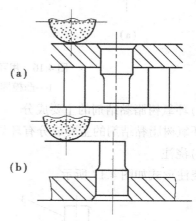

图 4.13　磨支承面

固定端带台肩的凸模如图 4.14 所示。

### 4.3.4　低熔点合金和黏结技术的应用

#### （1）低熔点合金固定法

浇注时，以凹模的型孔作定位基准安装凸模，用螺钉和平行夹头将凸模、凸模固定板和托板固定，如图 4.15 所示。

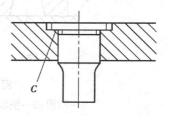

图 4.14　带凸肩的凸模装配

221

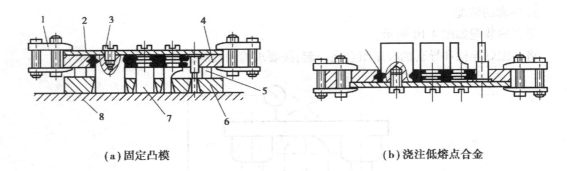

（a）固定凸模　　　　　　　　　　　　　　　（b）浇注低熔点合金

图 4.15　浇注低熔点合金

1—平行夹头；2—托板；3—螺钉；4—凸模固定板；5—等高垫铁；6—凹模；7—凸模；8—平板

**（2）环氧树脂固定法**

**1）结构形式**

如图 4.16 所示为用环氧树脂黏结法固定凸模的 3 种结构形式。

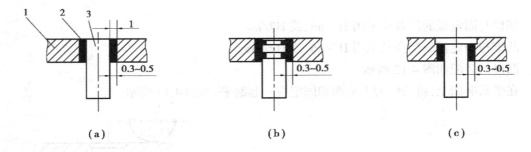

图 4.16　用环氧树脂黏结法固定凸模的形式

1—凸模固定板；2—环氧树脂；3—凸模

**2）环氧树脂黏结剂的主要成分**

环氧树脂黏结剂的主要成分有环氧树脂、增塑剂、硬化剂、稀释剂及各种填料。

**3）浇注**

浇注形式如图 4.17 所示。

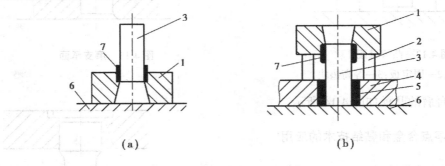

（a）　　　　　　　　　　　　　　　　（b）

图 4.17　用环氧树脂黏结剂浇注固定凸模

1—凹模；2—垫块；3—凸模；4—固定板；5—环氧树脂；6—平台；7—垫片

**（3）无机黏结法**

①与环氧树脂黏结法相类似,但采用氢氧化铝的磷酸溶液与氧化铜粉末混合作为黏结剂。

②无机黏结工艺为:清洗—安装定位—调黏结剂—黏结剂固定。

③特点是:操作简便,黏结部位耐高温、抗剪强度高,但抗冲击的能力差,不耐酸,碱腐蚀。

### 4.3.5　总装

如图 4.8 所示的冲模在使用时,下模座部分被压紧在压力机的工作台上,是模具的固定部分。上模座部分通过模柄和压力机的滑块连为一体,是模具的活动部分。模具工作时,安装在活动部分和固定部分上的模具工作零件必须保持正确的相对位置,能使模具获得正常的工作状态。装配模具时,为了方便地将上下两部分的工作零件调整到正确位置,使凸模、凹模具有均匀的冲裁间隙,应正确安排上下模的装配顺序;否则,将给装配造成困难,甚至出现无法装配的情况。

上下模的装配顺序应根据模具的结构来决定。对于无导柱的模具,凸模、凹模的配合间隙是在模具安装,到压力机上时才进行调整,上下模的装配先后对装配过程不会产生影响,可以分别进行。

装配有模架的模具时,一般总是先将模架装配好,再进行模具工作零件和其他结构零件的装配。是先装配上模部分还是下模部分,应根据上模和下模上所安装的模具零件在装配和调整过程中所受限制的情况来决定。如果上模部分的模具零件在装配和调整时所受的限制最大,应先装上模部分,并以它为基准调整下模上的模具零件,保证凸模、凹模配合间隙均匀;反之,则先装模具的固定部分,并以它为基准调整模具活动部分的零件。

如图 4.8 所示的冲模在完成模架和凸模、凹模装配后可进行总装,该模具宜先装下模。

**（1）装配顺序**

①把组装好凹模的固定板安放在下模座上,按中心线找正固定板 18 的位置,用平行夹头夹紧,通过螺钉孔在下模座上钻出锥窝。拆去凹模固定板,在下模座上按锥窝钻螺纹底孔并攻丝。再重新将凹模固定板置于下模座上找正,用螺钉紧固。钻、铰销孔,打入销钉定位。

②在组装好凹模的固定板上安装定位板。

③配钻卸料螺钉孔。将卸料板 4 套在已装入固定板的凸模 10 上,在固定板上钻出锥窝;拆开后按锥窝钻固定板上的螺钉过孔。

④将已装入固定板的凸模 10 插入凹模的型孔中。在凹模 2 与固定板 7 之间垫入适当高度的等高垫铁,将垫板 8 放在固定板 7 上。再以套柱导套定位安装上模座,用平行夹头将上模座 6 和固定板 7 夹紧。通过凸模固定板孔在上模座上钻锥窝,拆开后按锥窝钻孔,然后用螺钉将上模座、垫板、凸模固定板稍加紧固。

⑤调整凸模、凹模的配合间隙。将装好的上模部分套在导柱上,用手锤轻轻敲击固定板 7 的侧面,使凸模插入凹模的型孔。再将模具翻转,从下模板的漏料孔观察凸模、凹模的配合间隙,用手锤敲击凸模固定板 7 的侧面进行调整,使配合间隙均匀。这种调整方法称为透光法。为便于观察可用手灯从侧面进行照射。

经上述调整后,以纸作冲压材料,用锤子敲击模柄,进行试冲。如果冲出的纸样轮廓齐整,没有毛刺或毛刺均匀,说明凸模、凹模间隙是均匀的;如果只有局部毛刺,则说明间隙是不均匀的,应重新进行调整直到间隙均匀为止。

⑥调好间隙后,将凸模固定板的紧固螺钉拧紧。钻、铰定位销孔,装入定位销钉。装入定位销钉将卸料板 4 套在凸模上,装上弹簧和卸料螺钉,检查卸料板运动是否灵活。在弹簧作用下卸料板处于最低位置时,凸模的下端面应缩在卸料板 4 的孔内 0.5~1 mm。

装配好的模具经试冲、检验合格后即可使用。

**(2)调整冲裁间隙的方法**

在模具装配时,保证凸模、凹模之间的配合间隙均匀十分重要。凸模、凹模的配合间隙是否均匀,不仅影响冲模的使用寿命,而且对于保证冲件质量也十分重要。

1)透光法

透光法也称光隙法。透光法是凭肉眼观察,根据透过光线的强弱来判断间隙的大小和均匀性。

2)测量法

这种方法是将凸模插入凹模型孔内,用塞尺检查凸模、凹模不同部位的配合间隙,根据检查结果调整凸模、凹模之间的相对位置,使两者在各部分的间隙一致。测量法只适用于凸模、凹模配合间隙(单边)在 0.02 mm 以上的模具。

3)垫片法

这种方法是根据凸模、凹模配合间隙的大小,在凸模、凹模的配合间隙内垫入厚度均匀的纸条(易碎不可靠)或金属片,使凸模、凹模配合间隙均匀,如图 4.18 所示。

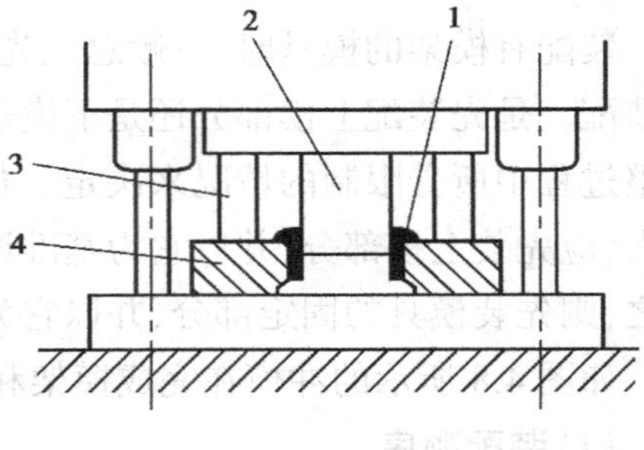

图 4.18  用垫片法调整凸模、凹模配合间隙
1—垫片;2—凸模;3—等高垫铁;4—凹模

4)涂层法

在凸模上涂一层涂料(如磁漆或氨基醇酸绝缘漆等),其厚度等于凸模、凹模的配合间隙(单边),再将凸模插入凹模型孔,获得均匀的冲裁间隙。此法简便,对于不能用垫片法(小间隙)进行调整的冲模很适用。

5)镀铜法

镀铜法与涂层法相似,在凸模的工作端镀一层厚度等于凸模、凹模单边配合间隙的铜层代替涂料层,使凸模、凹模获得均匀的配合间隙。镀层厚度用电流及电镀时间来控制,其厚度均匀,易保证模具冲裁间隙均匀。镀层在模具使用过程中可以自行剥落而在装配后不必去除。

### 4.3.6  试模

冲模装配完成后,在生产条件下进行试冲。通过试冲可发现模具的设计和制造缺陷,找出产生原因,对模具进行适当的调整和修理后再进行试冲,直到模具能正常工作,冲出合格的制件,模具的装配过程即告结束。

试模的流程如下：

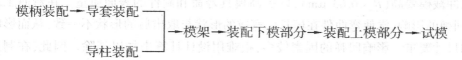

如图 4.8 所示,模具在总装时是先装下模部分,但对有些模具则应先装上模部分,以上模工作零件为基准调整下模上的工作零件,则较为方便。

对于连续模,由于在一次行程中有多个凸模同时工作,保证各凸模与其对应型孔都有均匀的冲裁间隙,是装配的关键所在。为此,应保证固定板与凹模上对应孔的位置尺寸一致,同时使连续模的导柱、导套比单工序导柱模有更好的导向精度。为了保证模具有良好的工作状态,卸料板与凸模固定板上的对应孔的位置尺寸也应保持一致。因此,在加工凹模、卸料板和凸模固定板时,必须严格保证孔的位置尺寸精度,否则将给装配造成困难,甚至无法装配。在可能的情况下,采用低熔点合金和黏结技术固定凸模,以降低固定板的加工要求,或将凹模作成镶拼结构,以使装配时调整方便。

为了保证冲裁件的加工质量,在装配连续模时要特别注意保证送料长度和凸模间距(步距)之间的尺寸要求。

模具装配是一项技术性很强的工作,传统的装配作业主要靠手工操作,机械化程度低。在装配过程中常常要反复多次地将上下模搬运、翻转、装卸、启合、调整、试模,劳动强度较大。对那些结构复杂、精度要求高(如复合模、级进模)的大型模具,则越显突出。为了减轻劳动强度,提高模具装配的机械化程度和装配质量,缩短装配周期,国外进行模具装配时较广泛地采用模具装配机(也称模具翻转机的)。

模具装配机主要由床身、上台板、工作台(下台板)及传动机构等组成。装配时,在上台板及工作台上可分别固定上下模座,使其具有可分别装配模具零件的功能。上台板上的滑块可根据上模座的大小确定位置,通过螺钉和压板将上模座固定在适当位置上。

上台板通过左右支架以及 4 根导柱与工作台和床身联接通过相关机构可使上台板在360°范围内任意翻转、平置定位;沿导柱上下升降,从而能调整模具的闭合高度,对准上下模,合模,以及调整凸模、凹模配合间隙。模具可在装配机上进行试冲。

有的模具装配机还设置有钻孔装置,可在模具装配正确后直接在装配机上钻销钉孔。但是,不设钻孔装置的装配机结构简单,装配时自由空间较大,装配更为方便。

## 项目 4.4　弯曲模和拉深模的装配

### 4.4.1　弯曲模

弯曲模的作用是使坯料在塑性变形范围内进行弯曲,由弯曲后材料产生的永久变形,获得所要求的形状。

一般情况下,弯曲模的导套、导柱的配合要求可略低于冲裁模,但凸模与凹模工作部分的粗糙度要求比冲裁模要高($R_a < 0.63~\mu m$),以提高模具寿命和制件的表面质量。在弯曲工艺中,由于材料回弹的影响,常使弯曲件在模具中弯成的形状与取出后的形状不一致,从而影响制件的形状和尺寸要求。影响回弹的因素较多,很难用设计计算来加以消除。因此,在制造模具时,通常要按试模时的回弹值修正凸模(或凹模)的形状。为了便于修整,弯曲模的凸模和凹模多在试模合格以后才进行热处理。另外,弯曲属于变形加工,有些弯曲件的毛坯尺寸要经过试验才能最后确定。因此,弯曲模进行试冲的目的除了找出模具的缺陷加以修正和调整外,再一个目的就是为了最后确定制件的毛坯尺寸。由于这一工作涉及材料的变形问题,因此弯曲模的调整工作比一般冲裁模要复杂得多。

### 4.4.2 拉深模

拉深工艺是使金属板料(或空心坯料)在模具作用下产生塑性变形,变成开口的空心制件。

**(1)与冲裁模相比,拉深模的特点**

①冲裁模凸模、凹模的工作端部有锋利的刃口,而拉深模凸模、凹模的工作端部则要求有光滑的圆角。

②通常拉深模工作零件的表面粗糙度(一般 $R_a = 0.32 \sim 0.04~\mu m$)要求比冲裁模要高。

③冲裁模所冲出的制件尺寸容易控制,如果模具制造正确,冲出的制件一般是合格的。而拉深模即使组成零件制造很精确,装配得也很好,但由于材料弹性变形的影响,拉深出的制件不一定合格。因此,在模具试冲后通常要对模具进行修整加工。

**(2)拉深模试冲的目的**

①通过试冲发现模具存在的缺陷,找出原因并进行调整、修正。

②最后确定制件拉深前的毛坯尺寸。为此,应先按原来的工艺设计方案制作一个毛坯进行试冲,并测量出试冲件的尺寸偏差,根据偏差值确定是否对毛坯进行修改。如果试冲件不能满足原来的设计要求,应对毛坯进行适当修改,再进行试冲,直至压出的试件符合要求。

# 项目 4.5 塑料模的装配

塑料模装配与冷冲模装配有许多相似之处,但在某些方面其要求更为严格。例如,塑料模闭合后要求分型面均匀密合。在有些情况下,动模和定模上的型芯也要求在合模后保持紧密接触。类似这些要求通常会增加修配的工作量。

### 4.5.1 型芯的装配

由于塑料模的结构不同,型芯在固定板上的固定方式也不相同。常见的固定方式如图4.19所示。

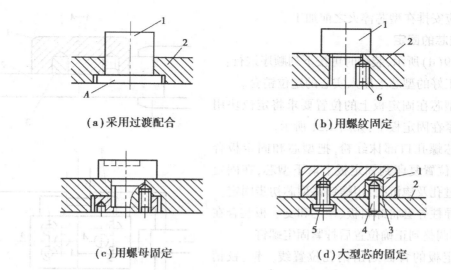

（a）采用过渡配合　　　　　　　　（b）用螺纹固定

（c）用螺母固定　　　　　　　　（d）大型芯的固定

**图 4.19　型芯的固定方式**

1—型芯；2—固定板；3—定位销套；4—定位销；5—螺钉；6—骑缝螺钉

**（1）采用过渡配合**

如图 4.19（a）所示的过渡配合固定方式，其装配过程与装配带台肩的冷冲凸模相类似。为保证装配要求应注意下列两点：

①检查型芯高度及固定板厚度（装配后能否达到设计尺寸要求），型芯台肩平面应与型芯轴线垂直。

②固定板通孔与沉孔平面的相交角一般为 90°，而型芯上与之相应的配合部位往往呈圆角（磨削时砂轮损耗形成），装配前应将固定板的上述部位修出圆角，使之不对装配产生不良影响。

**（2）用螺纹固定**

如图 4.19（b）所示的螺纹固定方式，常用于热固性塑料压模。

对某些有方向要求的型芯，当螺纹拧紧后型芯的实际位置与理想位置之间常常出现误差，如图 4.20 所示。$\alpha$ 是理想位置与实际位置之间的夹角。型芯的位置误差可通过修磨 A 或 B 面来消除。为此，应先进行预装并测出角度 $\alpha$ 的大小。其修磨量可计算为

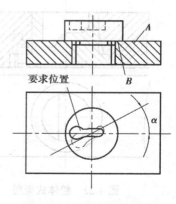

要求位置

**图 4.20　型心的位置误差**

$$\Delta_{修磨} = \frac{P}{360°}\alpha$$

**（3）用螺母固定**

如图 4.19（c）所示的螺母固定方式对于某些有方向要求的型芯，装配时只需按设计要求将型芯调整到正确位置后，用螺母固定，使装配过程简便。这种固定形式适合于固定外形为任何形状的型芯，以及在固定板上同时固定几个型芯的场合。

如图 4.19（b）、（c）所示的型芯固定方式，在型芯位置调好并紧固后要用骑缝螺钉定位。

骑缝螺钉孔应安排在型芯淬火之前加工。

**(4)大型芯的固定**

如图4.19(d)所示,装配时可按下列顺序进行:

①在加工好的型芯上压入实心的定位销套。

②根据型芯在固定板上的位置要求将定位块用平行夹头夹紧在固定板上,如图4.21所示。

③在型芯螺孔口部抹红粉,把型芯和固定板合拢,将螺钉孔位置复印到固定板上取下型芯,在固定板上钻螺钉过孔及锪沉孔;用螺钉将型芯初步固定。

④通过导柱导套将卸料板、型芯和支承板装合在一起,将型芯调整到正确位置后拧紧固定螺钉。

⑤在固定板的背面划出销孔位置线。钻、铰销孔,打入销钉。

### 4.5.2　型腔的装配

**(1)整体式型腔**

如图4.22所示为圆形整体型腔的镶嵌形式。型

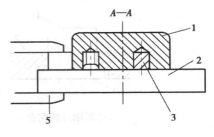
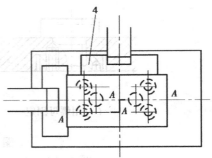

图4.21　大型芯与固定板的装配
1—型芯;2—固定板;3—定位销套;
4—定位块;5—平行夹头

腔与动、定模板镶合后,其分型面要求紧密无缝。因此,对于压入式配合的型腔,其压入端一般都不允许有斜度。

**(2)拼块结构的型腔**

如图4.23所示为拼块结构的型腔。这种型腔的拼合面在热处理后要进行磨削加工。

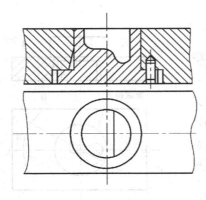

图4.22　整体式型腔

图4.23　拼块结构的型腔

**(3)拼块结构型腔的装配**

为了不使拼块结构的型腔在压入模板的过程中各拼块在压入方向上产生错位,应在拼块的压入端放一块平垫板,通过平垫板推动各拼块一起移动,如图4.24所示。

**(4)型芯端面与加料室底平面之间的间隙**

如图4.25所示,装配后在型芯端面与加料室底平面之间出现了间隙,可采用下列方法进行消除:

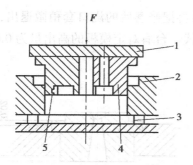

图 4.24　拼块结构型腔的装配

1—平垫板;2—模板;3—等高垫板;4,5—型腔拼块

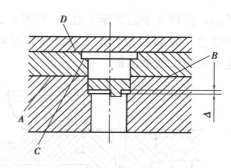

图 4.25　型芯端面与加料室底平面间出现间隙

①修磨固定板平面 $A$ 修磨时,需要拆下型芯,磨去的金属层厚度等于间隙值 $\Delta$。

②修磨型腔上平面 $B$ 修磨时,不需要拆卸零件,比较方便。

③修磨型芯(或固定板)台肩 $C$ 时,采用这种修磨法应在型芯装配合格后再将支承面 $D$ 磨平。此法适用于多型芯模具。

**(5)装配后型腔端面与型芯固定板之间的间隙**

如图 4.26(a)所示为装配后型腔端面与型芯固定板之间有间隙值 $\Delta$。为了消除间隙,可采用以下修配方法:

①修磨型芯工作面 $A$ 只适用于型芯端面为平面的情况。

②在型芯台肩和固定板的沉孔底部垫入垫片,如图 4.26(b)所示。此方法只适用于小模具。

③在固定板和型腔的上平面之间设置垫块(见图 4.26(c)),垫块厚度不小于 2 mm。

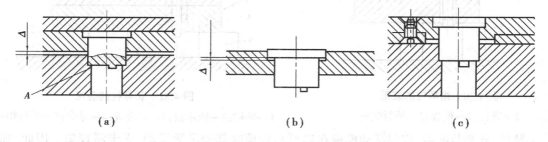

(a)　　　　　　　　(b)　　　　　　　　(c)

**图 4.26　型腔端面与型芯固定板间有间隙**

### 4.5.3　浇口套的装配

浇口套与定模板的配合一般采用 H7/m6。它压入模板后,其台肩应和沉孔底面贴紧。装配的浇口套,其压入端与配合孔间应无缝隙。因此,浇口套的压入端不允许有导入斜度,应将导入斜度开在模板上浇口套配合孔的入口处。为了防止在压入时浇口套将配合孔壁切坏,通常将浇口套的压入端倒成小圆角。在浇口套加工时,首先应留有去除圆角的修磨余量 $Z$,压入后使圆角突出在模板之外,如图 4.27

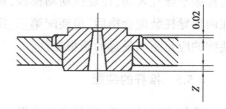

**图 4.27　压入后的浇口套**

所示。然后在平面磨床上磨平,如图4.28所示。最后再把修磨后的浇口套稍微退出,将固定板磨去0.02 mm,重新压入后成为如图4.29所示的形式。台肩对定模板的高出量为0.02 mm,也可采用修磨来保证。

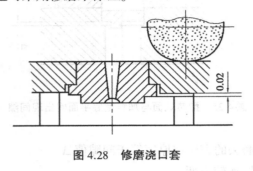

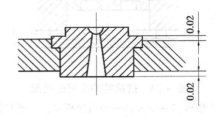

图4.28　修磨浇口套　　　　　　　　　　图4.29　装配好的浇口套

### 4.5.4　导柱和导套的装配

导柱、导套分别安装在塑料模的动模和定模部分上,是模具合模和启模的导向装置。

导柱、导套采用压入方式装入模板的导柱和导套孔内。对于不同结构的导柱所采用的装配方法也不同。短导柱可采用如图4.30所示的方法压入。长导柱应在定模板上的导套装配完成后,以导套导向将导柱压入动模板内,如图4.31所示。

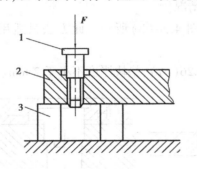

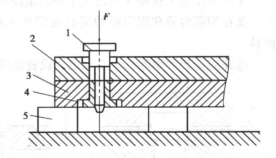

图4.30　短导柱的装配　　　　　　　　　图4.31　长导柱的装配

1—导柱;2—模板;3—平行垫铁　　　1—导柱;2—固定板;3—定模板;4—导套;5—平行垫铁

导柱、导套装配后,应保证动模板在启模和合模时都能灵活滑动,无卡滞现象。因此,加工时除保证导柱、导套和模板等零件间的配合要求外,还应保证动、定模板上导柱和导套安装孔的中心距一致(其误差不大于0.01 mm)。压入前,应对导柱、导套进行选配。压入模板后,导柱和导套孔应与模板的安装基面垂直。如果装配后启模和合模不灵活,有卡滞现象,可用红粉涂于导柱表面,往复拉动模板,观察卡滞部位,分析原因,然后将导柱退出,重新装配。在两根导柱装配合格后,再装配第三、第四根导柱。每装入一根导柱均应作上述观察。最先装配的应是距离最远的两根导柱。

### 4.5.5　推杆的装配

推杆应运动灵活,尽量避免磨损。推杆由推杆固定板及推板带动运动。由导向装置对推板进行支承和导向。导柱、导套导向的圆形推杆可按下列顺序进行装配：

①配作导柱、导套孔将推板、推杆固定板、支承板重叠在一起，配锥导柱、导套孔。

②配作推杆孔及复位杆孔将支承板与动模板(型腔、型芯)重叠,配钻复位杆孔,按型腔(型芯)上已加工好的推杆孔,配钻支承板上的推杆孔。配钻时,以固定板和支承板的定位销定位。

③推杆装配按下列步骤操作：

a.将推杆孔入口处和推杆顶端倒出小圆角或斜度;当推杆数量较多时,应与推杆孔进行选择配合,保证滑动灵活,不溢料。

b.检查推杆尾部台肩厚度及推板固定板的沉孔深度,保证装配后有 0.05 mm 的间隙,对过厚者应进行修磨。

c.将推杆及复位杆装入固定板,盖上推板,用螺钉紧固。

d.检查及修磨推杆及复位杆顶端面。

### 4.5.6　滑块抽芯机构的装配

滑块抽芯机构(见图 4.32)装配后,应保证滑块型芯与凹模达到所要求的配合间隙;滑块应运动灵活、有足够的行程、正确的起止位置。

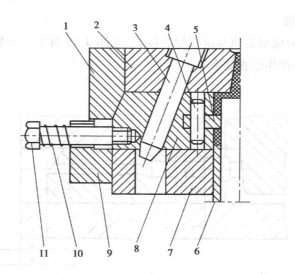

**图 4.32　滑块抽芯机构**

1—楔紧块;2—定模坐板;3—斜销;4—销钉;5—侧型芯;6—推管;

7—动模板;8—滑块;9—限位挡块;10—弹簧;11—螺钉

滑块装配通常要以凹模的型面为基准。因此,它的装配要在凹模装配后进行。其装配顺序如下：

**(1)装配凹模(或型芯)**

将凹模镶拼压入固定板。磨上下平面并保证尺寸 $A$,如图 4.33 所示。

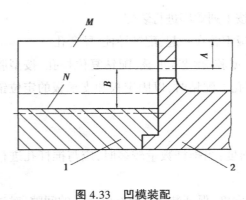

图 4.33  凹模装配

1—凹模固定板;2—凹模镶块

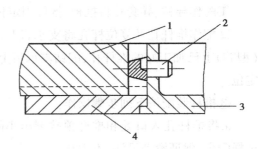

图 4.34  型芯固定孔压印图

1—侧型芯滑块;2—定中心工具;3—凹模镶块;
4—凹模固定板

### (2)加工滑块槽

将凹模镶块退出固定板,精加工滑块槽。其深度按 $M$ 面决定,如图 4.33 所示。$N$ 为槽的底面。T 形槽按滑块台肩实际尺寸精铣后,钳工最后修正。

### (3)钻型芯固定孔

利用定中心工具在滑块上压出圆形印迹,如图 4.34 所示。按印迹找正,钻、镗型芯固定孔。

### (4)装配滑块型芯

在模具闭合时,滑块型芯应与定模型芯接触,如图 4.35 所示。一般都在型芯上留出余量通过修磨来达到。其操作过程如下:

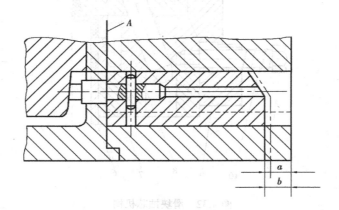

图 4.35  型芯修磨量的测量

①将型芯端部磨成和定模型芯相应部位吻合的形状。

②将滑块装入滑块槽,使端面与型腔镶块的 $A$ 面接触,测得尺寸 $b$。

③将型芯装入滑块并推入滑块槽,使滑块型芯与定模型芯接触,测得尺寸 $a$。

④修磨滑块型芯,其修磨量为 $b-a=0.05\sim0.1$ mm。$0.05\sim0.1$ mm 为滑块端与型腔镶块 $A$ 之间的间隙。

⑤将修磨正确的型芯与滑块配钻销钉孔后用销钉定位。

**(5) 模紧块的装配**

在模具闭合时,模紧块斜面必须和滑块斜面均匀接触,并保证有足够的锁紧力。为此,在装配时要求在模具闭合状态下,分模面之间应保留 0.2 mm的间隙,如图 4.36 所示。此间隙靠修磨滑块斜面顽留的修磨量保证。此外,模紧块在受力状态下不能向闭模方向松动,因此,模紧块的后端面应与定模板处于同一平面。

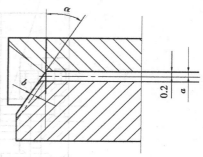

**图 4.36　滑块斜面的修磨量**

根据上述要求,模紧块的装配方法如下:

①用螺钉紧固模紧块。

②修磨滑块斜面,使与模紧块斜面密合。其修磨量为

$$b = (a - 0.2)\sin \alpha$$

③模紧块与定模板一起钻、铰定位销孔,装入定位销。

④将模紧块后端面与定模板一起磨平。

**(6) 修磨限位块**

开模后滑块复位的起始位置由限位块定位。在设计模具时,一般使滑块后端面与定模板外形齐平,由于加工中的误差而使两者不处于同一平面时,可按需要将限位块修磨成台阶形。

### 4.5.7　总装

**(1) 总装图**

如图 4.37 所示为热塑性塑料注射模的装配图。其装配要求如下:

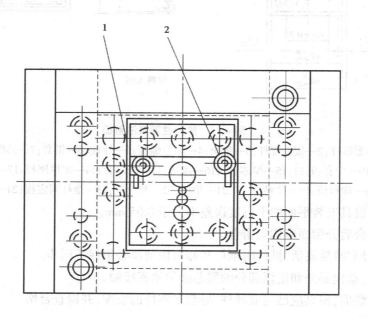

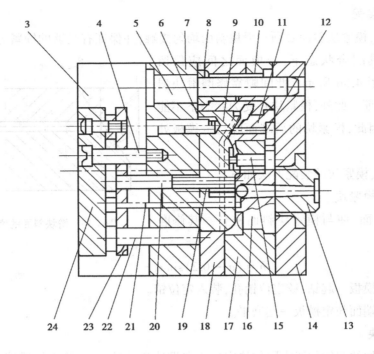

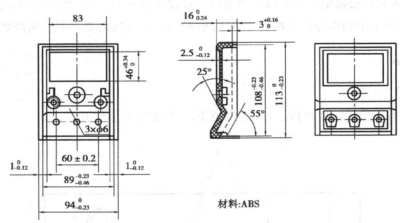

材料:ABS

**图 4.37　热塑性塑料注射模**

1—矩形推杆;2—嵌件螺杆;3—垫块;4—限位螺杆;5—导柱;6—销套;7—动模固定板;
8,10—导套;9,12,15—型芯;11,16—镶块;13—浇口套;14—定模座板;17—定模;
18—卸料板;19—拉料杆;20,21—推杆;22—复位杆;23—推杆固定板;24—推板

① 装配后模具安装平面的平行度误差不大于 0.05 mm。

② 模具闭合后分型面应均匀密合。

③ 导柱、导套滑动灵活,推件时推杆和卸料极动作必须保持同步。

④ 合模后,动模部分和定模部分的型芯必须紧密接触。

在进行总装前,模具应已完成导柱、导套等零件的装配,并检查合格。

**（2）模具的总装顺序**

**1）装配动模部分**

**①装配型芯**

在装配前,钳工应先修光卸料板 18 的型孔,并与型芯作配合检查,要求滑块灵活,然后将导柱 5 穿入卸料板导套 8 的孔内,将动模固定板 7 和卸料板合拢。在型芯上的螺孔口部涂红粉后放入卸料板型孔内,在动模固定板上复印出螺孔的位置。取下卸料板和型芯,在固定板上加工螺钉过孔。

把销钉套压入型芯并装好拉料杆后,将动模固定板、卸料板和型芯重新装合在一起,调整好型芯的位置后,用螺钉紧固。按固定板背面的划线,钻、铰定位销孔,打入定位销。

**②动模固定板上的推杆孔**

先通过型芯上的推杆孔,在动模固定板上钻锥窝;拆下型芯,按锥窝钻出固定板上的推杆孔。

将矩形推杆穿入推杆固定板、动模固定板和型芯( 板上的方孔已在装配前加工好)。用平行夹头将推杆固定板和动模固定板夹紧,通过动模固定板配钻推杆固定板上的推杆孔。

**③配作限位螺杆孔和复位杆孔**

首先在推杆固定板上钻限位螺杆过孔和复位杆孔。然后用平行夹板将动模固定板与推杆固定板夹紧,通过推杆固定板的限位螺杆孔和复位杆孔在动模固定板上钻锥窝,拆下推杆固定板,在动模固定板上钻孔,并对限位螺杆孔攻螺纹。

**④推杆及复位杆**

将推板和推杆固定板叠合,配钻限位螺钉过孔及推杆固定板上的螺孔并攻螺纹。将推杆、复位杆装入固定板后盖上推板用螺钉紧固,并将其装入动模,检查及修磨推杆、复位杆的顶端面。

**⑤垫块装配**

先在垫块上钻螺钉过孔、锪沉孔。再将垫块和推板侧面接触,然后用平行夹头把垫块和动模固定板夹紧,通过垫块上的螺钉过孔在动模固定板上钻锥窝,并钻、铰销钉孔。拆下垫块在动模固定板上钻孔,并攻螺纹。

**2）装配定模部分**

**①镶块 11,16 与定模 17 的装配**

先将镶块 16、型芯 15 装入定模,测量出两者突出型面的实际尺寸。退出定模,按型芯 9 的高度和定模深度的实际尺寸,单独对型芯和镶块进行修磨后,再装入定模,检查镶块 16、型芯 15 和型芯 9,看定模与卸料板是否同时接触。将型芯 12 装入镶块 11 中,用销孔定位。以镶块外形和斜面作基准,预磨型芯斜面。将经过上述预磨的型芯、镶块装入定模,再将定模和卸料板合拢,测量出分型面的间隙尺寸后,将镶块 11 退出,按测出的间隙尺寸,精磨型芯的斜面到要求尺寸。

将镶块 11 装入定模后,磨平定模的支承面。

**②模和定模座板的装配**

在定模和定模座板装配前,浇口套与定模座板已组装合格。因此,可直接将定模与定座板叠合,使浇口套上的浇道孔和定模上的浇道孔对正后,用平行夹头将定模和定模座板夹紧,通过定模座板孔在定模上钻锥窝及钻、铰销孔。然后将两者拆开,在定模上钻孔并攻螺纹。再将定模和定模座板叠合,装入销钉后将螺钉拧紧。

### 4.5.8 试模

模具装配完成以后,在交付生产之前,应进行试模。其试模的目的:一是检查模具在制造上存在的缺陷,并查明原因加以排除;二是对模具设计的合理性进行评定,并对成形工艺条件进行探索,这将有益于模具设计和成形工艺水平的提高。试模应按下列顺序进行:

#### (1)装模

在模具装上注射机之前,应按设计图样对模具进行检验,以便及时发现问题,进行修理,减少不必要的重复安装和拆卸。在对模具的固定部分和活动部分进行分开检查时,要注意方向记号,以免合拢时搞错。

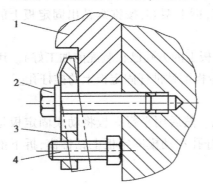

**图4.38 模具的紧固**

1—座板;2—压紧螺钉;3—压板;4—调节螺钉

模具尽可能整体安装,吊装时要注意安全,操作者要协调一致密切配合。当模具定位圈装入注射机上定模板的定位圈座后,可以极慢的速度合模,由动模板将模具轻轻压紧,然后装上压板。通过调节螺钉,将压板调整到与模具的安装基面基本平行后压紧,如图4.38所示。压板位置绝不允许像图中双点画线所示。压板的数量应根据模具的大小进行选择,一般为4~8块。

在模具被紧固后可慢慢启模,直到动模部分停止后退。这时,应调节机床的顶杆使模具上的推杆固定板和动模支承板之间的距离不小于5 mm,以防止顶坏模具。

为了防止制件溢边,又保证型腔能适当排气,合模的松紧程度很重要。由于目前还没有锁模力的测量装置,因此,对注射机的液压柱塞—肘节锁模机构,主要是凭目测和经验调节。即在合模时,肘节先快后慢,既不很自然也不太勉强地伸直时,合模的松紧程度就正好合适。对于需要加热的模具,应在模具达到规定温度后再校正合模的松紧程度。

最后,接通冷却水管或加热线路。对于采用液压或电动机分型模的也应分别进行接通和检验。

#### (2)试模

经过以上的调整、检查,做好试模准备后选用合格原料,根据推荐的工艺参数将料筒和喷嘴加热。由于制件大小、形状和壁厚的不同,以及设备上热电偶位置的深度和温度表的误差也各有差异,因此,资料上介绍的加工某一塑料的料筒和喷嘴温度只是一个大致范围,还应根据具体条件调试。判断料筒和喷嘴温度是否合适的最好办法是将喷嘴和主流道脱开,用较低的注射压力,使塑料自喷嘴中缓慢地流出,观察料流。如果没有硬头、气泡、银丝、变色,料流光滑明亮,即说明料筒和喷嘴温度是比较合适的,可以开机试模。

在开始注射时,原则上选择在低压、低温和较长的时间条件下成型。如果制件未充满,通常是先增加注射压力。当大幅度提高注射压力仍无效果时,才考虑变动时间和温度。延长时间实质上是使塑料在料筒内的受热时间增长,注射几次后若仍然未充满,最后才提高料筒温度。但料筒温度的上升以及它与塑料温度达到平衡需要一定的时间(一般约 15 min),需要耐心等待,不要过快地把料筒温度升得太高,以免塑料过热甚至发生降解。

　　注射成型时,可选用高速和低速两种工艺。一般在制件壁薄而面积大时,采用高速注射。而壁厚面积小的塑件采用低速注射。在高速和低速都能充满型腔的情况下,除玻璃纤维增强塑料外,均宜采用低速注射。

　　对黏度高和热稳定性差的塑料,采用较慢的螺杆转速和略低的背压加料及预塑,而黏度低和热稳定性好的塑料可采用较快的螺杆转速和略高的背压。在喷嘴温度合适的情况下,采用喷嘴固定形式可提高生产率。但是,当喷嘴温度太低或太高时,需要采用每次注射后向后移动喷嘴的形式(喷嘴温度低时,由于后加料时喷嘴离开模具,减少了散热,故可使喷嘴温度升高;而喷嘴温度太高时,后加料时可挤出一些过热的塑料)。

　　在试模过程中,应详细记录,并将结果填入试模记录卡,注明模具是否合格。如需返修,应提出返修意见。在记录卡中,应摘录成型工艺条件及操作注意要点,最好能附上注射成型的制件,以供参考。

　　对试模后合格的模具,应清理干净,涂上防锈油后入库。

# 习题集

## 模块1 钳工基础知识

### 一、填空题

1.钳工大多是用_____并经常在_____上进行手工操作的一个工种。

2.钳工必须掌握的基本操作有划线、_____、_____、_____、钻孔、扩孔、锪孔、铰孔、攻螺纹与_____、刮削与_____、矫正与_____、铆接与_____、装配、技术测量与简单的_____等。

3.钳工常用的设备有_____、_____、砂轮机、_____、立钻等。

4.台虎钳是用来夹持工件的通用夹具,其规格是用_____表示。

5.读出下图中游标卡尺和螺旋测微器的读数。游标卡尺读数为_____mm,螺旋测微器的读数为_____mm。

6.下图的游标卡尺精度是_____,游标卡尺读数为_____。

局部放大

7.量具按其用途和特点,可分为_____量具、_____量具和_____量具3种类型。

8.游标卡尺按其测量精度,常用的有_____mm。

9.1/20 mm的游标卡尺,尺身每小格为_____mm,游标每小格为_____mm,两者之差为_____mm。

10.游标每小格为49/50 mm的游标卡尺,尺身每小格为_____mm,两者之差为_____mm,测量精度为_____mm。

11.千分尺测量螺杆上螺纹的螺距为_____mm,当活动套管转1周时,螺杆即移动_____mm;转1/50周_____,即移动_____mm。

12.内径千分尺、深度千分尺、螺纹千分尺及公法线千分尺分别用来测量_____、_____、_____和_____。

13.万能游标量角器是有来测量工件_____的量具。按其游标测量精度,可分为_____和_____两种。

14.万能游标量角器,尺身刻线每格为_____,游标刻线每格为_____,两者之差为_____。

15.万能游标量角器,能测量_____度的外角和_____度的内角。

16.用塞尺测量间隙时,如用0.2 mm片可入,0.25 mm片不入,说明间隙大于_____mm,小于_____mm。

## 二、判断题(对的画"√",错的画"×")

1.机器上所有零件都必须进行机械加工。 （    ）

2.所有机械加工方法制作的零件都可由钳工完成。 （    ）

3.普通钳工主要从事工具、模具、夹具、量具及样板的制作和修理工作。 （    ）

4.对台虎钳丝杠、螺母等活动表面,应经常清洁、润滑防止生锈。 （    ）

5.砂轮启动后,可不用等砂轮旋转平稳后再开始磨削。 （    ）

6.磨削过程中,操作者应站在砂轮的侧面或斜对面,而不要站在正对面。 （    ）

7.台虎钳有固定式和活动式两种。 （    ）

8.钳口上的交叉网纹是防止工件滑动,以装夹可靠为目的的。 （    ）

9.在台虎钳上强力作业时,力的方向应朝活动钳身。 （    ）

10.磨削时,操作者为便于工作应站在砂轮机的侧面或对面。 （    ）

## 三、选择题

1.1/50 mm游标卡尺,游标上50小格与尺身上（    ）mm对齐。

  A.49              B.39              C.19

2.千分尺的制造精度分为0级和1级两种,0级精度（    ）。

  A.稍差            B.一般            C.最高

3.用万能游标量角器测量工件,当测量角度大于90°小于180°时,应加上一个（    ）。

  A.90°            B.180°           C.360°

4.百分表每次使用完毕后,要将测量杆擦净,并放入盒内保管,应( )。

    A.涂上油脂               B.上机油                     C.让测量杆处于自由状态

**四、问答题**

1.钳工的特点有哪些?

2.钳工操作技能包括哪些内容?

## 模块2 钳工常用加工方法

**一、填空题**

1.只需要在工件的_____表面上划线后,即能明确表示加工界限的,称为_____划线。

2.在工件上几个互成不同_____的表面上划线,才能明确表示加工界限的,称为_____划线。

3.划线除要求划出的线条_____均匀外,最重要的是要保证_____。

4.立体划线一般要在_____、_____和_____3个方向上进行。

5.平面划线要选择_____个划线基准,立体划线要选择_____个划线基准。

6.利用分度头可在工件上划出_____线、_____线、_____线和圆的_____线或不等分线。

7.分度头的规格是以主轴_____到_____的高度_____表示的。

8.划线分_____和_____两种。

9.常用的划规有_____、_____、_____及长划规等,_____划规用于粗糙毛坯表面的划线。

10.划线前的准备工作有_____、工件涂色和_____。

11.常用的涂色涂料有_____、_____和_____等。_____常用于涂已加工表面。

12.样冲作用有_____和_____。

13.錾削工作范围主要是去除毛坯的凸缘、_____、_____、錾削平面及_____等。

14.錾子切削部分由_____刀面、_____刀面和两面交线_____组成。经热处理后,硬度达到56~62HRC。

15.选择錾子楔角时,在保证足够_____的前提下,尽量取_____数值。根据工件材料硬度不同,选取合适的楔角数值。

16.锯削的作用是:锯断各种材料或_____,锯掉工件上_____或在工件上_____。

17.锯条锯齿的切削角度是:前角_____,后角_____,楔角_____。锯齿的粗细是以锯条每_____长度内的齿数表示的。

18.粗齿锯条适用于锯削_____材料或_____的切面,细齿锯条适用于锯削

_____材料或切面_____的工件,锯削管子和薄板必须用_____锯条。

19.锉削的应用很广,可锉削平面、_____、_____、_____、沟槽和各种形状复杂的表面。

20.锉刀用_____钢制成,经热处理后切削部分硬度达 HRC _____。齿纹有_____齿纹和_____齿纹两种。锉齿的粗细规格是以每 10 mm 轴向长度内的_____来表示的。

21.锉刀分_____锉、_____锉和_____锉 3 类。按其规格,可分为锉刀的_____规格和锉齿的_____规格。

22.选择锉刀时,锉刀断面形状要和_____应与被加工表面的_____与_____相适应;锉齿粗细取决于工件的_____大小、加工_____和_____要求的高低及工件材料的硬度等。

23.錾子必须具备的两个基本条件是:切削部分材料_____且必须呈_____,以便顺利分割金属。

24.錾子的切削部分包括两面一刃。两面是指_____和后刀面;一刃是指_____。

25.钳工常用的錾子主要有_____、_____和油槽錾。

26.手锤的规格用_____来表示。

27.锯条的长度是以_____来表示的,常用锯条长度是_____ mm。

28.起錾的方法有_____和_____;_____是錾削平面的起錾方法。

29.手锤的握法有_____和_____。

30.錾子的握法有_____、_____、_____及_____。

31.挥锤的方法有_____、_____和臂挥 3 种。

32.锯弓有固定式和_____两种。实习时常使用的锯弓是_____式的锯弓。

33.锯齿的粗细是以_____长度内的齿数来表示的。

34.起锯的方法有_____和_____。

35.为了确定錾子在切削时的几何角度,需要建立的两个平面是_____和_____,两者的关系为_____。

36.锤头有软硬之分,软锤头用于_____和_____。

37.钻孔时,主运动是_____;进给运动是_____。

38.麻花钻一般用_____制成,淬硬至_____ HRC。由_____部、_____和_____构成。柄部有_____柄和_____柄两种。

39.麻花钻外缘处,前角_____,后角_____;越靠近钻心处,前角逐渐_____,后角_____。

40.标准麻花钻顶角 $2\varphi =$ _____,且两主切削刃呈_____形。

41.磨短横刃并增大钻心处前角,可减小_____和_____现象,提高钻头的_____和切削的_____,使切削性能得以_____。

42.钻削时,钻头直径和进给量确定后,钻削速度应按钻头的_____选择,钻深孔应取_____的切削速度。

43. 钻削用量包括_____、_____和_____。

44. 钻削中,切削速度 $v$ 和进给量 $f$ 对_____影响是相同的;对钻头_____,切削速度比进给量 $f$ 影响大。

45. 钻床一般可完成_____孔、_____孔、_____孔、_____孔及攻螺纹等加工工作。

46. 常见的钻床的_____钻、_____钻和_____钻等。

47. Z525 型立钻最大钻孔直径为 $\phi$_____mm,主轴锥孔为_____锥度。

48. Z525 型立钻的切削工作由主轴的_____运动和主轴的_____运动来完成。

49. Z3040 型摇臂钻适用于_____、_____型零件的孔系加工,可完成钻孔、扩孔、锪孔、铰孔、_____孔及攻螺纹等。

50. Z3040 型摇臂钻最大钻孔直径为 $\phi$_____mm,主轴锥孔为_____锥度。

51. Z4012 型台钻用于_____型零件钻、扩 $\phi$_____mm 以下的小孔。

52. 铰孔所用的刀具是_____,铰孔可达到的尺寸公差等级为_____;表面粗糙度 $R_a$ 值为_____。

53. 丝锥是加工_____的工具,有_____丝锥和_____丝锥。

54. 成组丝锥通常是 M6—M24 的丝锥一组有_____支;M6 以下及 M24 以上的丝锥一组有_____支;细牙丝锥为_____支一组。

55. 一组等径丝锥中,每支丝锥的大径、_____、_____都相等,只是切削部分的切削_____及_____不相等。

56. 丝锥螺纹公差带有_____、_____、_____及_____ 4 种。

57. 攻螺纹时,丝锥切削刃对材料产生挤压,因此,攻螺纹前_____直径必须稍大于_____小径的尺寸。

58. 套螺纹时,材料受到板牙切削刃挤压而变形,所以套螺纹前_____直径应稍小于_____大径的尺寸。

59. 螺纹的牙型有三角形、_____形、_____形、_____形及圆形。

60. 螺纹按旋向分_____旋螺纹和_____旋螺纹。

61. 螺纹按头数分_____螺纹和_____螺纹。

62. 螺纹按用途分_____螺纹和_____螺纹。

63. 用_____刮除工件表面_____的加工方法,称为刮削。

64. 经过刮削的工件能获得很高的_____精度、形状精度、_____精度、_____精度及很小的表面_____。

65. 平面刮削有_____平面刮削和_____平面刮削;曲面刮削有_____面,_____面的刮削,球面刮削,以及_____面刮削。

66. 平面刮刀用于刮削_____和_____,一般多采用 T12A 钢制成。三角刮刀用于_____刮削。

67. 校准工具是用来_____和检查被刮面_____的工具。

68.红丹粉分_____和_____两种,广泛用于_____工件。

69.蓝油是用_____和_____及适量机油调和而成,用于精密工件和_____及合金等。

70.显示剂是用来显示工件_____的_____和_____。

71.粗刮时,显示剂应涂在_____表面上;精刮时,显示剂应涂在_____表面上。

72.当粗刮到每_____方框内有_____个研点时,可转入细刮。在整个刮削表面上达到 12~15 研点 25 mm×25 mm 时,细刮结束。

73.刮花的目的是_____。

74.检查刮削质量的方法有:用边长为 25 mm 的正方形方框内的研点数来决定接触精度;用框式水平仪检查_____和_____。

75.刮削曲面时,应根据不同的_____和_____,选择合适的_____和_____。

76.研磨可使工件达到_____尺寸、_____形状和很小的表面_____。

77.研磨的基本原理包含_____和_____的综合作用。

78.经过研磨加工后的表面粗糙度值 $R_a$ 一般为_____,最小可达_____。

79.研磨是微量切削,研磨余量不宜太大,一般在_____之间比较适宜。

80.常用的研具材料有灰铸铁、_____、_____及_____。

81.磨料的粗细用_____表示,_____越大,_____就越细。

82.研磨工具是用来保证研磨工件_____准确的主要因素,常用的类型有研磨_____、_____环和_____棒。

83.研磨剂是由_____和_____调和而成的混合剂。

84.研磨后,零件表面粗糙度值小、形状准确,所以零件的耐磨性、_____能力和_____都相应地提高。

85.研磨一般平面时,工件沿平板全部表面以_____、_____形或_____形运动轨迹进行研磨。

86.研磨环的内孔、研磨棒的外圆制成圆锥形,可用来研磨_____面和_____面。

87.圆柱面研磨一般以_____配合的方法进行研磨。

88.在车床上研磨外圆柱面,是通过工件的_____和研磨环在工件上沿_____方向作_____运动进行研磨。

**二、判断题**(对的画"√",错的画"×")

1.划线是机械加工的重要工序,广泛地用于成批生产和大量生产。（　）

2.划线是机械加工的重要工序,广泛地用于单件或小批量生产。（　）

3.合理选择划线基准,是提高划线质量和效率的关键。（　）

4.当工件上有两个以上的不加工表面时,应选择其中面积较小、较次要的或外观质量要求较低的表面为主要找正依据。（　）

5.找正和借料这两项工作是各自分开进行的。（　）

6.划线可以明确工件加工界限,故可作为工件的完工尺寸,不需测量。（　）

7.划针划线时,向划线方向倾斜 15°~20°,上部向外倾斜 45°~75°。 （　　）

8.弹簧划规只限于在半成品表面上划线。 （　　）

9.所有尺寸有误差的工件,都可用找正和借料的方法来弥补缺陷。 （　　）

10.錾削时形成的切削角度有前角、后角和楔角,三角之和为 90°。 （　　）

11.锯条的长度是指两端安装孔中心距,钳工常用的是 300 mm 的锯条。 （　　）

12.双齿纹锉刀,主锉纹和辅锉纹的方向和角度一样,锉削时,锉痕交错,锉面光滑。

（　　）

13.选择锉刀尺寸规格的大小,仅仅取决于加工余量的大小。 （　　）

14.錾削铜和铝等软材料,錾子楔角一般取 50°~60°。 （　　）

15.油槽錾的切削刃较长,是直线形。 （　　）

16.锯削管子和薄板时,必须用粗齿锯条,否则会因齿距小于板厚或管壁厚,使锯齿被钩住而崩断。 （　　）

17.目前使用的锯条锯齿角度是:前角 $\gamma_0$ 是 0°,后角 $\alpha_0$ 是 50°,楔角 $\beta$ 是 40°。 （　　）

18.单齿纹锉刀适用于锉硬材料,双齿纹锉刀适用于锉软材料。 （　　）

19.使用新锉刀时,应先用一面,紧接着再用另一面。 （　　）

20.錾子切削平面与基面重合。 （　　）

21.楔角越大,錾削阻力越大,但切削部分的强度越高。 （　　）

22.前角越大,切削越省力。 （　　）

23.为了防止工件边缘的材料崩裂,当錾削快到尽头时要调头錾切。 （　　）

24.锯条锯齿角度为 $\alpha=0°$, $\beta=50°$, $\gamma=40°$。 （　　）

25.锯管子时,为避免重复装夹的麻烦,可从一个方向锯断管子。 （　　）

26.远起锯比近起锯更容易起锯。 （　　）

27.确定錾子切削几何角度时建立两个平面中,切削平面与切削速度方向相垂直。

（　　）

28.安装锯条时,齿尖的方向应该朝前。 （　　）

29.锤头有软硬之分,软锤头用于錾削。 （　　）

30.錾削时,錾子所形成的切削角度有前角、后角和楔角,3 个角之和为 90°。 （　　）

31.錾油槽时錾子的后角要随曲面而变动,倾斜度保持不变。 （　　）

32.麻花钻切削时的辅助平面即基面、切削平面和主截面是一组空间平面。 （　　）

33.麻花钻主切削刃上,各点的前角大小相等的。 （　　）

34.一般直径在 5 mm 以上的钻头,均需修磨横刃。 （　　）

35.钻孔时,冷却润滑的目的应以润滑为主。 （　　）

36.在车床上钻孔时,主运动是工件的旋转运动;在钻床上钻孔,主运动也是工件的旋转运动。 （　　）

37.钻头外缘处螺旋角最小,越靠近中心处螺旋角就越大。 （　　）

38.钻小孔时,应选择较大的进给量和较低的转速。 （　　）

39.用丝锥在工件孔中切出内螺纹的加工方法,称为套螺纹。 （　　）

40.用板牙在圆杆上切出外螺纹的加工方法,称为攻螺纹。 （　　）

41.圆板牙由切削部分、校准部分和排屑孔组成,一端有切削锥角。 （　　）

42.螺纹的完整标记由螺纹代号、螺纹公差带代号和旋合长度代号组成。 （　　）

43.螺纹的规定画法是牙顶用粗实线,牙底用细实线螺纹终止线用粗实线。 （　　）

44.用丝锥在工件孔中切出内螺纹的加工方法,称为套螺纹。 （　　）

45.用板牙在圆杆上切出外螺纹的加工方法,称为攻螺纹。 （　　）

46.管螺纹公称直径是指螺纹大径。 （　　）

47.英制螺纹的牙型角为55°,在我国只用于修配,新产品不使用。 （　　）

48.普通螺纹丝锥有粗牙、细牙之分,单支、成组之分,等径、不等径之分。 （　　）

49.专用丝锥为了控制排屑方向,将容屑槽做成螺旋槽。 （　　）

50.板牙由切削部分、校准部分和排屑孔组成,一端有切削锥角。 （　　）

51.螺纹旋向为顺时针方向旋入时,是右旋螺纹。 （　　）

52.三角螺纹、方牙螺纹和锯齿螺纹都属于标准螺纹。 （　　）

53.刮削具有切削量大、切削力大、产生热量大、装夹变形大等特点。 （　　）

54.刮削面大、刮削前加工误差大、工件刚性差,刮削余量就小。 （　　）

55.调和显示剂时,粗刮可调得稀些,精刮应调得干些。 （　　）

56.粗刮的目的是增加研点,改善表面质量,使刮削面符合精度要求。 （　　）

57.通用平板的精度0级最低,3级最高。 （　　）

58.研磨后尺寸精度可达0.01~0.05 mm。 （　　）

59.软钢塑性较好,不容易折断,常用来作小型的研具。 （　　）

60.有槽的研磨平板用于精研磨。 （　　）

61.金刚石磨料切削性能差,硬度低,实用效果也不好。 （　　）

62.磨粒号数大,磨料细;号数小,磨料粗。微粉号数大,磨料粗;反之,磨料就细。 （　　）

63.狭窄平面要研磨成具有一定半径的圆角,可采用直线运动轨迹研磨。 （　　）

### 三、选择题

1.一般划线精度能达到（　　）。
A.0.025~0.05 mm　　　B.0.25~0.5 mm　　　C.0.25 mm 左右

2.经过划线确定加工时的最后尺寸,在加工过程中,应通过（　　）来保证尺寸准确度。
A.测量　　　B.划线　　　C.加工

3.一次安装在方箱上的工件,通过方箱翻转,可划出（　　）方向的尺寸线。
A.2 个　　　B.3 个　　　C.4 个

4.毛坯工件通过找正后划线,可使加工表面与不加工表面之间保持（　　）均匀。
A.尺寸　　　B.形状　　　C.尺寸和形状

5.分度头的手柄转1周时,装夹在主轴上的工件转（　　）。
A.1 周　　　B.40 周　　　C.1/40 周

6.用划针划线时,针尖要紧靠（　　）的边沿。
A.工件　　　B.导向工具　　　C.平板

7.决定錾子的切削性能的主要参数是( )。

    A.前角                    B.楔角                    C.后角

8.錾子錾削铝件时,楔角应选( )。

    A.$\beta=60°\sim90°$        B.$\beta=30°\sim50°$        C.$50°\sim60°$

9.錾子后角 $\alpha$ 越( )时,錾子切入太深,切削困难。

    A.小                    B.大                    C.不定

10.( )用于分割曲线形板料。

    A.扁錾                    B.狭錾                  C.油槽錾

11.锯条的锯齿角度中后角度 $\alpha=$( )。

    A.58°                    B.40°                  C.35°

12.锯割时,往复行程不小于锯条全长的( )。

    A.1/2                    B.2/3                  C.3/4

13.起锯时的角度最好为( )。

    A.小于 15°           B.15°左右           C.大于 15°

14.在台虎钳上錾削板料时,錾子与板料约成( )。

    A.35°角                B.45°角             C.55°角

15.錾削较宽平面时用( )錾子。

    A.扁、窄錾        B.扁錾、油槽錾      C.窄錾、油槽錾

16.握錾时,錾子的头部伸出约( )。

    A.10 mm           B.20 mm           C.30 mm

17.錾削钢等硬材料,楔角取( )。

    A.30°~50°        B.50°~60°        C.60°~70°

18.硬头手锤是用碳素工具钢制成,并经淬硬处理,其规格用( )表示。

    A.长度                    B.质量                  C.体积

19.锉刀主要工作面,指的是( )。

    A.锉齿的上下两面    B.两个侧面           C.全部表面

20.锯路有交叉形还有( )。

    A.波浪形                    B.八字形                C.鱼鳞形

21.一般手锯的往复长度不应小于锯条长度的( )。

    A.1/3                    B.2/3                  C.1/2

22.锯削铜、铝及厚工件,应选用的锯条是( )。

    A.细齿锯条        B.粗齿锯条           C.中齿锯条

23.钻头直径大于 13 mm 时,夹持部分一般做成( )。

    A.柱柄                    B.莫氏锥柄           C.柱柄或锥柄

24.麻花钻顶角越小,则轴向力越小,刀尖角增大,有利于( )。

    A.切削液的进入      B.散热和提高钻头的使用寿命   C.排屑

25.当麻花钻后角磨得偏大时,(　　　)。

　　A.横刃斜角减小,横刃长度增大

　　B.横刃斜角增大,横刃长度减小

　　C.横刃斜角和长度不变

26.当孔的精度要求较高且表面粗糙度值要求较小时,加工中应选用主要起(　　　)作用的切削液。

　　A.润滑　　　　　　　　　　B.冷却　　　　　　　　　　C.冷却和润滑

27.当孔的精度要求较高且表面粗糙度值要求较小时,加工中应取(　　　)。

　　A.较大的进给量和较小的切削速度

　　B.较小的进给量和较大的切削速度

　　C.较大的切削深度

28.钻直径超过30 mm的大孔一般要分两次钻削,先用(　　　)倍孔径的钻头钻孔,然后用与要求的孔径一样的钻头扩孔。

　　A.0.3～0.4　　　　　　　　B.0.5～0.7　　　　　　　　C.0.8～0.9

29.圆锥管螺纹,也是用于管道联接的一种(　　　)螺纹。

　　A.普通粗牙　　　　　　　　B.普通细牙　　　　　　　　C.英制

30.不等径3支一组的丝锥,切削用量的分配是(　　　)。

　　A.6∶3∶1　　　　　　　　B.1∶3∶6　　　　　　　　C.1∶2∶3

31.加工不通孔螺纹,要使切屑向上排出,丝锥容屑槽做成(　　　)槽。

　　A.左旋　　　　　　　　　　B.右旋　　　　　　　　　　C.直

32.在钢和铸铁工件上分别加工同样直径的内螺纹,钢件底孔直径比铸铁底孔直径(　　　)。

　　A.大 0.1$P$　　　　　　　　B.小 0.1$P$　　　　　　　　C.相等

33.在钢和铸铁圆杆工件上分别加工同样直径外螺纹,钢件圆杆直径应(　　　)铸铁圆杆直径。

　　A.稍大于　　　　　　　　　B.稍小于　　　　　　　　　C.等于

34.套丝前圆杆直径应(　　　)螺纹的大径尺寸。

　　A.稍大于　　　　　　　　　B.稍小于　　　　　　　　　C.等于

35.机械加工后留下的刮削余量不宜太大,一般为(　　　)mm。

　　A.0.05～0.4　　　　　　　B.0.04～0.05　　　　　　　C.0.4～0.5

36.检查内曲面刮削质量,校准工具一般是采用与其配合的(　　　)。

　　A.孔　　　　　　　　　　　B.轴　　　　　　　　　　　C.孔或轴

37.当工件被刮削面小于平板面时,推研中最好(　　　)。

　　A.超出平板　　　　　　　　B.不超出平板　　　　　　　C.超出或不超出平板

38.进行细刮时,推研后显示出有些发亮的研点,应(　　　)。

　　A.轻些刮　　　　　　　　　B.重些刮　　　　　　　　　C.不轻不重地刮

39.标准平板是检验、划线及刮削中的(　　　)。

　　A.基本量具　　　　　　　　B.一般量具　　　　　　　　C.基本工具

40.研磨工具的材料比被研磨的工件( )。

  A.软        B.硬          C.软或硬

41.研磨孔径时,有槽的研磨棒用于( )。

  A.精研磨       B.粗研磨        C.精研磨或粗研磨

42.主要用于研磨碳素工具钢、合金工具钢、高速钢及铸铁工件的磨料是( )。

  A.碳化物磨料     B.氧化物磨料      C.金刚石磨料

43.研磨中起调制磨料、冷却和润滑作用的是( )。

  A.磨料        B.研磨液        C.研磨剂

44.在车床上研磨外圆柱面,当出现与轴线所夹角小于45°的交叉网纹时,说明研磨环的往复运动速度( )。

  A.太快        B.太慢        C.适中

### 四、名词解释题

1.设计基准

2.划线基准

3.找正

4.借料

5.切削平面

6.主截面

7.顶角

8.横刃斜角

9.螺旋角

10.钻削进给量

11.螺距

12.导程

13.M10

14.M20×1.5

### 五、问答题

1.划线的作用有哪些?

2.借料划线一般按怎样的过程进行?

3.锯条的锯路是怎样形成的? 其作用是什么?

4.根据哪些原则选用锉刀?

5.麻花钻前角的大小对切削有什么影响?

6.麻花钻后角的大小对切削有什么影响?

7.标准麻花钻切削部分存在哪些主要缺点? 钻削中产生什么影响?

8.标准麻花通常修磨哪些部位? 其目的是什么?

9.钻孔时选择切削用量的基本原则是什么?

10.为减小钻削力应怎样修磨普通麻花钻头?

11.试述麻花钻各组成部分的名称及其作用。

12.试述麻花钻切削部分备参数的意义、位置和对钻削工作的影响。

13.为什么在麻花钻的不同半径处,其螺旋角、前角、后角是不相等的?

14.试述修磨横刃、修磨主切削刃和修磨前面的方法和目的。

15.试述标准群钻切削部分各要素的名称。标准群钻与麻花钻相比具有哪些优点?

16.薄板群钻的特点有哪些?它们起何作用?

17.试分析钻孔时搭压板的要点。

18.为什么孔将钻穿时容易产生钻头轧住不转或折断的现象?

19.为什么用标准钻头在斜面上钻孔钻不好?可采取哪些办法来解决?

20.钻孔时为什么要用切削液?应怎样正确选用?

21.什么叫钻孔时的切削速度和进给量?在 45 钢的板料上钻直径为 12 mm 的孔(板厚为 30 mm),试确定适宜的转速和进给量。

22.确定钻削用量时要根据哪些因素来考虑?

23.试分析钻孔产生废品的各种原因。

24.试分析钻头损坏的各种原因。

25.简单端面锪钻的形状和切削部分的几何角度是怎样的?

26.怎样解决锪孔时容易产生振痕的问题?

27.试述整体圆柱手铰刀的各部分名称及其作用。

28.手铰刀的齿距为什么要做成不等分的?

29.怎样按铰孔尺寸选用铰刀?为什么有时对铰刀要进行研磨?

30.铰削余量为什么不能太大和太小?应怎样确定?

31.铰孔时怎样正确选用切削液?

32.在铰孔时,铰刀为什么不能反转?进给为什么不能太快和太慢?

33.试分析铰孔时产生废品的各种原因。

34.钳工攻螺纹套螺纹时常接触的是哪几种螺纹?它们在规格上各有何特征?如何识别?

35.试述丝锥备组成部分的名称、结构特点及其作用。

36.丝锥切削部分的前角和后角约为多少?校准部分的前角和后角约为多少?

37.有的丝锥的容屑槽是左旋的,它有何作用?怎样把丝锥的端部磨出负的刃倾角度?它有何作用?

38.成套丝锥在结构上怎样保证切削量的分配?

39.攻螺纹保险夹头的基本结构和工作原理是怎样的?钢球式保险夹头在超载时哪些零件还在转动?哪些零件受阻而停止转动?还有些零件处于何种状态?

40.攻螺纹前底孔直径是否等于螺纹小径?为什么?

41.螺纹底孔直径为什么要略大于螺纹小径?

42.试按攻螺纹时的操作过程指出工作中的各要点。

43.丝锥用钝后可用手工刃磨什么部位?怎样刃磨?

44.试述圆板牙各组成部分的名称、结构特点和作用。

45.套螺纹前圆杆直径为什么要比螺纹直径小一些?

46.要配一套 G1/2″管螺纹联接件,试分别确定套螺纹前管件的外径和攻螺纹前接头的钻孔径。

47.螺杆端部在套螺纹前如果不倒角将有何不良影响?

48.试分析攻螺纹时产生各种废品的原因。

49.试分析攻螺纹时丝锥损坏的各种原因。

50.试分析套螺纹时产生各种废品的原因。

51.工件在什么要求下才进行刮削加工?它有哪些特点?

52.刮刀有哪几种?各有什么特点?

53.在粗刮和精刮时,调制和涂布红丹粉有何不同?为什么?

54.平面刮刀分粗、细、精 3 种,说明它们之间几何角度有什么不同。

55.说明粗刮、细刮和精刮的不同点。

56.平面刮削过程中,应注意哪些问题?

57.用示意图表示并说明原始平板的刮研方法。

58.说明曲面刮削的方法和应注意的问题。

59.刮削面产生振痕和深凹痕的原因是什么?

60.工件在什么要求下要进行研磨加工?

61.试述研磨原理。

62.常用研具材料有哪几种?其使用场合有何不同?

63.磨料有哪几类?应用上有何不同?

64.研磨液的作用是什么?常用的有哪几种?

65.平面研磨时,应注意些什么?怎样保证在研磨平板上研磨零件时达到质量要求?

66.圆柱面、内孔和圆锥面研磨时应注意些什么?

67.影响研磨质量有哪些因素?

## 六、计算题

1.利用分度头在一工件的圆周上划出均匀分布的 15 个孔的中心,试求每划完一个孔中心,手柄应转过多少转?

2.要在一圆盘断面上划出六边形,试求出每划完一条线后,手柄应转几转后再划第二条线、第三条线(分度盘的等分孔数为:46,47,49,51,53,54,57,58,59,62,66)。

3.利用分度头按简单分度法,划中心夹角为 8°20′的两孔的中心线,应怎样分度?(提示:手柄转 40 周,分度盘转一周,分度盘的等分孔数为 46,47,49,51,53,54)

4.在一钻床上钻 $\phi10$ mm 的孔,选择转速 $n$ 为 500 r/min,求钻削时的切削速度。

5.在一钻床钻 $\phi20$ mm 的孔,根据切削条件,确定切削速度 $v$ 为 20 m/min,求钻削时应选择的转速。

6.用 $\phi10$ mm 钻头钻孔,选择进给量为 0.2 mm/r。当钻进 40 mm 深时,用了 0.5 min,求钻孔时的切削速度。

7.用计算法求出下列螺纹底孔直径(精确到小数点后一位)。

(1)在钢件上攻螺纹:M20,M16,M12×1。

（2）在铸铁件上攻螺纹：M20，M16，M12×1。

8.用计算法求出下列螺纹圆杆直径，并按不同工件材料，确定其最大直径或最小直径。

（1）在钢件上套螺纹：M20，M16。

（2）在铸件上套螺纹：M20，M16。

9.在钢件上加工 M20 的不通孔螺纹，螺纹有效深度为 60 mm，求钻底孔的深度。

10.按图示需要弯成的形状，计算管子毛坯长度（已知：$a = 80$ mm，$b = 90$ mm，$c = 120$ mm，$r_1$，$r_2 = 5$ mm，$t = 5$ mm）。

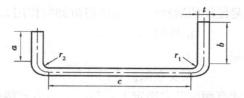

## 七、填图题

注出图示工件的划线基准，并用笔描出划线时应划出的线。

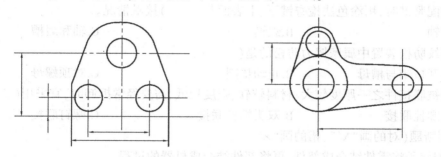

## 模块 3　装配基础知识

### 一、选择题

1.机械传动是采用带轮、齿轮、轴等机械零件组成的传动装置来进行能量的（　　　）。

　　A.轮换　　　　　　　　B.传递　　　　　　　　　　　　C.输送

2.齿轮传动属啮合传动，齿轮齿廓的特定曲线，使其传动能（　　　）。

　　A.保持传动比恒定不变　　B.保持高的传动效率　　　　　C.实现大传动比传动

3.圆柱销一般靠过盈固定在孔中，用以（　　　）。

　　A.定位　　　　　　　　B.联接　　　　　　　　　　　　C.传动

4.圆锥面的过盈联接要求配合的接触面积达到（　　　）以上，才能保证配合的稳固性。

　　A.75%　　　　　　　　B.80%　　　　　　　　　　　　C.90%

5.带传动机构使用一段时间后，三角带陷入槽底，这是（　　　）损坏形式造成的。

　　A.轴弯曲　　　　　　　B.带拉长　　　　　　　　　　　C.带轮槽磨损

6.链传动的损坏形式有（　　　）、链和链轮磨损以及链断裂等。

　　A.链被拉长　　　　　　B.脱链　　　　　　　　　　　　C.链和链轮配合松动

7.影响齿轮传动精度的因素包括（　　　）齿轮的精度等级，齿轮副的侧隙要求，以及齿轮副的接触斑点要求。

　　A.运动精度　　　　　　B.接触精度　　　　　　　　　　C.齿轮加工精度

8.一般动力传动齿轮副不要求很高的运动精度和工作平稳性,但要求(　　)达到要求,可用跑合方法。

    A.传动精度　　　　　　　　　B.接触精度　　　　　　　　　C.加工精度

9.蜗杆传动齿侧间隙的检查对于要求(　　)的用百分表方法测量。

    A.偏低　　　　　　　　　　　B.很高　　　　　　　　　　　C.较高

10.装配滑动轴承时,要根据轴套与座孔配合(　　)的大小,确定适宜的压入方法。

    A.间隙量　　　　　　　　　　B.过盈量　　　　　　　　　　C.公差

11.对于拆卸后还要重复使用的滚动轴承,不能将拆卸的作用力加在(　　)上。

    A.内圈　　　　　　　　　　　B.外圈　　　　　　　　　　　C.滚动体

12.带传动不能做到的是(　　)。

    A.吸振和缓冲　　　　　　　　B.安全保护作用　　　　　　　C.保证准确的传动比

13.轴承的轴向固定方式有两端单向固定方式和(　　)方式两种。

    A.两端双向固定　　　　　　　B.一端单向固定　　　　　　　C.一端双向固定

14.装配紧键时,用涂色法检查键下、上表面与(　　)接触情况。

    A.轴　　　　　　　　　　　　B.毂槽　　　　　　　　　　　C.轴和毂槽

15.螺纹防松装置中属摩擦力防松的是(　　)。

    A.开口销与槽母　　　　　　　B.止动垫圈　　　　　　　　　C.对顶螺母

16.若被联接件之一厚度较大、材料较软、强度较低、需要经常拆卸时,宜采用(　　)。

    A.螺栓联接　　　　　　　　　B.双头螺柱联接　　　　　　　C.螺钉联接

二、判断题(对的画"√",错的画"×")

1.装配就是将零件结合成部件,再将部件结合成机器的过程。　　　　　　　　(　　)

2.带轮相互位置不准确会引起带张紧不均匀而过快磨损,对中心距较大的用长直尺测量。

    (　　)

3.带轮装到轴上后,用万能角度尺检查其端面跳动量。　　　　　　　　　　　(　　)

4.齿轮在轴上固定当要求配合过盈量不是很大时,应采用液压套合法装配。　　(　　)

5.蜗杆传动机构的装配顺序应根据具体情况而定,一般先装蜗轮,后装蜗杆。　(　　)

6.滑动轴承工作不平稳,噪声大,不能承受较大的冲击载荷。　　　　　　　　(　　)

7.滚动轴承按所承受的载荷方向,可分为向心轴承、推力轴承和向心推力轴承3种。

    (　　)

8.带在带轮上的包角不能太大,三角带包角不能大于120°,才保证不打滑。　(　　)

9.滚动轴承是标准部件,内圈与轴相配合为基孔制,外圈与轴承孔配合为基轴制。

    (　　)

10.滚动轴承的装配方法应根据轴承结构,尺寸与大小,以及轴承部件的配合性质来决定。

    (　　)

11.滚动轴承密封可防止灰尘进入滚动体,以防轴承受损。　　　　　　　　　(　　)

三、问答题

1.简述装配工艺流程。

2.简述带传动、链传动和齿轮传动的优缺点。

## 模块 4　模具装配工艺

### 一、填空题

1.互换装配法分为_____和_____。

2.合并加工修配法是把_____或_____的零件装配在一起后,再进行_____,以达到装配精度要求。

3.模具生产属_____生产,在装配工艺上多采用_____和_____来保证装配精度。

4.模具装配的工艺方法有互换法、修配法和调整法。目前,模具装配以_____和_____为主,_____应用较少。

5.冲模的装配,最主要的是保证_____和_____的对中,使其间隙均匀。

6.冲模模架的装配方法有_____法、_____法和_____法。

7.导柱、导套采用_____方式装入模板的导柱和导套孔内。

### 二、名词解释

1.修配装配法

2.装配尺寸链

3.分组装配法

### 三、问答题

1.在模具装配中,常采用修配装配法和调整装配法,试比较其两者的异同点。

2.塑料模装配好后为什么要进行试模?

3.如下图所示,试述塑料模大型芯的固定方式装配顺序。

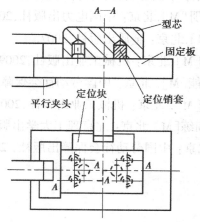

4.冲裁模装配的主要技术要求是什么?

5.弯曲模试模时出现制件的弯曲角度不够的缺陷,找出其产生的原因以及调整方法。

# 参考文献

[1] 逯萍.钳工工艺学[M].北京：机械工业出版社,2008.

[2] 张成方.钳工基本技能[M].北京：中国劳动社会保障出版社,2005.

[3] 殷铖,王明哲.模具钳工技术与实训[M].北京：机械工业出版社,2005.

[4] 汪哲能.钳工工艺与技能训练[M].北京：机械工业出版社,2008.

[5] 陈宏钧.实用钳工手册[M].北京：机械工业出版社,2009.

[6] 黄涛勋.钳工技能[M].北京：机械工业出版社,2007.

[7] 吴清.钳工基础技术[M].北京：清华大学出版社,2013.

[8] 高钟秀.钳工技术[M].北京：金盾出版社,2007.

[9] 程长海.钳工工艺[M].北京：中国劳动社会保障出版社,2007.

[10] 邱言龙.钳工实用技术手册[M].北京：中国电力出版社,2007.

[11] 王永明.钳工基本技能[M].北京：金盾出版社,2007.

[12] 蔡海涛.模具钳工工艺学[M].北京：机械工业出版社,2009.

[13] 田大伟.装配钳工基本技能[M].北京：中国劳动社会保障出版社,2007.

[14] 刘治伟.装配钳工工艺学[M].北京：机械工业出版社,2009.

[15] 朱江峰,姜英.钳工技能训练[M].北京：北京理工大学出版社,2010.

[16] 姜波.钳工工艺学[M].北京：中国劳动社会保障出版社,2005.